Das Gutachten
des Bausachverständigen

Röhrich

Das Gutachten des Bausachverständigen

Grundlagen, Aufbau und Inhalt
mit Mustern und Beispielen

von
Lothar Röhrich,
ö.b.u.v. Sachverständiger für Honorare
und Immobilienbewertung, Unna

3., erweiterte Auflage 2011

Fraunhofer IRB Verlag

Bibliografische Information der Deutschen Nationalbibliothek
Die Deutsche Nationalbibliothek verzeichnet diese Publikation in der Deutschen Nationalbibliografie;
detaillierte bibliografische Daten sind im Internet über http://dnb.d-nb.de abrufbar.

Ihre Meinung ist uns wichtig!
Sie wollen zu diesem Produkt Anregungen oder Hinweise? Schicken Sie uns einfach Lob oder Tadel über unser Online-Formular unter **www.bundesanzeiger-verlag.de/feedback**.
Als Dankeschön verlosen wir unter allen „Kritikern" monatlich einen Sachpreis!

ISBN: 978-3-89817-832-7
Bundesanzeiger
Verlagsges.mbH., Köln
Amsterdamer Straße 192, 50735 Köln
Postfach 10 05 34, 50445 Köln

Telefon: (0221) 9 76 68-0
Telefax: (0221) 9 76 68-278
E-Mail: vertrieb@bundesanzeiger.de
www.bundesanzeiger.de

ISBN: 978-3-8167-8096-0
Fraunhofer IRB Verlag
Fraunhofer-Informationszentrum
Raum und Bau IRB
Postfach 80 04 69, 70504 Stuttgart

Telefon: (0711) 9 70-25 00
Telefax: (0711) 9 70-25 88
E-Mail: irb@irb.fraunhofer.de
http://www.baufachinformation.de

© 2011 Bundesanzeiger Verlagsges.mbH, Köln

Alle Rechte vorbehalten. Das Werk einschließlich aller seiner Teile ist urheberrechtlich geschützt. Jede Verwertung außerhalb der engen Grenzen des Urheberrechtsgesetzes ist ohne Zustimmung des Verlages unzulässig und strafbar. Dies gilt insbesondere für Vervielfältigungen, Übersetzungen, Mikroverfilmungen und die Einspeisung und Verarbeitung in elektronischen Systemen.

Die Daten und Informationen in diesem Werk wurden mit größter Sorgfalt zusammengestellt. Eine Garantie für absolute Fehlerfreiheit kann dennoch nicht gegeben werden.

Herstellung: Günter Fabritius
Satz: starke+partner, Willich
Druck und buchbinderische Verarbeitung: Medienhaus Plump GmbH, Rheinbreitbach

Printed in Germany

Vorwort zur 3. Auflage

Eine Vielzahl neuer oder geänderter Gesetze und Verordnungen sowie eine fortschreitende Rechtsprechung und eine dynamische Entwicklung der Anforderungen an den Sachverständigen und sein Gutachten, aber auch neue Formen der Betätigung machten eine vollständige Überarbeitung des Buches erforderlich.

U. a. die Änderungen der neuen Honorarordnung für Architekten und Ingenieure (HOAI) vom 11.8.2009 und die Immobilienwertermittlungsverordnung (ImmoWertV) vom 19.5.2010 sind für den Bausachverständigen erheblich und mit weit reichenden Konsequenzen.

Insoweit wurden die Ausführungen und Muster zur Wertermittlung komplett überarbeitet und die neue Honorarsituation ausführlich dargestellt.

Aber auch alle anderen Kapitel sind zum großen Teil neu gestaltet, ergänzt und aktualisiert.

Hinzu gekommen sind weiterhin eine Betrachtung der gesellschaftlichen Stellung des Sachverständigen und die Erwartung an seine Person und sein Wirken.

Dass die vorliegende 3. Auflage zudem an Umfang zugenommen hat, spiegelt auch symbolisch die immer umfangreicher werdenden Anforderungen an die zeitgemäße Arbeit des Sachverständigen wider.

Ich hoffe, dass das vorliegende Buch dem Nutzer hierbei eine nützliche Hilfe für die alltägliche Arbeit bieten kann.

Unna, im März 2011 Lothar Röhrich

Der Autor:

Dipl.-Ing. (FH) Lothar Röhrich ist als öffentlich bestellter und vereidigter Sachverständiger für Honorare der Architekten und Ingenieure sowie die Bewertung von bebauten und unbebauten Grundstücken tagtäglich mit der Problematik der Gutachtenerstellung befasst – sei es in Fachaufsätzen, in der Aus- und Weiterbildung von Sachverständigen oder auch seiner eigenen Tätigkeit als Gerichts- und Privatgutachter.

Inhalt

Vorwort zur 3. Auflage 5

Abkürzungsverzeichnis 13

1.0 Der Sachverständige 17
    1.1   Öffentlich bestellte und vereidigte Sachverständige 17
    1.2   Zertifizierte Sachverständige 18
    1.3   Staatlich anerkannte Sachverständige 19
    1.4   Freie Sachverständige 19

2.0 Der Bausachverständige 21
    2.1   Der Bausachverständige in der Gesellschaft 21
    2.2   Abgrenzung zu Ingenieurleistungen 26
    2.3   Sonderfall: Baubegleitende Qualitätsüberwachung 26

3.0 Das Gutachten 29
    3.1   Das Privatgutachten 31
    3.2   Das Gerichtsgutachten 33
    3.3   Das Kurzgutachten 34
    3.4   Das mündliche Gutachten 35
    3.5   Die gutachterliche Stellungnahme 35

4.0 Sonderformen des Baugutachtens 39
    4.1   Versicherungsgutachten 39
        4.1.1   Wertermittlungen 39
        4.1.2   Schadensgutachten 39
        4.1.3   Schadensabwicklung 40
        4.1.4   Weitere Besonderheiten 41
            4.1.4.1   Bearbeitungszeit 41
            4.1.4.2   Honorierung 42
    4.2   Beleihungswertermittlung 42
        4.2.1   Beleihungswert versus Verkehrswert 42
        4.2.2   Höhe des Beleihungswertes 43
        4.2.3   Weitere Besonderheiten 44
            4.2.3.1   Bearbeitungszeit 44
            4.2.3.2   Honorierung 44
        4.2.4   Methodenstreit 44

5.0 Form und Inhalt des Gutachtens 47
    5.1   Schrift und Sprache 47
    5.2   Äußere Form und Anzahl der Gutachten 47
    5.3   Deckblatt 48
    5.4   Inhaltsverzeichnis 48

Inhalt

- 5.5 Allgemeiner Teil 49
  - 5.5.1 Auftrag/Beweisbeschluss 49
    - 5.5.1.1 Besonderheit: Auftragsumfang nicht vom Bestellungstenor gedeckt 50
    - 5.5.1.2 Besonderheiten beim Gerichtsauftrag 50
    - 5.5.1.3 Einseitige Auftragsbeschränkungen 51
  - 5.5.2 Auftraggeber 51
  - 5.5.3 Hinweise zu Besonderheiten 52
  - 5.5.4 Haftungsausschlüsse 52
  - 5.5.5 Beispiel für eine Haftungsbeschränkung/Haftungsbeschränkungsklausel . 54
  - 5.5.6 Mitarbeiter und deren Tätigkeitsumfang (Hilfskräfte) 54
  - 5.5.7 Verwendete Unterlagen und Angaben 55
  - 5.5.8 Literatur und rechtliche Grundlagen 56
  - 5.5.9 Erläuterung der angewandten Methoden 56
  - 5.5.10 Ortsbesichtigung 56
- 5.6 Fakten und Feststellungen 57
  - 5.6.1 Ortsbesichtigung 57
  - 5.6.2 Fakten und Feststellungen aus der Ortsbesichtigung 57
  - 5.6.3 Fakten und Feststellungen auf der Grundlage der Unterlagen und Angaben 58
- 5.7 Sachverständige Wertungen 59
  - 5.7.1 Bewertung der zuvor gemachten Feststellungen in Bezug auf die Fragestellungen 60
  - 5.7.2 Erläuterungen zu möglichen Alternativen/gegenteiligen Auffassungen, der Sicherheit der Bewertungen und Bewertungsmöglichkeiten 60
  - 5.7.3 Beantwortung der gestellten Fragen 61
- 5.8 Schlussteil und Anlagen 61

6.0 Mustergutachten mit Erläuterungen 63
- 6.1 Beispiel einer Wertermittlung im Zwangsversteigerungsverfahren 63
  - 6.1.1 Deckblatt (s. Kapitel 5.3) 64
  - 6.1.2 Inhaltsverzeichnis (s. Kapitel 5.4) 65
  - 6.1.3 Allgemeine Angaben (s. Kapitel 5.5) 65
  - 6.1.4 Grundlagen (s. Kapitel 5.5.7) 67
  - 6.1.5 Gesetze, Verordnungen und Richtlinien (s. Kapitel 5.5.8) 68
  - 6.1.6 Definitionen und Verfahrensweisen (s. Kapitel 5.5.9) 69
  - 6.1.7 Verfahrenswahl 70
  - 6.1.8 Sonstige Rechte und Belastungen (s. Kapitel 5.6.3) 71
  - 6.1.9 Lagebeschreibung (s. Kapitel 5.6.3) 71
  - 6.1.10 Objektbeschreibung (s. Kapitel 5.6.3) 73
    - 6.1.10.1 Gesamtobjekt 74
    - 6.1.10.2 Bewertungsobjekt 75
  - 6.1.11 Beurteilung (s. Kapitel 5.7) 78
  - 6.1.12 Bodenwertermittlung 78
  - 6.1.13 Ermittlung des vorläufigen Ertragswertes (s. Kapitel 5.7) 79
    - 6.1.13.1 Berechnungen 80
  - 6.1.14 Ermittlung des vorläufigen Vergleichswertes 81
    - 6.1.14.1 Vergleichswerte 81
    - 6.1.14.2 Berechnung 82
  - 6.1.15 Ermittlung des unbelasteten Wertes 82
  - 6.1.16 Lasten und Beschränkungen 83

	6.1.17	Ermittlung des Verkehrswertes	84
	6.1.18	Schlusswort (s. Kapitel 5.8)	84
6.2	Beispiel einer Markt- und Beleihungswertermittlung		85
	6.2.1	Deckblatt (s. Kapitel 5.3)	85
	6.2.2	Inhaltsverzeichnis (s. Kapitel 5.4)	86
	6.2.3	Allgemeine Angaben (s. Kapitel 5.5)	86
	6.2.4	Grundbuchdaten	86
	6.2.5	Rechte und Belastungen	87
	6.2.6	Lagebeschreibung	87
	6.2.7	Objektbeschreibung	88
	6.2.8	Betrachtungen zur Marktsituation	89
	6.2.9	Grundlagen der Bewertung	90
	6.2.10	Marktwertermittlung	91
		6.2.10.1 Ermittlung des vorläufigen Sachwertes	91
		6.2.10.2 Ermittlung des vorläufigen Ertragswertes	93
		6.2.10.3 Ermittlung des Marktwertes	93
	6.2.11	Beleihungswertermittlung	94
		6.2.11.1 Ermittlung des vorläufigen Sachwertes	94
		6.2.11.2 Ermittlung des vorläufigen Ertragswertes	95
		6.2.11.3 Ermittlung des Beleihungswertes	97
	6.2.12	Schlusswort und zusammenfassende Beurteilung (s. u. a. Kapitel 5.8)	97
6.3	Beispiel eines Honorargutachtens nach der HOAI i. d. F. vom 21.09.1995/10.11.2001		98
	6.3.1	Deckblatt (s. Kapitel 5.3)	98
	6.3.2	Inhaltsverzeichnis (s. Kapitel 5.4)	98
	6.3.3	Allgemeine Angaben (s. Kapitel 5.5)	98
		6.3.3.1 Inhaltliche Überprüfung des Gutachtens (s. Kapitel 5.5.1.3)	99
		6.3.3.2 Allgemeiner Hinweis (s. Kapitel 5.5.3)	99
	6.3.4	Grundlagen des Gutachtens (s. Kapitel 5.5.7)	99
		6.3.4.1 Gesetze, Verordnungen und Richtlinien; Literatur (s. Kapitel 5.5.8)	99
		6.3.4.2 Grundlagen aus der Gerichtsakte (s. Kapitel 5.5.7)	100
	6.3.5	„Banktypische Wertermittlung" (s. Kapitel 5.6.3)	100
		6.3.5.1 Häufige Arten von Anforderungen der Kreditinstitute	100
		6.3.5.2 Vorliegender Fall (s. Kapitel 5.6.3)	101
	6.3.6	Grundlagen der honorartechnischen Einordnung (s. Kapitel 5.6.3)	101
	6.3.6.1 Auszug aus der HOAI i. d. F. vom 21.09.1995/10.11.2001		102
		6.3.6.2 Hier vorliegender Fall (s. Kapitel 5.6.3)	104
	6.3.7	Das übliche und angemessene Honorar (s. Kapitel 5.7)	104
	6.3.8	Alternativen der Honorarermittlung (s. auch Kapitel 5.7.2)	107
		6.3.8.1 Honorar nach Variante 1	107
		6.3.8.2 Honorar nach Variante 2	107
		6.3.8.3 Honorar nach Variante 3	108
	6.3.9	Beantwortung der Beweisfrage (s. Kapitel 5.7.3)	108
	6.3.10	Schlusswort (s. Kapitel 5.8)	109
6.4	Beispiel eines Honorargutachtens nach aktueller HOAI (Fassung vom 11.09.2009)		110
	6.4.1	Deckblatt (s. Kapitel 5.3)	110
	6.4.2	Inhaltsverzeichnis (s. Kapitel 5.4)	110
	6.4.3	Allgemeine Angaben (s. Kapitel 5.5)	110
		6.4.3.1 Verfügbare Unterlagen (s. Kapitel 5.5.7)	111

		6.4.3.2	Literatur	111
		6.4.3.3	Ortsbesichtigung (s. Kapitel 5.5.10)	112
	6.4.4	\multicolumn{2}{l}{Angewandte Methode und Fakten aus Ortbesichtigung und Unterlagen einschl. Bewertung (s. Kapitel 5.6 und 5.7)}	112

6.4.4 Angewandte Methode und Fakten aus Ortbesichtigung und Unterlagen einschl. Bewertung (s. Kapitel 5.6 und 5.7) ... 112
- 6.4.4.1 Allgemeines (Honorarzone für Gebäude) ... 112
- 6.4.4.2 Grobbewertung nach § 34 Abs. 2 HOAI ... 113
- 6.4.4.3 Punktebewertung nach § 34 Abs. 4 und HOAI ... 116

6.4.5 Ausführungen zu den weiteren Teilfragen aus dem Beweisbeschluss (s. Kapitel 5.7) ... 118
6.4.6 Beantwortung der Beweisfragen (s. Kapitel 5.7.3) ... 119
6.4.7 Schlusswort (s. Kapitel 5.8) ... 121

6.5 Beispiel eines Bauschadensgutachtens ... 122
- 6.5.1 Deckblatt (s. Kapitel 5.3) ... 122
- 6.5.2 Inhaltsverzeichnis (s. Kapitel 5.4) ... 122
- 6.5.3 Allgemeine Angaben (s. Kapitel 5.5) ... 122
  - 6.5.3.1 Beweisbeschluss des AG ... vom ... (s. Kapitel 5.5.1) ... 122
  - 6.5.3.2 Allgemeiner Hinweis (s. Kapitel 5.5.3) ... 123
- 6.5.4 Verwendete überlassene Unterlagen (s. Kapitel 5.5.7) ... 123
- 6.5.5 Verwendete Literatur (s. Kapitel 5.5.8) ... 123
- 6.5.6 Ortstermin am 06.03.2003 (s. Kapitel 5.5.10) ... 123
- 6.5.7 Feststellungen während des Ortstermins (s. Kapitel 5.6.2) ... 123
- 6.5.8 Beurteilung der vorgefundenen Situation bezüglich der Mängel und Schäden aus dem Gutachten (s. Kapitel 5.7.1) ... 129
- 6.5.9 Schätzung der Kosten für noch ausstehende Mängelbeseitigung (s. Kapitel 5.7.1) ... 133
  - 6.5.9.1 Zusätzliche Kosten für die linke Hälfte des Dachgeschosses ... 134
  - 6.5.9.2 Gesamtkosten ... 135
- 6.5.10 Beantwortung der Beweisfragen (s. Kapitel 3) ... 135
- 6.5.11 Schlusswort (s. Kapitel 5.8) ... 135

7.0 Die Auftragsabwicklung ... 137

7.1 Auftragseingang ... 137
- 7.1.1 Gerichtsauftrag ... 137
  - 7.1.1.1 Prüfung der fachlichen Zuständigkeit ... 137
  - 7.1.1.2 Prüfung der Unbefangenheit ... 138
  - 7.1.1.3 Prüfung des zeitlichen Rahmens ... 138
  - 7.1.1.4 Prüfung des Kostenvorschusses ... 139
  - 7.1.1.5 Eingangsbestätigung ... 140
- 7.1.2 Privatauftrag ... 140

7.2 Anlegen der Akte ... 142
- 7.2.1 Laufzettel ... 142
- 7.2.2 Zeiterfassung ... 143

7.3 Anfordern von Unterlagen ... 143
7.4 Ortstermin ... 144
7.5 Anfertigen des Gutachtens ... 146
7.6 Versand ... 147
7.7 Abschließen der Akte und Archivierung ... 148

8.0 Honorierung des Bausachverständigen 149
    8.1 Honorierung von Wertermittlungen als Privatgutachten 149
        8.1.1 Die „Eckpfeiler" des Marktes 150
            8.1.1.1 Gesetzlicher Rahmen 150
            8.1.1.2 Richtlinien der Berufsverbände 150
            8.1.1.3 Weitere „Eckpfeiler" 151
        8.1.2 Eigene Honorarkalkulation 153
    8.2 Honorierung des Bauschadensgutachtens als Privatgutachten 155
        8.2.1 Veranlassen und Überwachen der Beseitigung von Mängeln und Schäden 156
    8.3 Die Honorierung der baubegleitenden Qualitätsüberwachung 158
        8.3.1 Grundsätze der Honorierung 158
        8.3.2 Empfehlung 158
    8.4 Honorierung des Honorarsachverständigen 159
    8.5 Honorierung des Gerichtsgutachtens 159
        8.5.1 Zu vergütende Zeit 159
        8.5.2 Höhe des Stundensatzes 160
        8.5.3 Vorschuss 160
        8.5.4 Fahrtkosten 161
        8.5.5 Übernachtung und Verpflegung 161
        8.5.6 Ersatz von Aufwendungen 161

9.0 Hinzuziehung eines weiteren Sachverständigen 163
    9.1 Beim Privatauftrag 163
    9.2 Beim Gerichtsauftrag 164
        9.2.1 Besonderheiten bei der Hinzuziehung eines weiteren Sachverständigen . 165

10.0 Rechtsprechung 167
    10.1 Gesetzlicher Rahmen des Honorars 167
    10.2 Haftung des Gutachters im Zwangsversteigerungsverfahren 167
    10.3 Urheberrecht des Sachverständigen an den Fotos im Gutachten 167
    10.4 Im Prozess eingeholtes Privatgutachten erkennbar würdigen 168
    10.5 Vergleichsmiete als Bandbreite 168
    10.6 Bewertungsobjekt nicht besichtigt 168
    10.7 Zuverlässigkeit des Sachverständigen 168
    10.8 Vergütung des gerichtlich bestellten Sachverständigen 169
    10.9 Typengutachten zur Mieterhöhung 169

Anhang 171

A1 Muster – Sachverständigenordnung des DIHK 173

A2 Die Richtlinien zur Mustersachverständigenordnung 183

A3 Gewerbeordnung (GewO) – Auszug – 213

A4 IfS: Empfehlungen zum Aufbau eines Sachverständigengutachtens 215

Inhalt

A5 Inhaltliche Anforderungen an Gutachten auf dem Sachgebiet
„Bewertung von bebauten und unbebauten Grundstücken" 225

A6 Mindestanforderungen an Gutachten über „Schäden an Gebäuden" 229

Stichwortverzeichnis 231

Inhalt der CD
- 1.0 Deckblatt-Akte
- 2.0 Aktivitätenliste
- 3.0 Gebührenvereinbarung, Vollmacht, benötigte Unterlagen zur Verkehrswertermittlung
- 4.0 Anschreiben Gericht – Eingangsbestätigung
- 5.0 Einladung Ortstermin – Parteien
- 6.0 Benachrichtigung Ortstermin – Gericht
- 7.0 Objektdatenbogen ETW (Eigentumswohnung)
- 8.0 Anforderung Unterlagen 1 als Beispiel (z. B. Baulastenauskunft)
- 9.0 Anforderung Unterlagen 2 als Beispiel (z. B. Grundakte)
- 10.0 Mustergutachten Honorare nach aktueller HOAI i. d. F. vom 11.09.2009
- 11.0 Mustergutachten Honorare nach der HOAI i. d. F. vom 21.09.1995/10.11.2001
- 12.0 Mustergutachten Wertermittlung – Zwangsversteigerung
- 13.0 Mustergutachten Bauschäden
- 14.0 Mustergutachten Wertermittlung – Markt- und Beleihungswert
- 15.0 Muster-Rechnung
- 16.0 Aufbewahrungsliste
- 17.0 Mustersachverständigenordnung des DIHK
- 18.0 Die Richtlinien zur Mustersachverständigenordnung
- 19.0 § 36 Gewerbeordnung
- 20.0 Inhaltliche Anforderungen an Gutachten auf dem Sachgebiet „Bewertung von bebauten und unbebauten Grundstücken"
- 21.0 Mindestanforderungen an Gutachten über „Schäden an Gebäuden"
- 22.0 Bestellung für Grundstücksbewertung – Architektenkammer Nordrhein-Westfalen (AKNW)
- 23.0 Bestellung für Schäden an Gebäuden – AKNW
- 24.0 IfS: Empfehlungen zum Aufbau eines Sachverständigengutachtens
- 25.0 Europäische Bewertungsstandards – Zweite Deutsche Ausgabe

Abkürzungsverzeichnis

a. a. O.	am angegebenen Ort
Abs.	Absatz
AGB	Allgemeine Geschäftsbedingungen
AK	Architektenkammer
ÄndV	Änderungsverordnung
Az.	Aktenzeichen
BAnz	Bundesanzeiger
BauGB	Baugesetzbuch
BauNVO	Baunutzungsverordnung
BauR	Baurecht, Zeitschrift
BelWertV	Beleihungswertermittlungsverordnung
BGB	Bürgerliches Gesetzbuch
BGBl.	Bundesgesetzblatt
BGH	Bundesgerichtshof
BIS	Der Bau- und Immobiliensachverständige, Zeitschrift
Bl.	Blatt
BMI	Bundesminister des Innern
BQÜ	baubegleitende Qualitätsüberwachung
BRKG	Bundesreisekostengesetz
BVS	Bundesverband der öffentlich bestellten und vereidigten Sachverständigen
bzw.	beziehungsweise
ca.	circa
d. A.	(Bl. ...) der Akte
d. h.	das heißt
DIHK	Deutscher Industrie- und Handelskammertag
DV	Datenverarbeitung
EnEV	Energiesparverordnung
EzGUG	Entscheidungssammlung zum Grundstücksmarkt und zur Grundstückswertermittlung
f.	folgende
ff.	fortfolgende
GewO	Gewerbeordnung
GFZ	Geschossflächenzahl
GG	Grundgesetz
ggf.	gegebenenfalls
GmbH	Gesellschaft mit beschränkter Haftung
GRZ	Grundflächenzahl
GuG	Grundstücksmarkt und Grundstückswert, Zeitschrift
GV. NRW.	Gesetz- und Verordnungsblatt für das Land Nordrhein-Westfalen
HOAI	Honorarordnung für Architekten und Ingenieure
HWK	Handwerkskammer

Abkürzungsverzeichnis

IBR	Zeitschrift für Immobilien- und Baurecht
IfS	Institut für Sachverständigenwesen
IHK	Industrie- und Handelskammer
IK	Ingenieurkammer
ImmoWertV	Immobilienwertermittlungsverordnung
i. V. m.	in Verbindung mit
JVEG	Justizvergütungs- und Entschädigungsgesetz
KAG	Kommunalabgabengesetz
KG	Kammergericht
Kl.	Kläger
lfd. Nr.	laufende Nummer
lfm.	laufender Meter
LG	Landgericht
MRVG	Gesetz zur Verbesserung des Mietrechts und zur Begrenzung des Mietanstiegs sowie zur Regelung von Ingenieur- und Architektenleistungen
MSVO	Mustersachverständigenordnung
m. w. N.	mit weiteren Nachweisen
NachBG	Nachbarschaftsgesetz
NJW	Neue Juristische Wochenschrift, Zeitschrift
NJW-RR	Zeitschrift: Neue Juristische Wochenschrift – Rechtsprechungsreport
NRW; NW	Nordrhein-Westfalen
o. Ä.	oder Ähnliches
ö.b.u.v.	öffentlich bestellt und vereidigt
OLG	Oberlandesgericht
OLGR	Oberlandesgerichts-Report, Zeitschrift
Rdnr.	Randnummer(n)
RZ, Rz.	Randziffer(n)
sog.	so genannt
StPO	Strafprozessordnung
SV	Sachverständiger
SVO	Sachverständigenordnung
TÜV	Technischer Überwachungsverein
u. a.	unter anderem
u. Ä.	und Ähnliches
Urt.	Urteil
UStG	Umsatzsteuergesetz
VersR	Versicherungsrecht, Zeitschrift
VG	Verwaltungsgericht
vgl.	vergleiche
v. H.	vom Hundert
VwVfG	Verwaltungsverfahrensgesetz

Abkürzungsverzeichnis

WEG	Wohnungseigentumsgesetz
WertR	Wertermittlungsrichtlinien
WertV	Wertermittlungsverordnung
ZfIR	Zeitschrift für Immobilienrecht
ZPO	Zivilprozessordnung
ZSEG	Gesetz über die Entschädigung von Zeugen und Sachverständigen

1.0 Der Sachverständige

Die „ältesten" Sachverständigen im Bereich des Bau- und Immobilienwesens sind wohl die Versicherungsschätzer nach Preußischem Recht.

Im Laufe des 19. und 20. Jahrhunderts haben sich Sachverständige aber in einer Vielzahl von Fachbereichen etabliert und der Bedarf an solchen Spezialisten steigt ständig.

Auch das Bild des Sachverständigen hat sich im Laufe der Jahre stark gewandelt. Waren diese früher vielfach nebenberuflich tätig, so geht z. B. das neue JVEG (Justizvergütungs- und Entschädigungsgesetz) von dem hauptberuflich tätigen Sachverständigen als Regelfall aus. Es ist hierbei eine immer größere Spezialisierung möglich und notwendig.

Ein Problem in der öffentlichen Wahrnehmung des Sachverständigen besteht darin, dass der Begriff als solcher nicht geschützt ist und der Kunde sich in der Bedeutung der unterschiedlichen Bezeichnungen und Zusätze nicht auskennt. Eine klare Abgrenzung ist daher erforderlich.

Die nachfolgenden Arten von Sachverständigen sind in der Regel im Bau- und Immobilienwesen tätig.

1.1 Öffentlich bestellte und vereidigte Sachverständige

Diese nehmen sowohl im Gesetz (z. B. ZPO oder StPO) als auch innerhalb der Öffentlichkeit eine herausragende Stellung ein. Hier liegt für jedermann die Vermutung (ob zu Recht oder zu Unrecht, sei dahingestellt) nahe, dass diese Sachverständigen über eine besondere fachliche und persönliche Eignung verfügen.

Die Prüfung, Vereidigung und öffentliche Bestellung erfolgt durch Körperschaften öffentlichen Rechts wie

- Industrie- und Handelskammer
- Handwerkskammer
- Architektenkammer
- Ingenieurkammer
- Landwirtschaftskammer.

Ihre gesetzliche Grundlage hat die öffentliche Bestellung und Vereidigung in § 36 der Gewerbeordnung:

§ 36 GewO Öffentliche Bestellung von Sachverständigen

(1) Personen, die als Sachverständige auf den Gebieten der Wirtschaft einschließlich des Bergwesens, der Hochsee- und Küstenfischerei sowie der Land- und Forstwirtschaft einschließlich des Garten- und Weinbaues tätig sind oder tätig werden wollen, sind auf Antrag durch die von den Landesregierungen bestimmten oder nach Landesrecht zuständigen Stellen für bestimmte Sachgebiete öffentlich zu bestellen, sofern für diese Sachgebiete ein Bedarf an Sachverständigenleistungen besteht, sie hierfür besondere Sachkunde nachweisen und keine Bedenken gegen ihre Eignung bestehen. Sie sind darauf zu vereidigen, dass sie ihre Sachverständigenaufgaben

unabhängig, weisungsfrei, persönlich, gewissenhaft und unparteiisch erfüllen und ihre Gutachten entsprechend erstattet werden. Die öffentliche Bestellung kann inhaltlich beschränkt, mit einer Befristung erteilt und mit Auflagen verbunden werden.

Früher war die öffentliche Bestellung unbefristet bis zum Erreichen der Altergrenze (mit Vollendung des 68. Lebensjahres). Heute wird sie regelmäßig auf 5 Jahre befristet.

§ 2 MSVO Öffentliche Bestellung

(4) Die öffentliche Bestellung wird auf 5 Jahre befristet. Vorbehaltlich des Erlöschens wegen der Vollendung des 68. Lebensjahres (§ 22 Absatz 1 Buchstabe d)) kann der Sachverständige auf Antrag für weitere 5 Jahre erneut bestellt werden. Bei einer erstmaligen Bestellung und in begründeten Ausnahmefällen kann die Frist von 5 Jahren unterschritten werden.[1]

Nach Erreichen der Altersgrenze kann die öffentliche Bestellung auf Antrag in begründeten Ausnahmefällen ein weiteres Mal verlängert werden. Dies bedingt nach aktueller Rechtsprechung allerdings das Vorliegen eines begründeten Ausnahmefalls.

1.2 Zertifizierte Sachverständige

Im Zuge der Vereinheitlichung von Standards innerhalb der Europäischen Union können sich Sachverständige auch in Deutschland zertifizieren lassen. Hiermit soll langfristig die öffentliche Bestellung ggf. ganz abgelöst werden. Problematisch ist hierbei derzeitig, dass verschiedenste Stellen ihre Sachverständigen zertifizieren, ohne dass für den Verbraucher auf Anhieb nachvollziehbar ist, welchen Wert diese Qualifikation jeweils besitzt.

Wichtig ist hier, dass die zertifizierende Stelle ordnungsgemäß akkreditiert ist. Hierauf sollte der angehende Sachverständige, der sich für diesen Weg entscheidet, unbedingt achten. Eine solche Stelle ist z. B. das Institut für Sachverständigenwesen (IfS).

Diese akkreditierten Zertifizierungsstellen prüfen und überprüfen ihre Sachverständigen nach gleichen hohen Anforderungen wie die Körperschaften der öffentlichen Bestellung. Es wird aber noch einige Zeit vergehen, bis das Ansehen dieser Sachverständigen dem der öffentlichen Bestellung entsprechen wird.

Eine Sonderstellung nehmen die Sachverständigen für Kreditwirtschaftliche Zwecke ein. Diese werden von einer eigenen Gesellschaft geprüft und zertifiziert, der HYPZert. Sie ist entsprechend akkreditiert. Die Anforderungen bewegen sich auf vergleichbar hohem Niveau, allerdings mit entsprechender Spezialisierung.

Auszug aus den Allgemeinen Informationen und Bedingungen zur Zertifizierung von Sachverständigen für die Bewertung von bebauten und unbebauten Grundstücken der IfS GmbH:

1.2.3 Zertifizierungsprüfung

Die Prüfung wird durchgeführt, wenn die Erfüllung der jeweiligen Zertifizierungsvoraussetzungen vom Antragsteller nachgewiesen wurde. Die Prüfung setzt sich aus verschiedenen Komponenten zusammen (z. B. schriftliche, praktische und mündli-

---

[1] Muster-Sachverständigenordnung des DIHK, neu gefasst aufgrund des Beschlusses des Arbeitskreises Sachverständigenwesen vom 30.11.2009 (Stand: 15.02.2010).

che Prüfung). Der Ablauf ist fachspezifisch unterschiedlich und im jeweiligen Zertifizierungsverfahren beschrieben. Wird die Prüfung nicht positiv bewertet, so besteht die Möglichkeit zur Wiederholung entsprechend der Zertifizierungsbedingungen im beantragten Zertifizierungsgebiet.

Es können ebenfalls Prüfungserleichterungen (teilweise Prüfung, zertifizierungsgebietspezifisch) von der Zertifizierungsstelle veranlasst werden. Personen, die öffentlich bestellt und vereidigt sind und die besondere Sachkunde durch Bestätigung der zuständigen Körperschaft weiterhin gegeben ist, werden von einer Prüfung befreit, sofern dies im beantragten Zertifizierungsgebiet vorgesehen ist.

1.3 Staatlich anerkannte Sachverständige

Staatlich anerkannte Sachverständige sind in einigen Landesbauordnungen eingeführt worden und werden für bestimmte Aufgaben in das Genehmigungs- und Prüfverfahren eingebunden. Es gibt sie für folgende Sachgebiete:

- Schall- und Wärmeschutz
- Brandschutz
- Standsicherheit
- Erd- und Grundbau.

Staatlich anerkannte Sachverständige müssen über besondere Erfahrung in einem Sachgebiet verfügen, fundierte theoretische Kenntnisse nachweisen und in der Regel selbstständig tätig sein.

Die staatliche Anerkennung bezieht sich dabei ausschließlich auf die Erfüllung der Aufgaben nach der jeweiligen Landesbauordnung. Ansonsten darf der Rundstempel des staatlich anerkannten Sachverständigen nicht mit dem Siegel des öffentlich bestellten und vereidigten bzw. des zertifizierten Sachverständigen verwechselt werden. Die Aufgabengebiete sind gänzlich verschieden.

1.4 Freie Sachverständige

Der Begriff des Sachverständigen ist rechtlich nicht geschützt. Grundsätzlich kann sich jedermann „Sachverständiger" nennen, wenn er glaubt, von einem bestimmten Sachgebiet die entsprechenden besonderen Kenntnisse zu besitzen.

Es gibt zwar in jüngerer Vergangenheit einige Gerichtsentscheidungen dahingehend, dass der Besteller eines Gutachtens zumindest darauf vertrauen darf, dass der „Sachverständige" über ein Mindestmaß an Wissen und Qualifikationen verfügt, ein Schutz der Bezeichnung ist aber bisher nicht angestrebt.

Insoweit genießen die freien Sachverständigen in der Öffentlichkeit keine so hohe Stellung wie die ö.b.u.v. oder zertifizierten Sachverständigen. Sofern eine hauptberufliche Sachverständigentätigkeit angestrebt wird, ist es daher dringend zu empfehlen, eine entsprechende Qualifikation zu sichern.

1.0 Der Sachverständige

Da den freien Sachverständigen die Mitgliedschaft in den Berufsverbänden der öffentlich bestellten und besonders qualifizierten Berufsverbänden (z. B. der BVS) regelmäßig versagt bleibt, existieren auch Zusammenschlüsse und Vertretungen freier Sachverständiger.

Es sei hier noch einmal ausdrücklich angemerkt, dass eine öffentliche Bestellung oder eine Zertifizierung keine Garantie für eine bessere Leistung ist. Auch kann nicht pauschal davon ausgegangen werden, dass Gutachten von freien Sachverständigen von minderer Qualität sind. Letztendlich hängt es von der jeweiligen Qualifikation des Sachverständigen ab.

Die Fähigkeiten eines freien Sachverständigen sind vom Auftraggeber im Vorfeld relativ schwer zu überprüfen oder einzuschätzen.

Die öffentlich bestellten oder zertifizierten Sachverständigen haben zumindest zum Zeitpunkt der Prüfung einen bestimmten Wissensstand nachgewiesen und unterliegen auch während ihrer beruflichen Tätigkeit der ständigen Überwachung und qualitativen Kontrolle. Aus diesem Grunde sind die Bestellungen bzw. Zertifizierungen heute in der Regel auch zeitlich befristet.

2.0 Der Bausachverständige

Hier ist zunächst einmal festzuhalten, dass es „den Bausachverständigen" nicht gibt, dazu ist der gesamte Bau- und Immobilienbereich viel zu komplex und facettenreich. Hier bedarf es vieler Spezialisten, die jeweils für einen eingegrenzten Teilbereich über die notwendige besondere Sachkunde verfügen.

Wesentliche Sachgebiete im Baubereich sind:

- Wertermittlung von bebauten und unbebauten Grundstücken
- Schäden an Gebäuden
- Tragwerksplanung
- Schallschutz
- Wärmeschutz
- Brandschutz
- Leistungen der Architekten und Ingenieure
- Honorare der Architekten und Ingenieure
- Leistungen der Handwerker
- Baupreise.

Hierbei hat es der Bausachverständige oft mit komplexen und fachübergreifenden Sachverhalten zu tun. Notwendige Kooperationen mit Sachverständigen benachbarter Sachgebiete sind daher häufig anzutreffen.

Grundsätzlich unterscheidet sich das Gutachten eines Bausachverständigen nicht von den Gutachten anderer Fachbereiche. Die wesentlichen Grundregeln wie Unabhängigkeit des Sachverständigen, Vollständigkeit und Nachvollziehbarkeit des Gutachtens sind selbstverständlich einzuhalten.

2.1 Der Bausachverständige in der Gesellschaft

„Die Wahrnehmung und damit auch die Anerkennung des Sachverständigen in der Gesellschaft ist hoch." So hätte man diese Aussage noch bis vor einigen Jahren ohne Einschränkung und ohne Erwartung nennenswerten Widerstandes stehen lassen können.

Das Fachwissen des Sachverständigen sowie seine sonstigen Qualifikationen wurden bisher in aller Regel (zumindest aus Sicht des normal verständigen Bürgers) nicht in Zweifel gezogen. Eine Unterscheidung der verschiedenen Qualifikationen und Anerkennungen fand hier überwiegend nicht statt.

Etwas differenzierter gestaltete sich das Meinungsbild bei Juristen und Baufachleuten, nämlich denen, die auf die eine oder andere Art das Fachwissen und die Vorgehensweise des Sachverständigen hinterfragen konnten oder zumindest häufiger mit dieser Berufsgruppe konfrontiert waren.

2.0 Der Bausachverständige

Hier waren verschiedene Stufen der Qualifikation und Anerkennung zumindest Indizien für die Qualität des jeweils abgelieferten Gutachtens.

Der öffentlich bestellte und vereidigte (ö.b.u.v.) Sachverständige stellte und stellt auch heute noch in der breiten Gesellschaft die Spitze des möglichen Fachwissens dar.

Vor ca. 10 bis 15 Jahren (dies ist ein grob geschätzter, gefühlter Wert) begann ich, ein Umdenken in der Wertstellung und Akzeptanz des Sachverständigen in der Gesellschaft festzustellen. Man kann hier ketzerisch von einem schleichenden „persönlichen Werteverfall" bezüglich des Gutachtens und seines Erstellers sprechen.

Wie macht sich das bemerkbar?

- Die Aussagen innerhalb eines Gutachtens werden immer häufiger in Frage gestellt.
- Auch die Rechtsprechung nimmt den Sachverständigen – gerade wegen der Nachvollziehbarkeit und Begründung innerhalb des Gutachtens – immer mehr in die Pflicht.
- Die Streitfälle, innerhalb derer ein Sachverständiger wegen behaupteter Fehler innerhalb seines Gutachtens verklagt wird, nehmen stetig zu.
- Die Wertstellung des Sachverständigen innerhalb der Gesellschaft sinkt mit Bekanntwerden jedes zumindest behaupteten Fehlers innerhalb eines Gutachtens.

Insoweit hört man auch immer häufiger Aussagen wie: „2 Gutachter, 3 Meinungen, da lohnt es sich bestimmt, ein Gegengutachten einzuholen." oder aber „Eigentlich sagt der Gutachter gar nichts, ist viel zu schwammig und hat keine eindeutige Aussage."

Es lässt sich feststellen, dass das Ansehen des Bausachverständigen in der Gesellschaft umso mehr gesunken ist, je weniger sich seine Aussagen und Feststellung an Fakten und Messergebnissen festmachen lassen. So werden Gutachten von Bauphysikalischen Sachverständigen, die weitaus überwiegend auf Messergebnissen und mathematischen Berechnungen beruhen, weniger angegriffen und einen höheren Vertrauensgehalt haben als z. B. Gutachten zur Wertermittlung oder zu Bauschäden, die vielfach auf sachverständigen Einschätzungen und Erfahrungswerten beruhen.

Insgesamt aber sind deutliche Tendenzen festzustellen, dass die Stellung des Bausachverständigen in der Gesellschaft und auch in der Wahrnehmung von Rechtsanwälten, Richtern und anderen ständigen Nutzern von entsprechenden Gutachten stark gesunken ist und es hier einer dringenden Gegensteuerung bedarf.

Um Missverständnissen vorzubeugen:

Es geht nicht darum, dass die Gesellschaft lediglich den Sachverständigen anders wahrnehmen muss, auch dessen Selbstverständnis und der Anspruch an das Ergebnis eines Gutachtens allgemein sind zu hinterfragen.

Folgende Ausgangsposition

Aus den vorstehenden Ausführungen ergibt sich eine sich wechselseitig beeinflussende Wahrnehmung des Sachverständigen in der Gesellschaft.

- Die Anerkennung, aber auch die Erwartungshaltung an die Person und das Wissen sind hoch.

- Die Möglichkeiten der Überprüfung durch den Laien sind vergleichsweise gering und teilweise gar nicht vorhanden.
- Eine derart hoch geschätzte Person wird, im zusätzlichen Wissen um die eigene Qualifikation, ein entsprechend selbstbewusstes Verhalten an den Tag legen und somit den Abstand zu den „Normalsterblichen" zwangsläufig vergrößern.
- Langfristig hat dies zur Folge, dass einerseits die Erwartungshaltung seitens der Nutzer soweit steigt, dass zu guter Letzt kein Zweifel am Ergebnis mehr möglich sein darf und andererseits der Sachverständige stets bemüht sein wird, ein absolutes Ergebnis zu präsentieren.
- Insgesamt wird somit auch das Vertrauen in ein Gutachten derart überhöht, dass eine kritische Zurückhaltung oder Überprüfung nicht mehr stattfindet. Dadurch erhalten Transaktionen (und auch die Rechtsprechung), die hierauf beruhen, ein zusätzliches, nicht kalkuliertes Risiko.

Zur Klarstellung

Es liegt mir fern, die Sachverständigen hier pauschal zu verurteilen oder der mangelnden Kritikfähigkeit zu beschuldigen. Auch möchte ich keinesfalls die Auftraggeber und Nutzer der Gutachten so erscheinen lassen, als ob hier ohne Sinn und Verstand jedes Gutachten akzeptiert würde.

Ich möchte hier lediglich einen historischen Zustand (wenn auch teilweise überspitzt) darstellen, um hieraus die Ausgangslage für die notwendigen Veränderungen in Anspruch und Wahrnehmung abzuleiten.

Das Gutachten und der „absolute Wahrheitsgehalt" oder das eindeutige Ergebnis

Liest man „alte" Gutachten, so sind diese häufig wesentlich kürzer und weniger aufwendig begründet als aktuelle.

Mir ist ein Gutachten aus den 1970er Jahren bekannt, bei dem ein Sachverständiger den gerichtlichen Auftrag bekam, den Bautenstand einer nicht fertig gestellten Baumaßnahme festzustellen. Das Gutachten umfasste lediglich wenige Seiten, von denen die „allgemeinen Ausführungen" den weitaus überwiegenden Teil einnahmen. Die fachlichen Darlegungen bestanden einerseits in der Erläuterung der Objektbesichtigung und der vorgefundenen Bauteile und andererseits in der sachverständigen Beurteilung wie folgt: „Aufgrund meiner Sachkenntnis und meiner langjährigen Erfahrung schätze ich den Fertigstellungsgrad der Baumaßnahme auf 25 v. H." Eine Begründung fand sich in dem Gutachten nicht. Es wurde von den Parteien nicht angegriffen und diente als Grundlage zur Urteilsfindung.

Das Vertrauen in die Richtigkeit des Ergebnisses, basierend auf dem Sachverstand und der Erfahrung des Sachverständigen, waren hoch.

Dies ist sicherlich ein Extremfall, aber er verdeutlicht anschaulich, wie sehr sich die Anforderungen an ein Gutachten (und auch der Umfang) im Baubereich geändert haben und auch noch weiter ändern müssen. Die Gründe hierfür sind vielfältig. Einerseits müssen sich die Erwartungshaltung und der Anspruch an ein Gutachten ändern bzw. an die Wirklichkeit anpassen und andererseits muss den geänderten Randbedingungen Rechnung getragen werden.

2.0 Der Bausachverständige

Die Erwartungshaltung

Die Erwartungshaltung der Auftraggeber zeigt sich hauptsächlich in der Fragestellung als Grundlage des Gutachtens. Es soll möglichst eine eindeutige Frage mit einem eindeutigen Ergebnis beantwortet werden.

Eine Feststellung, die mit „wahrscheinlich", „in der Regel" o. Ä. bedacht wird, erscheint dem Auftraggeber wenig hilfreich, lässt dies doch Zweifel am Ergebnis zu.

Am häufigsten sind diese „Missverständnisse" zwischen Auftraggeber und Auftragnehmer (dem Sachverständigen) bei Fachgebieten anzutreffen, bei denen die Ergebnisse nicht ausschließlich auf Messungen und Berechnungen basieren, sondern Sachverstand und sachverständige Einschätzungen vonnöten sind.

Macht der Gutachter deutlich, dass sein Ergebnis lediglich „wahrscheinlich" ist oder Alternativen zugelassen werden müssen, wird ihm das schnell als Unfähigkeit oder Unentschlossenheit ausgelegt. Mit einem solchen Gutachten glaubt man „nichts anfangen" zu können.

Beugt sich der Sachverständige dieser Erwartungshaltung und suggeriert dem Auftraggeber eine Eindeutigkeit seines Ergebnisses, die es gar nicht gibt, so erwächst ihm hieraus nicht nur ggf. ein Haftungsproblem. Letztendlich ist sein Gutachten dadurch falsch und er wird dauerhaft Schaden an Leumund und Glaubhaftigkeit nehmen.

Die Auswirkungen

Am Beispiel des Verkehrswertgutachtens kann hier verdeutlicht werden, welche enormen wirtschaftlichen Risiken in der falschen Erwartungshaltung an einen „absoluten Wahrheitsgehalt" oder an ein eindeutiges Ergebnis des Gutachtens, das der jeweiligen Transaktion zugrunde gelegt wird, innewohnen.

Es handelt sich bei der Verkehrswertermittlung (ebenso Marktwert und Beleihungswert) um ein solches Gutachten, dessen Ergebnisse nicht ausschließlich auf Messungen und Berechnungen basieren, sondern wo Sachverstand und sachverständige Einschätzungen von Nöten sind. Insoweit werden immer auch andere Einschätzungen oder andere Schlussfolgerungen möglich sein, ohne dass das jeweilige Ergebnis grundsätzlich falsch sein muss. Auch darf der ermittelte „Wert" nicht mit dem erzielbaren „Preis" verwechselt werden.

Dieser Umstände müssen sich alle Seiten bewusst sein.

Ein solches Gutachten ist, obwohl mit der größten Sorgfalt und umfangreichem Fachwissen erstellt, immer mit einer „gewissen Vorsicht" zu behandeln.

Ein fälschliches Vertrauen auf einen „absoluten Wahrheitsgehalt" beinhaltet ein Risiko, dessen sich die Handelnden nicht bewusst sind. Nichts ist im Wirtschaftleben gefährlicher als unbewusste und damit unkalkulierte Risiken.

Erheblich gestiegene Möglichkeit der Informationsbeschaffung

In Zeiten des allgegenwärtigen Internets und fast unzählbarer Möglichkeiten der Informationsbeschaffung ist es auch für einen Laien relativ einfach, einzelne Aussagen aus einem Gutachten zu „überprüfen" und auf dieser Grundlage dann dieses Gutachten anzugreifen.

Hier reicht es vielfach aus, dass einfach mehrere Sichtweisen oder mehrere Meinungen zu einem Themenkomplex bestehen und der Laie letztendlich nicht unterscheiden kann, ob es sich bei dem „gefundenen" Gegenargument nur um eine weitere Ansicht, eine Mindermeinung oder vielleicht sogar um eine Fehlinformation handelt. Auch ist es ihm vielfach nicht möglich, die Seriosität der Quelle verlässlich einzuschätzen.

Dass „irgendwo" etwas anderes geschrieben steht, reicht aber zunächst aus, um das Vertrauen in das Gutachten zu erschüttern.

Und hierbei ist es letztendlich unerheblich, inwieweit das Ergebnis des Gutachtens durch die „weiteren Argumente" erschüttert wird. Schon der Nachweis, dass es eben im vorliegenden Fall nicht nur „eine Wahrheit" gibt und der Sachverständige dies nicht schon zuvor deutlich gemacht hat, bedeutet einen erheblichen Vertrauensverlust.

Ein reduziertes/korrigiertes Anspruchsdenken beider Seiten

Die zuvor beschriebene (und als falsch bzw. überzogen erkannte) Erwartungshaltung des Auftraggebers bzw. Nutzers ist nur die eine „Seite der Medaille". Nicht nur diese bedarf der Überprüfung und Korrektur.

Auch der Sachverständige muss sein eigenes Selbstverständnis und seinen eigenen Anspruch kritisch hinterfragen.

Das eindeutige Ergebnis kann es in vielen Fällen, überwiegend dort, wo Annahmen und Einschätzungen zu treffen sind, gar nicht geben. Hierzu muss der Sachverständige stehen und das hat er auch in seinem Gutachten deutlich zu machen.

Das relative Ergebnis bedeutet nicht, dass der Sachverständige nicht in der Lage ist, eine eindeutige Stellung zu beziehen, sondern dass es (wie meistens im Leben) mehr als eine Wahrheit gibt. Macht er dies deutlich und führt er gleichzeitig aus, auf welcher Grundlage er zu seinem Ergebnis gelangt ist, so kann es jeder Nutzer nachvollziehen und sich die Risiken bewusst machen.

Vorläufiges Fazit

Als erstes Ergebnis der vorstehend beschriebenen Situation lassen sich folgende Punkte festhalten, die ein Baugutachten mehr denn je erfüllen muss:

(1) Unverändert muss ein Gutachten fachlich fundiert, sachlich richtig und nachvollziehbar erstellt und das Ergebnis begründet werden.

(2) Auftragsumfang und Auftragsgegenstand müssen eindeutig genannt und erschöpfend beschrieben werden. Schon hieraus ergibt sich häufig eine relative Belastbarkeit des Ergebnisses und es werden die Gültigkeit und der Vertrauensbereich eingeschränkt.

(3) Die Grundlagen, auf denen die Erkenntnisse und Ergebnisse zustande kommen, sind eindeutig zu benennen.

(4) Alternativen sind zumindest zu benennen.

(5) Auf Unsicherheiten des Ergebnisses ist deutlich hinzuweisen.

(6) Eine Eindeutigkeit darf dem Nutzer nicht dort suggeriert werden, wo sie nicht vorhanden ist (z. B. beim Verkehrs-, Markt- oder Beleihungswertgutachten, häufig auch beim Bauschadensgutachten). Machen Sie den Vertrauensbereich ihres Ergebnisses deutlich.

Auf einige der vorstehenden Punkte wird im Laufe dieses Buches noch weiter eingegangen.

2.2 Abgrenzung zu Ingenieurleistungen

Bei einigen der oben genannten Fachgebiete bestehen nicht alle erbrachten Leistungen in der Gutachtenerstellung, sondern es handelt sich häufig auch um reine Ingenieurleistungen. Dies bezieht sich besonders auf die Bereiche:

- Tragwerksplanung
- Schallschutz
- Wärmeschutz
- Brandschutz.

So zählt z. B. die Erstellung der Nachweise für Schall-, Wärme- und Brandschutz im Zuge eines Baugenehmigungsverfahrens bzw. der Errichtung von Gebäuden und anderen Bauwerken nicht zur Gutachtenerstellung. Hierbei handelt es sich um reine Ingenieurleistungen, die z. B. in NRW häufig von staatlich anerkannten Sachverständigen erbracht werden.

2.3 Sonderfall: Baubegleitende Qualitätsüberwachung

Eine „Zwitterstellung" zwischen Ingenieurleistung, Projektsteuerung und Sachverständigenleistung nimmt die Baubegleitende Qualitätsüberwachung (BQÜ) ein, die regelmäßig von Sachverständigen erbracht wird. Hierbei existiert kein eigenes Sachgebiet für die BQÜ.

Es sind regelmäßig zunächst einmal Ingenieur- und Steuerungsleistungen zu erbringen. Erst wenn größere Probleme, Mängel oder Schäden auftreten, wird man ggf. komplexere Sachverhalte (z. B. zum Zwecke der Beweissicherung vor Weiterführung der Baumaßnahme oder Beseitigung des Schadens) in Form eines Gutachtens durch den Sachverständigen aufarbeiten und dokumentieren lassen. In diesem Fall ist das dann zu erstellende Gutachten häufig weitgehend mit dem des Sachverständigen für Schäden an Gebäuden zu vergleichen.

Die geschuldeten Leistungen hängen selbstverständlich von den vertraglichen Vereinbarungen des Einzelfalls ab. Die Besonderheiten und Leistungen innerhalb der BQÜ gliedern sich wie folgt:

Der Sachverständige in der baubegleitenden Qualitätsüberwachung (SV-BQÜ) gehört nicht zu denen, die an der Erstellung des Werkes direkt beteiligt sind. Hierzu zählen:

- Objektplaner (Architekt)
- Fachingenieure
- ausführende Firmen.

Der SV-BQÜ wird als zusätzliche Kontrolleinrichtung installiert.

Der Sachverständige wird hierbei, sofern es sich um einen „kompletten" Auftrag handelt, folgende Leistungsbereiche bearbeiten:

- Prüfung der Planung des Objektplaners einschließlich der Baugenehmigung
- Prüfung der Planung der Fachingenieure

2.3 Sonderfall: Baubegleitende Qualitätsüberwachung

- Prüfung der Kostenermittlungen auf Vollständigkeit, Wirtschaftlichkeit etc.
- Prüfung der Leistungsbeschreibungen (Objektplaner und Fachplaner) und der darauf basierenden Verträge mit den ausführenden Firmen
- Prüfung der Ausführung des Objektes auf Fehlerfreiheit in Bezug auf die geplante und beauftragte Leistung sowie Mangelfreiheit und Übereinstimmung mit den anerkannten Regeln der Technik
- Teilnahme an den Abnahmen der einzelnen Gewerke
- Prüfung der Schlussrechnungen und der Kostenfeststellung
- Unterstützung des Auftraggebers bei der Abnahme und Übernahme des fertigen Objektes.

Wichtig ist hierbei, dass der Sachverständige in diesem Zusammenhang ausschließlich im technisch-fachlichen Sinne prüft. Eine rechtliche Prüfung wird von ihm nicht vorgenommen.

Wie bereits ausgeführt, ist die Erstellung eines Gutachtens bei der baubegleitenden Qualitätsüberwachung eher die Ausnahme.

3.0 Das Gutachten

Das Institut für Sachverständigenwesen e.V. (IfS), Köln, führt innerhalb seiner „Empfehlungen zum Aufbau eines Sachverständigengutachtens" wie folgt aus (Auszug):

„Eine der grundlegenden sachverständigen Leistungen ist die Gutachtenerstellung durch den Sachverständigen.

Gerichte, Behörden, Unternehmen und der so genannte „Endverbraucher" kommen in unserem technisierten und arbeitsteiligen Geschäftsalltag ohne Sachverständigengutachten meist nicht mehr aus. Sei es bei Verkehrsunfällen, Bauschäden, Mietstreitigkeiten, fehlerhaften handwerklichen Leistungen, bei Vermögensauseinandersetzungen, Ehescheidungen oder einfach, wenn eine gekaufte Sache Mängel aufweist, oft hilft nur ein Sachverständigengutachten weiter.

Wie ein Gutachten im Einzelnen auszusehen hat, ist nicht festgeschrieben. Zwar gibt es in den Sachverständigenordnungen der Bestellungskörperschaften in bestimmten Gebieten Aussagen zu den Anforderungen an Gutachten. Auch die Rechtsprechung und die Fachliteratur haben Anforderungen an Inhalt und Aufbau von Gutachten entwickelt, die von den Sachverständigen beachtet werden sollten – nicht zuletzt wegen der Gefahr der Haftung oder des Verlustes der Vergütung."

Aus den Sachverständigenordnungen der IHKs (SVO) lassen sich Anforderungen für Gutachten ableiten. Diese Anforderungen sind wie folgt formuliert:

„Der Sachverständige hat seine Aufträge unter Berücksichtigung des aktuellen Standes von Wissenschaft, Technik und Erfahrung mit der Sorgfalt eines ordentlichen Sachverständigen zu erledigen. Die tatsächlichen Grundlagen seiner fachlichen Beurteilungen sind sorgfältig zu ermitteln und die Ergebnisse nachvollziehbar zu begründen. Er hat die in der Regel von den Industrie- und Handelskammern herausgegebenen Richtlinien zu beachten" (§ 8 Abs. 3 SVO).

Nr. 8.3.7 der Richtlinien zur SVO führt dazu ergänzend aus:

Gutachten sind systematisch aufzubauen, übersichtlich zu gliedern, nachvollziehbar zu begründen und auf das Wesentliche zu beschränken. Es sind alle im Auftrag gestellten Fragen zu beantworten, wobei sich der Sachverständige genau an das Beweisthema bzw. an den Inhalt seines Auftrags zu halten hat. Die tatsächlichen Grundlagen für eine Sachverständigenaussage sind sorgfältig zu ermitteln und die erforderlichen Besichtigungen sind persönlich durchzuführen. Kommen für die Beantwortung der gestellten Fragen mehrere Lösungen ernsthaft in Betracht, so hat der Sachverständige diese darzulegen und den Grad der Wahrscheinlichkeit der Richtigkeit einzelner Lösungen gegeneinander abzuwägen. Die Schlussfolgerungen im Gutachten müssen so klar und verständlich dargelegt sein, dass sie für einen Nichtfachmann lückenlos nachvollziehbar und plausibel sind. Ist eine Schlussfolgerung nicht zwingend, sondern nur naheliegend, und ist das Gefolgerte deshalb nicht erkenntnissicher, sondern nur mehr oder weniger wahrscheinlich, so muss der Sachverständige dies im Gutachten deutlich zum Ausdruck bringen.

Aus diesen Vorgaben ergibt sich ein grundsätzlicher, logischer Aufbau für Gutachten, der deshalb als Maßstab berücksichtigt werden sollte.[2]

---
2 Institut für Sachverständigenwesen e. V. Köln, Empfehlungen für den Aufbau eines Sachverständigengutachtens (Auszug).

3.0 Das Gutachten

Aber auch andere „allgemein zugängliche" Quellen, die gerade von Endverbrauchern häufig genutzt werden, führen hierzu aus:

„Ein Gutachten zu einer Sachfrage ist die begründete Darstellung von Erfahrungssätzen und die Ableitung von Schlussfolgerungen für die tatsächliche Beurteilung eines Geschehens oder Zustands durch einen oder mehrere Sachverständige. Der Sachverständige erstattet in der Regel Befunde und Gutachten.

Ein Gutachten enthält eine allgemein vertrauenswürdige Beurteilung eines Sachverhalts im Hinblick auf eine Fragestellung oder ein vorgegebenes Ziel. Es tritt als verbindliche (z. B. bezeugte oder unterschriebene) mündliche oder schriftliche Aussage eines Sachverständigen oder Gutachters auf. Die allgemeine Vertrauenswürdigkeit wird ggf. durch Akkreditierung des Gutachters durch ein vertrauenswürdiges Verfahren der Zertifizierung mit der für die Fragestellung oder das Ziel erforderlichen Allgemeingültigkeit erreicht.

Der Begriff „Gutachten" ist weder eine geschützte Bezeichnung noch hat er eine besonders herausgehobene prozessrechtliche Bedeutung. Wenn ein Gerichtssachverständiger (gelegentlich auch „Gerichtsgutachter" genannt) seine Stellungnahme abgibt, spricht man von einem Gerichtsgutachten. Legt eine der Prozessparteien eine sachverständige Stellungnahme vor, wird von einem Privatgutachten oder Parteigutachten gesprochen. Unabhängig von der Bezeichnung handelt es sich dabei prozessrechtlich immer um Parteivortrag. Daher sind hierfür auch andere Benennungen wie z. B. „Begutachtung", „Stellungnahme", „Bericht", „Auswertung" o. Ä. grundsätzlich gleichwertig.

Ein Rechtsgutachten ist die Feststellung des geltenden und anwendbaren Rechts in einer bestimmten Region oder für eine bestimmte Personengruppe hinsichtlich eines vorgegebenen Sachverhaltes oder aber die gutachterliche Beurteilung der Rechtsfragen oder Rechtsfolgen eines Sachverhaltes".[3]

Insgesamt lässt sich Folgendes festhalten:

Für die Erstellung eines Gutachtens existieren keine gesetzlichen Vorschriften oder Regelungen. Die bestellenden Kammern sowie die Rechtsprechung haben allerdings Mindeststandards formuliert.

Hieran wird sich der Sachverständige, auch wenn er nicht öffentlich bestellt und vereidigt oder zertifiziert ist, schon aus haftungstechnischen Gesichtspunkten orientieren müssen. Daneben existiert eine Vielzahl von Gerichtsentscheidungen, die ständig neue Anforderungen formulieren. Von daher ist auch eine diesbezügliche Information und Fortbildung unerlässlich.

In einer Entscheidung des KG Berlin vom 11.12.1998 (Az.: 5 Ws 672/98) finden sich einige grundlegende Ausführungen zu den Anforderungen an ein Gutachten. Das Urteil des KG ist zwar im Bereich des Strafrechts und der Psychologie ergangen, ist aber wegen seiner grundsätzlichen Aussage auch auf andere Sachverhalte anwendbar. Die entscheidenden Sätze haben folgenden Wortlaut:

„Ein Gutachten erfordert eine umfassende und in sich nachvollziehbare Darstellung des Erkenntnis- und Wertungsprozesses des Begutachtenden. Hierzu gehört die Angabe der von ihm herangezogenen und ausgewerteten Erkenntnismittel sowie der hierdurch erlangten Informationen, soweit diese nicht aktenkundig und daher dem Gericht bekannt sind. Für ein prognostisches Gutachten ist es hierbei unerlässlich, sich mit der den Strafta-

---

3 Wikipedia.

ten zugrunde liegenden Dynamik und den sonstigen Tatursachen, wie sie sich aus den Urteilsfeststellungen und einem vom Tatgericht gegebenenfalls eingeholten Gutachten ergeben, auseinander zu setzen und die Entwicklung des Täters im Hinblick auf diese Tatursachen während des Strafvollzuges darzustellen. Auf der Grundlage dieser Informationen hat das Gutachten eine Wahrscheinlichkeitsaussage über das künftige Legalverhalten des Verurteilten zu treffen. Nur ein auf diese Weise erstelltes Gutachten ermöglicht es dem Gericht, den Sachverständigen zu kontrollieren, seiner eigenen Entscheidungsverantwortung, die ihm der Sachverständige nicht abnehmen kann, gerecht zu werden und auf der Basis der Wahrscheinlichkeitsaussage die Rechtsfrage zu beantworten, ob eine Bewährungsaussetzung verantwortet werden kann. Diesen Anforderungen genügt die knappe Stellungnahme der Justizvollzugsanstalt nicht".[4]

VG Stade, Urteil vom 09.06.1998 (Az.: 1 VG A 46/86): „Gutachten (…), die nicht den Mindestanforderungen entsprechen, die DIHT und Kammern an die Fertigung solcher Gutachten aufgestellt haben, sind fehlerhaft."

OLG Düsseldorf, Beschluss vom 06.03.1997 (Az.: 10 W 33/97): „Die Verwertbarkeit des Gutachtens ist entscheidend von dessen Nachprüfbarkeit abhängig. Von daher besteht ein Entschädigungsanspruch des Sachverständigen nicht, wenn er pflichtwidrig grob fahrlässig die Unbrauchbarkeit des Gutachtens herbeiführt, indem er lediglich ein Ergebnis mitteilt, dass nicht nachvollziehbar dargestellt ist".[5]

Gutachten müssen inhaltlich so gestaltet sein, dass sie für den Auftraggeber verständlich und in den wesentlichen Teilen nachvollziehbar sind.[6]

Grundsätzlich unterscheidet man zwischen einem „Privatgutachten" und einem „Gerichtsgutachten". Neben den gravierenden Unterschieden innerhalb der Honorierungsvorschriften gibt es auch inhaltlich und formal einige Besonderheiten zu beachten.

3.1 Das Privatgutachten

Als „Privatgutachten" bezeichnet man alle Gutachten, die nicht von einer sog. „heranziehenden Stelle" im Sinne des § 1 JVEG beauftragt werden.

Ob der Auftraggeber eine natürliche oder juristische Person oder eine Gesellschaft ist, ist hierbei völlig unerheblich. Das „Privatgutachten" bestimmt sich nicht nach einem privaten Zweck oder der Beauftragung durch eine Privatperson, sondern dient ausschließlich der Abgrenzung zum Gerichtsgutachten.

Arbeitsweise

Die Arbeitsweise des Sachverständigen unterscheidet sich grundsätzlich von der bei einem Gerichtsgutachten:

- Er hat den Auftraggeber über Umfang und Durchführung des Auftrages zu beraten. Dies gilt auch dann, wenn der Sachverständige feststellt, dass durch das zu erstellende Gutachten der Auftragszweck gar nicht oder nur teilweise erreicht wird.

---

[4] IFS-Informationen 4/1999, S. 20.
[5] IFS-Informationen 2/2005, S. 9 ff.
[6] VG Oldenburg, Urt. vom 19.09.2006 – 12 A 1737/04 – GuG 3/2007.

3.0 Das Gutachten

- Inhalt und Umfang des Gutachtens werden vom Auftraggeber und dem Sachverständigen gemeinsam festgelegt. Hierbei ist es ausdrücklich geboten, dass der SV umfassend ermittelt und eventuell auch über die Grenzen des Auftrages hinausschaut. Alle für den zu begutachtenden Sachverhalt relevanten Fakten sind zu erarbeiten.

- Soweit Sachlichkeit und Unabhängigkeit gewahrt bleiben, kann der SV den Auftraggeber auch dahingehend beraten, dass ggf. der Auftragsgegenstand oder der Inhalt des Gutachtens abgeändert werden, wenn dies den Interessen des Auftraggebers mehr entgegenkommt. (Das Gutachten darf dadurch aber nicht unrichtig oder unvollständig werden.)

Bei aller Vertragsfreiheit hat der Sachverständige aber stets darauf zu achten, dass sein Auftraggeber bei der Vorgehensweise zur Erstellung des Gutachtens später keine Nachteile erleidet. So hat das OLG Celle in seinem Urteil vom 29.05.2000 wie folgt ausgeführt (Leitsatz):

„Ist für einen Sachverständigen erkennbar, dass sein Auftraggeber ein Privatgutachten zur Grundlage der Entscheidung über die Aufnahme eines Prozesses machen will, muss er die Befundtatsachen eindeutig dokumentieren, aus denen er die Schlussfolgerung seines Gutachtens ziehen will. Verletzt er diese Verpflichtung, macht er sich seinem Auftraggeber gegenüber schadensersatzpflichtig, wenn im Prozess die Befundtatsachen nicht mehr nachweisbar sind".[7]

Anmerkung

Es werden immer wieder Thesen vertreten, wie z. B.:

„Wäre die andere Partei mein Auftraggeber gewesen, wäre das Gutachten „natürlich" anders ausgefallen."

Oder:

„Ich bin „natürlich" bis zu einem gewissen Punkt auch parteiisch. Es ist meine Pflicht, für meinen Auftraggeber das Beste herauszuholen."

Ein solches Selbstverständnis und eine solche Arbeitsweise sind mit den Pflichten eines Sachverständigen in keiner Weise vereinbar. Sie verstoßen in gröbster Art und Weise gegen die unabdingbare Unparteilichkeit des SV.

Vielleicht mag der Auftraggeber kurzfristig einen höheren Nutzen aus einem solchen „Gutachten" ziehen. Sobald allerdings bekannt wird, dass dort nicht in der gebotenen Weise gearbeitet wurde, ist das Machwerk nicht mehr verwendbar. Kein Verhandlungspartner lässt sich damit noch überzeugen.

Weiterhin sollte der Sachverständige sich darüber im Klaren sein, dass er mittelfristig auch sich selbst schadet. Wenn erst publik wird, in welcher Art und Weise dieser „Gutachten" verfasst, wird man ihn kaum noch beauftragen.

Gutachterliche Tätigkeit muss sich an den Grundsätzen der Unabhängigkeit, der Unparteilichkeit und der Gewissenhaftigkeit gegenüber jedermann ausrichten.[8]

---

[7] BauR 2000. S. 1989 f.
[8] VG Oldenburg, Urt. v. 19.09.2006 – 12 A 1737/04 – GuG 3/2007.

Zur Unparteilichkeit des Sachverständigen im Privatauftrag wurde ein interessantes Streitgespräch zwischen den renommierten Rechtsanwälten Herrn Prof. Ganten und Herrn Dr. Bleutge geführt. Dieses wurde im Jahre 2003 in der Zeitschrift BIS (Der Bau- und Immobiliensachverständige) veröffentlicht.

3.2 Das Gerichtsgutachten

Der grundsätzliche Unterschied zum Privatgutachten besteht darin, dass dem Sachverständigen genau umrissene Teilbereiche und Fragestellungen zur Bearbeitung und Beantwortung gegeben werden. Er hat hier nicht umfassend zu ermitteln. Er hat auch nicht „über den Tellerrand" des Beweisbeschlusses hinauszuschauen. Er hat ausschließlich die gestellten Fragen zu beantworten. Es ist dabei vollkommen unerheblich, welche Sachlage sich für ihn nach dem Aktenstudium ergibt und ob er die Fragen für sinnvoll und ausreichend hält.

Er ist der „Gehilfe" des Gerichts und ersetzt lediglich dessen fehlenden technischen Sachverstand. Insoweit ist auch eine enge Kommunikation zwischen Gericht und Sachverständigem notwendig, um mit dem Gutachten eine uneingeschränkt verwertbare Grundlage für das Gericht zu erstellen.

„Der Sachverständige muss sich immer strikt an den Gutachtenauftrag des Gerichts halten. Er darf nur das begutachten, was das Gericht ihm vorgibt, auch wenn er aufgrund seiner Sachkunde der Meinung ist, der Auftrag sei zu eng. Er hat im Zivilprozess nicht die Aufgabe, die objektive Wahrheit zu ermitteln. Mithin darf er auch keine Zeugen vernehmen. Macht er es dennoch, kann er wegen Besorgnis der Befangenheit abgelehnt werden und seinen Entschädigungsanspruch verlieren. Das beweist nachstehender Leitsatz der Entscheidung des OLG Frankfurt/M. (13.11.1997; Az.: 18 W 288/97):

Ein Sachverständiger verliert seinen Entschädigungsanspruch, wenn er ohne Unterrichtung der Parteien und des Gerichts eine Zeugenbefragung durchführt und deshalb ein Ablehnungsgesuch erfolgreich war."[9]

Sofern sich Unklarheiten oder Fragen zum Beweisbeschluss ergeben, darf der SV niemals mit den Parteien hierüber in Kontakt treten. Solche Klärungen erfolgen ausschließlich mit dem Richter/Rechtspfleger etc.

Anmerkung

Obschon der Unparteilichkeit des Sachverständigen im Allgemeinen bereits eine sehr hohe Bedeutung zukommt, sollte er bei der Erledigung eines Gerichtsauftrages hierauf ein besonderes Augenmerk legen.

Beim Zivilprozess sind die Parteien die Herrscher über ihren Prozess. Sie bestimmen, worüber gestritten wird und worüber nicht und letztendlich auch darüber, zu welchen Fragen Beweis durch Sachverständigengutachten erhoben wird.

Es steht dem SV nicht zu, dies zu kommentieren oder es zum Vor- oder Nachteil einer der Parteien zu bewerten. Schon der Anschein der Befangenheit kann ausreichen, um das Gutachten letztendlich für das Gericht unverwertbar zu machen, wodurch er dann auch seinen Vergütungsanspruch verliert.

---

9 IFS-Informationen 2/2003, S. 24.

Eine besondere Bedeutung kommt in diesem Zusammenhang einer ggf. notwendigen Ortsbesichtigung zu. Hier lauern mannigfaltige Gefahren für den unerfahrenen Sachverständigen. So müssen u. a. alle Parteien rechtzeitig und nachvollziehbar eingeladen werden. Im Vorfeld, während und nach dem Ortstermin ist jede Handlung oder Äußerung die den Anschein der Besorgnis der Befangenheit herbeiführen könnte, unbedingt zu vermeiden (siehe **Kapitel 7.4**).

3.3 Das Kurzgutachten

Für das „Kurzgutachten" als solches existiert weder eine Legaldefinition, noch sind mir allgemein verbindliche Richtlinien bekannt, in welchem Umfang und in welchen Punkten es sich von einem „normalen" Gutachten unterscheidet.

Der Begriff des „Kurzgutachtens" wird hauptsächlich im Bereich der Wertermittlung verwendet und bezeichnet hier eine Ausarbeitung bei der die beschreibenden Teile (z. B. Allgemeine Angaben zu den Bewertungsmethoden und deren Grundlagen innerhalb des Gutachtens oder Objektbeschreibung) erheblich verkürzt dargestellt werden.

In der Regel findet das „Kurzgutachten" im Bereich der Privatgutachten Anwendung, wenn:

- allen Nutzern des Gutachtens das Objekt bestens bekannt ist, und von daher auf eine ausführliche Objektbeschreibung verzichtet werden kann;
- auf der Basis eines bereits existierenden Gutachtens ein Review (Überprüfung) angefertigt wird, bei dem bezüglich des beschreibenden Teils auf das Hauptgutachten verwiesen wird.

Weiterhin werden aber auch „Kurzgutachten" angefordert, wenn der Auftraggeber sich davon eine Reduzierung der zu erwartenden Kosten für das Gutachten verspricht.

Insgesamt ist im Einzelfall sicherzustellen, dass das anzufertigende Gutachten einerseits dem Auftragszweck gerecht wird und andererseits auch das Haftungsrisiko des Sachverständigen nicht zusätzlich erhöht.

Grundsätzlich muss der Sachverständige dafür Sorge tragen, dass sein Gutachten vollständig und nachvollziehbar ist. Sofern vereinbart wird, zu bestimmten Bereichen eines Gutachtens nur eingeschränkt oder gar nicht auszuführen, sollte dies unbedingt auch im Vertrag zur Gutachtenerstellung festgehalten werden.

In welchem Maße sich hierdurch dann tatsächlich Aufwand und Kosten für das Gutachten reduzieren, ist stark vom Einzelfall abhängig.

Nicht zu den „Kurzgutachten" gehören solche Ausarbeitungen, die sich zwar in allen Bereichen auf das Nötigste beschränken, insgesamt aber ein vollständiges Gutachten darstellen (z. B. häufig Beleihungswertermittlungen). Die Zuordnung ist nicht vom tatsächlichen Umfang der beschriebenen Seiten, sondern ausschließlich bezogen auf die vollständige Darstellung anzuwenden.

3.4 Das mündliche Gutachten

Grundsätzlich kann ein Gutachten auch mündlich erstattet werden. Es gibt aber nur wenige Bereiche, wo dies sinnvoll erscheint, da unbedingt sicher gestellt werden muss, dass die vollständige und nachvollziehbare Vermittlung des Inhaltes sichergestellt ist.

Der Empfänger eines solchen „mündlichen Gutachtens" kann die Ausführungen weder noch einmal nachlesen und nachvollziehen, noch kann der Sachverständige später Einzelheiten zu seinen Ausführungen nachweisen. Man wird also darauf achten müssen, dass die mündlichen Ausführungen in geeigneter Art und Weise dokumentiert werden.

Der Vorteil der mündlichen Erstattung liegt vordergründig in dem ersparten Aufwand des Sachverständigen für die schriftliche Ausarbeitung des Gutachtens. Dieser ist aber regelmäßig nicht so hoch, wie man zunächst erwarten könnte, da sich der Sachverständige trotzdem umfangreiche Notizen anfertigen muss, um eine Grundlage für einen entsprechend strukturierten Vortrag zu haben. Die Ausarbeitung eines schriftlichen Gutachtens nimmt dann häufig nur noch wenige Stunden zusätzlich in Anspruch.

Der Nachteil besteht in der bereits erwähnten, fehlenden Nachvollziehbarkeit einer schriftlichen Ausarbeitung.

Insoweit kommt das „mündliche Gutachten" fast ausschließlich im forensischen Bereich zur Anwendung, da hier durch die regelmäßige Protokollführung eine spätere Nachvollziehbarkeit gewährleistet wird.

Häufig betreffen die mündlich zu erstattenden Ausführungen auch lediglich Detailfragen oder sehr eingeschränkte Themenkomplexe (siehe **Kapitel 3.5**).

3.5 Die gutachterliche Stellungnahme

„Wenn ein Gerichtssachverständiger (gelegentlich auch „Gerichtsgutachter" genannt) seine Stellungnahme abgibt, spricht man von einem Gerichtsgutachten. Legt eine der Prozessparteien eine sachverständige Stellungnahme vor, wird von einem Privatgutachten oder Parteigutachten gesprochen."[10]

Wie in dieser Erläuterung des Begriffes „Gutachten" bei Wikipedia deutlich wird, werden die Begriffe „Gutachten" und „Gutachterliche Stellungnahme" häufig synonym verwendet und nicht gegeneinander abgegrenzt.

Eine Legaldefinition oder sonstige allgemein verbindliche Richtlinien zur „Gutachterlichen Stellungnahme" sind mir nicht bekannt.

Der Begriff der „Stellungnahme" im Gegensatz zu einem „Gutachten" gewinnt in der Praxis aber immer mehr an Bedeutung, da er u. a. die Nachfrage an den und die Angebotspalette des Sachverständigen erweitert.

Innerhalb der Praxis der privaten Dienstleistungen des Sachverständigen versteht man unter einer „Gutachterlichen Stellungnahme" häufig:

a) Eine schriftliche Stellungnahme zu einem einzelnen Detailpunkt eines Gesamtkomplexes, häufig basierend auf einem bereits erstellten Gutachten. Hier besteht dann

---
10 Wikipedia.

darüber hinaus Klärungsbedarf zu einem Punkt, der im Gutachten eventuell nicht ausreichend oder noch gar nicht behandelt wurde.

Innerhalb der dann anzufertigenden „gutachterlichen Stellungnahme" wird auf das zuvor erstellte Gutachten dann soweit wie möglich Bezug genommen, um den Umfang der Stellungnahme auf das Wesentliche zu begrenzen. (Z. B. geht an den gerichtlich bestellten Sachverständigen der Auftrag, zu den Einwendungen der Parteien zu seinem Gutachten „gutachterlich Stellung" zu nehmen.)

Ergebnisse einer solchen Stellungnahme können z. B. sein:

„Auf der Grundlage des Gutachtens xxx vom xxx wird zum Detailpunkt der Mängel und Schäden dahingehend eingehender ausgeführt, als dass die nachfolgende Aufstellung alle Einzelpositionen aufschlüsselt. Dieser Tabelle sind die geschätzten, tatsächlich zu erwartenden Kosten und die entsprechenden Wertansätze jeweils zu entnehmen."

Oder:

„Zum Vorhalt des Klägers bezüglich der Einordnung in die Honorarzone des Objektes wird nachfolgend auch nach der vom Kläger vorgeschlagenen Methode die eigene Berechung aus dem Gutachten xxx vom xxx überprüft und plausibilisiert. Das Ergebnis ist hier nicht signifikant abweichend."

Oder:

„Auch ein nochmaliges Aufmaß nach Räumung der Wohnung bestätigte die zuvor innerhalb meines Gutachtens xxx vom xxx ermittelte Wohnfläche. Die Abweichungen liegen im Rundungsbereich und resultieren aus den nicht völlig identischen Messpunkten in Verbindung mit einer üblichen Toleranz innerhalb der Winkligkeit der jeweiligen Begrenzungswände der einzelnen Räume."

b) Weiterhin wird die „gutachterliche Stellungnahme" auch als „Vorstufe" zu einem Gutachten angesehen. So kommt es in der Praxis immer häufiger vor, dass zu einer Aufgabenstellung (z. B. Bauschaden, Verkehrswertermittlung etc.) zunächst nur eine „gutachterliche Stellungnahme" beauftragt wird. Hierdurch soll für den Auftraggeber mit einem überschaubaren finanziellen Aufwand die Tendenz bezüglich der beauftragten Fragestellung geklärt werden.

Ergebnisse einer solchen Stellungnahme können z. B. sein:

„Unter den vorstehend genannten Voraussetzungen, mit den vorgelegten Unterlagen und den getroffenen Annahmen wird sich der Verkehrswert der Immobilie höchstwahrscheinlich in einem Bereich zwischen 140.000-170.000 bewegen."

Oder:

„Aufgrund der gemachten Angaben, den überlassenen Unterlagen sowie der örtlichen Inaugenscheinnahme des Objektes gehe ich nach derzeitigem Kenntnisstand davon aus, dass das vorbeschriebene Schadensbild auf eine fehlerhafte Abdichtung zurückzuführen ist."

Oder:

„Im Zuge der Objektbegehung wurden keine augenfälligen und für jedermann sichtbaren Schäden festgestellt. Ohne weitere Untersuchungen wird nach derzeiti

3.5 Die gutachterliche Stellungnahme

gem Kenntnisstand davon ausgegangen, dass sich das Objekt in einem durchschnittlichen und altersgerechten Zustand befindet."

Oder:

„Bei einer überschlägigen Überprüfung der Höhe des gegebenenfalls unzulässig vereinbarten Pauschalhonorars lassen sich keine augenfälligen erheblichen (+/- 10 v. H.) Abweichungen zu den Mindestsätzen der Honorartafel nach § 34 HOAI feststellen."

Die „gutachterliche Stellungnahme" wird hier als Grundlage für die Entscheidung genommen, ob ein Gutachten beauftragt und erstellt werden soll. Geht die tendenzielle Aussage (mehr kann eine solche Stellungnahme nicht leisten) in die „gewünschte" Richtung, so erscheinen Kosten und Aufwand für ein Gutachten lohnenswert bzw. sinnvoll.

In einigen Fällen ist ein Gutachten aber auch gar nicht notwendig und die tendenzielle Genauigkeit der Aussage einer „gutachterlichen Stellungnahme" ist für den Auftraggeber ausreichend, so dass das Produkt der „gutachterlichen Stellungnahme" als eigenständige Dienstleistung beauftragt wird.

In der Praxis lässt sich feststellen, dass die „gutachterliche Stellungnahme" erheblich an Bedeutung gewinnt. Da der Aufwand und damit auch die Kosten für ein Gutachten stetig steigen, besteht hier die Möglichkeit einer kostengünstigen Alternative.

4.0 Sonderformen des Baugutachtens

Neben den beiden großen Feldern des Bauschadensgutachtens und der Verkehrswertermittlung existieren noch viele weitere Gebiete, auf denen der Gutachter tätig werden kann. Einige davon sollen hier in einem kurzen Abriss vorgestellt werden.

4.1 Versicherungsgutachten

Grundsätzlich gelten auch hier die gleichen Anforderungen an ein Gutachten sowie an den Sachverständigen, wie sie in diesem Buch beschrieben sind. Ist der Sachverständige öffentlich bestellt und vereidigt oder zertifiziert, so gelten weiterhin alle diesbezüglichen Bestimmungen und Anforderungen. Die Beauftragung durch eine Versicherung kann in der Regel zum Inhalt haben:

- Die Erstellung eines Gutachtens (Wertermittlung oder Schadensgutachten),
- im Schadensbereich ggf. die Abwicklung des Schadens sowie
- die Beantwortung von Einzelfragen.

Hierbei ist jeweils auf die besonderen Anforderungen des Auftraggebers (Versicherung) zu achten.

4.1.1 Wertermittlungen

Bei der Wertermittlung im Versicherungsbereich handelt es sich in der Regel nicht um die Bestimmung des Verkehrswertes nach § 194 BauGB oder des Marktwertes, da der Versicherer u. a. kein Interesse am Bodenwert hat. Ihn interessiert hauptsächlich der Substanzwert teilweise auch der Ertragswert des Gebäudes. Wertrelevante bzw. versicherungsrelevante Faktoren wie Eintragungen im Grundbuch, Baulasten oder baurechtliche Bestimmungen sind zu beachten.

Häufigste Formen der Versicherungswertermittlung sind:

- Substanzwert des Gebäudes (z. B. bei gewerblich genutzten Gebäuden) als Grundlage für den Abschluss des Versicherungsvertrages
- Zeitwertermittlungen (z. B. vor oder nach einem Schadensfall oder zum Zwecke des Regresses).

4.1.2 Schadensgutachten

Die Besonderheit des Schadensgutachtens im Versicherungsbereich besteht u. a. in der Ausgangssituation. Die eine Partei behauptet zunächst einen Schaden und das ursächliche Ereignis, das zu diesem Schaden führte. Die andere Partei prüft diese Ansprüche im Rahmen eines bestehenden Vertragsverhältnisses und veranlasst den Ausgleich des Schadens. Der Sachverständige wird fast immer von einer Partei (in der Regel dem Versicherer) bestellt. (Eine Ausnahme stellt hier die Person des Obmanns im Sachverständigenverfahren dar.) Teilweise beinhalten seine Feststellungen ein hohes Konfliktpotential aufgrund der unterschiedlichen Interessenslagen beider Parteien.

4.0 Sonderformen des Baugutachtens

Durch die vorbenannte Auftragsgrundlage ist die Plausibilitätsprüfung „Kann das angegebene Ereignis ursächlich für den eingetretenen Schaden sein?" von zentraler Bedeutung und stellt regelmäßig das erste Ausschlusskriterium dar. Weiterhin sollte der Sachverständige bei seiner Ortsbesichtigung vorgefundene Beweise für einen eventuellen späteren Regress sichern (z. B. gegen andere Versicherer oder Handwerker).

Innerhalb des dann zu erstellenden Gutachtens ist dann (je nach vertraglichen Grundlagen) vollständig und nachvollziehbar zu folgenden Fragen Stellung zu nehmen:

- Welches Ereignis war Ursache für den Eintritt des Schadens?
- Wodurch wurde der Schaden verursacht?
- Welcher Schaden ist entstanden?
- Wie hoch ist der Neuwert des beschädigten oder zerstörten Gebäudes/Bauteils?
- Wie hoch ist der Neuwert der verbliebenen unbeschädigten Reste des Gebäudes/Bauteils?
- Wie hoch sind die „Restwertgewinnungskosten"?
- Wie hoch ist der „Neuwertschaden"?
- Wie hoch ist der „Zeitwertschaden"?
- Wie hoch sind die Aufräumungs- und Abbruchkosten?

Nicht Aufgabe des Sachverständigen ist in diesem Zusammenhang die rechtliche Prüfung, welche Versicherungsbedingungen bestehen und welche Schäden zu welchem Anteil ersetzt werden.

4.1.3 Schadensabwicklung

Häufig beinhaltet der Auftrag einer Versicherung an den Sachverständigen auch die Organisation und Überwachung der Schadensbeseitigung. Hier wechselt das Aufgabenfeld von der Sachverständigen- in die Ingenieurtätigkeit. Die Beauftragung von Firmen ggf. mit Leistungsbeschreibungen sowie die Überwachung von deren Tätigkeiten und spätere Rechnungsprüfung stellen eine reine Ingenieurleistung dar und fallen nicht unter die Aufgaben eines Sachverständigen.

Versicherungsbedingungen beachten

Wesentlich ist bei der Tätigkeit für eine Versicherung, dass das Vertragsverhältnis, das letztendlich auch seiner Beauftragung zugrunde liegt, unbedingt zu beachten ist. Von daher werden bei der Auftragserteilung zur Schadensabwicklung regelmäßig die relevanten Versicherungsbedingungen, die versicherten Risiken sowie der Deckungsumfang mitgeteilt. Ist dies ausnahmsweise nicht der Fall, sollte der Sachverständige diese Punkte unbedingt erfragen, da sie für Art und Umfang der Schadensbeseitigung von großer Bedeutung sind.

Zum Beispiel

Bei Privatverträgen sind die Aufräum- und Abbruchkosten in der Regel auf 10 % der Versicherungssumme begrenzt.

In neueren Versicherungsverträgen sind in der Regel Gartenhäuser bis zu einer bestimmten Größe mitversichert, in älteren Verträgen ist dies nicht der Fall.

Sachverständiger und Rechtsfragen

Schon aus dem vorstehenden Abriss wird deutlich, dass sich der Sachverständige im Versicherungsbereich häufig auf einem schmalen Grad zwischen sachlich/technischen und rechtlichen Erhebungen bewegt. Er soll nicht nur den Schaden und seine technische Ursache beurteilen, sondern vielfach auch zu den rechtlichen Gegebenheiten Stellung nehmen und diese im Rahmen des Versicherungsvertrages beurteilen. Hier ist ein sehr sensibles Vorgehen des Sachverständigen unabdingbar. Einerseits erwartet sein Auftraggeber von ihm so viel wie möglich an Informationen, da er der verlängerte Arm des Versicherers vor Ort ist. Andererseits darf er sich nicht zu Rechtsberatungen oder Rechtsausführungen hinreißen lassen, da dies weder zulässig noch er in der Regel dafür ausgebildet ist. Im möglichen Regressfall gegen den Sachverständigen dürften Forderungen Dritter, die auf fehlerhaften Rechtsberatungen oder Rechtsausführungen beruhen, nicht von seiner Haftpflichtversicherung gedeckt sein.

Sachverständigenverfahren

Eine weitere Besonderheit in der Tätigkeit des Sachverständigen für Versicherungen ist das sog. Sachverständigenverfahren. Hierbei können Versicherungsnehmer und Versicherer nach Eintritt des Versicherungsfalls vereinbaren, dass die Höhe des Schadens durch Sachverständige festgestellt wird. Das Sachverständigenverfahren kann durch Vereinbarung u. a. auf die Höhe der Entschädigung ausgedehnt werden. Der Versicherungsnehmer kann ein solches Verfahren auch durch einseitige Erklärung gegenüber dem Versicherer verlangen.

Die Vorgehensweise ist wie folgt:

Jede Partei benennt schriftlich einen Sachverständigen und kann dann die andere schriftlich auffordern, den zweiten Sachverständigen zu benennen. Die eigene Wahl wird dabei mitgeteilt. Wird der zweite Sachverständige nicht benannt, so kann ihn die auffordernde Partei durch das für den Schadensort zuständige Amtsgericht ernennen lassen.

Beide Sachverständige benennen schriftlich einen dritten Sachverständigen als Obmann. Einigen sie sich nicht, so wird der Obmann auf Antrag durch das für den Schadensort zuständige Amtsgericht ernannt.

Nach Beendigung ihrer Feststellungen übermitteln beide Parteien zeitgleich ihre Ergebnisse. Sofern diese voneinander abweichen, werden sie dem Obmann übergeben. Dieser entscheidet dann verbindlich über die streitigen Punkte.

Sofern die Feststellungen der Sachverständigen nicht objektiv fehlerhaft sind, sind diese in der Regel für beide Parteien verbindlich.

Das Sachverständigenverfahren ist nicht ungewöhnlich und kommt bei größeren Schäden häufig zum Tragen.

4.1.4 Weitere Besonderheiten

4.1.4.1 Bearbeitungszeit

Die Bearbeitungszeit bei Versicherungsgutachten ist überwiegend sehr kurz. Bei entstandenen Schäden muss der Sachverständige umgehend tätig werden.

4.1.4.2 Honorierung

Die Honorierung von Versicherungswertermittlungen ist nicht preisrechtlich geregelt. Üblicherweise verfügen die Versicherungen über eigene „Preislisten". Schadensgutachten werden regelmäßig nach zuvor vereinbarten Zeitlohnsätzen vergütet.

4.2 Beleihungswertermittlung

Bei Banken, Sparkassen und Versicherungen werden Immobilienfinanzierungen in der Regel durch ein Gutachten untermauert.

Für den Zeitraum bis zur vollständigen Tilgung des Darlehens muss sich das Kreditinstitut den Rückzahlungsanspruch aus dem "Wert" der Immobilie optimal sichern. Es kommt also darauf an, für einen möglichst langen Zeitraum die Werthaltigkeit des zur Sicherung vereinbarten Grundpfandrechts abzuschätzen. Dem dient die Ermittlung des **Beleihungswerts**.

Andere Wertermittlungen wie z. B. Marktwert bzw. Verkehrswert erfüllen diese Anforderungen nicht.

Angesichts der eindeutigen Zweckbestimmung, diesen Wert als sichere Wert-Obergrenze für die langfristige Beleihung zu ermitteln, ist der Beleihungswert ein **eigenständiger Wert**. Bei seiner Ermittlung dominieren die Sicherheitsbedürfnisse der Kreditgeber.

> **§ 3 BelWertV Grundsatz der Beleihungswertermittlung**
>
> (1) Der Wert, der der Beleihung zugrunde gelegt wird (Beleihungswert), ist der Wert der Immobilie, der erfahrungsgemäß unabhängig von vorübergehenden, etwa konjunkturell bedingten Wertschwankungen am maßgeblichen Grundstücksmarkt und unter Ausschaltung von spekulativen Elementen während der gesamten Dauer der Beleihung bei einer Veräußerung voraussichtlich erzielt werden kann.
>
> (2) Zur Ermittlung des Beleihungswertes ist die zukünftige Verkäuflichkeit der Immobilie unter Berücksichtigung der langfristigen, nachhaltigen Merkmale des Objektes, der normalen regionalen Marktgegebenheiten sowie der derzeitigen und möglichen anderweitigen Nutzungen im Rahmen einer vorsichtigen Bewertung zugrunde zu legen.

Demgegenüber steht **§ 194 BauGB**. Diese Vorschrift führt aus:

> Der Verkehrswert (Marktwert) wird durch den Preis bestimmt, der in dem Zeitpunkt, auf den sich die Ermittlung bezieht, im gewöhnlichen Geschäftsverkehr nach den rechtlichen Gegebenheiten und tatsächlichen Eigenschaften, der sonstigen Beschaffenheit und der Lage des Grundstücks oder des sonstigen Gegenstands der Wertermittlung ohne Rücksicht auf ungewöhnliche oder persönliche Verhältnisse zu erzielen wäre.

4.2.1 Beleihungswert versus Verkehrswert

Aus der Gegenüberstellung der beiden rechtlichen Grundlagen zum Verkehrswert und zum Beleihungswert wird schon der grundsätzliche Unterschied zwischen beiden Ermittlungsmethoden deutlich. Während der Verkehrswert „auf den Zeitpunkt, auf den sich die

Ermittlung bezieht", also einen Stichtag ausgerichtet ist und somit eine Momentaufnahme darstellt, setzt der Beleihungswert ganz andere Prioritäten.

Hier soll ein möglichst langfristig sicherer und „unabhängig von vorübergehenden Wertschwankungen" bestehender Wert ermittelt werden. Das jeweilige Kreditinstitut ist nicht an einem lediglich kurzfristig gültigen Wert der Immobilie interessiert. Vielmehr gilt es eine Finanzierung, die häufig über mehrere Jahrzehnte läuft, kalkulierbar abzusichern.

Dies bedeutet aber nicht, dass zunächst ein Verkehrswert im Sinne des § 194 BauGB ermittelt und dann durch einen „ordentlichen Abschlag" der Beleihungswert hieraus abgeleitet wird.

Vielmehr kommt einer sorgfältigen und möglichst genauen Ermittlung auch beim Beleihungswert eine hohe Bedeutung zu.

Wird der Beleihungswert aus „Sicherheitsgründen" zu niedrig ermittelt, verschieben sich die Beleihungsgrenzen im Verhältnis entsprechend und das Kreditinstitut ist nicht mehr in der Lage, eine günstige Finanzierung bzw. einen günstigen Zinssatz anzubieten.

Wird der Beleihungswert zu hoch ermittelt, ist der daraufhin vergebene Kredit nicht ausreichend abgesichert.

Beide Fehlbewertungen können übrigens auch Regressansprüche gegen den Sachverständigen begründen.

4.2.2 Höhe des Beleihungswertes

Ein weit verbreitetes Vorurteil besteht auch darin, dass der Beleihungswert zwangsläufig immer niedriger sein muss als der Verkehrswert. Dies wird häufig deswegen der Fall sein, weil gemäß § 3 Abs. 2 der Beleihungswertermittlungsverordnung (BelWertV) eine „vorsichtige Bewertung" zugrunde zu legen ist. Insoweit sind z. B. häufig höhere Kapitalisierungszinssätze als entsprechende Liegenschaftszinssätze zu berücksichtigen. Bei den Bewirtschaftungskosten sind Mindestansätze festgelegt, die wirtschaftliche Nutzungsdauer wird begrenzt und beim Sachwert ist regelmäßig ein Sicherheitsabschlag zu berücksichtigen.

Grundsätzlich soll der Beleihungswert über die gesamte Laufzeit des Darlehns unverändert bleiben. Es wird aber in regelmäßigen Abständen sachverständig überprüft, inwieweit die Parameter des ursprünglich ermittelten Beleihungswertes weiterhin Gültigkeit besitzen. Stellt der Gutachter fest, dass sich die Grundlagen erheblich verändert haben, muss der Beleihungswert ggf. angepasst werden.

> **§ 26 BelWertV Überprüfung der Grundlagen der Beleihungswertermittlung**
>
> (1) Bestehen Anhaltspunkte, dass sich die Grundlagen der Beleihungswertermittlung nicht nur unerheblich verschlechtert haben, sind diese zu überprüfen. Dies gilt insbesondere dann, wenn das allgemeine Preisniveau auf dem jeweiligen regionalen Immobilienmarkt in einem die Sicherheit der Beleihung gefährdenden Umfang gesunken ist. Sofern es sich nicht um eigen genutzte Wohnimmobilien handelt, ist eine Überprüfung auch dann vorzunehmen, wenn die auf dem Beleihungsobjekt abgesicherte Forderung einen wesentlichen Leistungsrückstand von mindestens 90 Tagen aufweist. Der Beleihungswert ist bei Bedarf zu mindern.

(2) Soweit nach anderen Vorschriften eine weitergehende Verpflichtung zur Überprüfung des Beleihungswerts besteht, bleibt diese unberührt.

4.2.3 Weitere Besonderheiten

4.2.3.1 Bearbeitungszeit

Bezüglich der zeitlichen Vorgaben gehört die Beleihungswertermittlung zu den Gutachten, für deren Fertigstellung in der Regel höchstens zwei bis vier Wochen zur Verfügung stehen. Das mag auf den ersten Blick gar nicht so eng anmuten, innerhalb eines ausgelasteten Büros erfordert es aber eine strikte Organisation, um solche Anforderungen dauerhaft gewährleisten zu können.

4.2.3.2 Honorierung

Die Honorierung von Beleihungswertermittlungen ist nicht preisrechtlich geregelt. Üblicherweise verfügen die Banken und Sparkassen über eigene „Preislisten".

Diese lagen „früher" (bis zur Novellierung der HOAI im August 2009) regelmäßig unterhalb der preisrechtlich verbindlichen Honorarsätze des § 34 HOAI und verstießen somit gegen geltendes Preisrecht.

Innerhalb der ab 18.8.2009 geltenden Fassung der HOAI sind die Wertermittlungen (früher § 34 HOAI) nicht mehr geregelt. Die diesbezügliche Vorschrift wurde ersatzlos gestrichen. Von daher existieren für die Honorierung von Wertermittlungsgutachten keine preisrechtlichen Regelungen mehr.

Der Sachverständige hat seine Honorare zu kalkulieren und deren Höhe an seinen betriebswirtschaftlichen Erfordernissen auszurichten. Weiterhin ist zu berücksichtigen, welche Honorare sich am Markt durchsetzen lassen.

Dies gilt auch für die Honorartabellen der jeweiligen Banken, Sparkassen oder auch Bewertungsgesellschaften von Banken (z. B. der Kenstone GmbH). Nach dem Prinzip von Angebot und Nachfrage muss der Sachverständige vor einer (in der Regel längerfristigen) Zusammenarbeit prüfen, inwieweit die entsprechenden Honorare für ihn auskömmlich sind. Da von dieser Seite normalerweise nicht nur ein Gutachten beauftragt wird, sondern der Sachverständige, über das ganze Jahr verteilt, eine oft nicht unerhebliche Anzahl von Aufträgen erhält, ist auch dieser Umstand zu berücksichtigen.

Wer regelmäßig mit einem Auftraggeber zusammenarbeitet und von dort einen kalkulierbaren Anteil seines Umsatzes generiert, erhält dadurch durchaus zählbare Vorteile bezüglich des Aufwandes für Akquisition sowie Zeit- und Kostenersparnisse bei der Auftragsabwicklung und der Büroorganisation.

4.2.4 Methodenstreit

Ein Kuriosum, dem sich der Sachverständige gegenübersieht, der sich mit der Ermittlung von Beleihungswerten oder Verkehrswerten beschäftigt, ist die teilweise erbittert geführte Debatte, welches von beiden nun der „wahre Wert" sei.

So werfen die „Verkehrswertermittler" den „Beleihungswertermittlern" vor, gar keine vollständigen Gutachten zu erstellen, die auch den Mindestanforderungen nicht genügen. Ein wesentliches Argument ist hierbei, dass teilweise Ansätze nicht begründet würden oder beschreibende Teile nicht den notwendigen Umfang für eine umfassende Information des Auftraggebers oder Dritter haben.

Im umgekehrten Falle werfen die „Beleihungswertermittler" den „Verkehrswertermittlern" vor, unnötig viel Papier zu produzieren und nicht in der Lage zu sein, sich auf das Wesentliche zu konzentrieren.

Der Sachverständige tut gut daran, sich nicht auf diesen überflüssigen Streit einzulassen. Beide Bereiche sind unterschiedliche, absolut eigenständige Disziplinen mit entsprechenden Fachleuten und qualifizierten Sachverständigen. Die Anforderungen sind aufgrund der verschiedenen Ausgangsparameter teilweise nicht zu vergleichen. Eine Rangfolge besteht selbstverständlich nicht.

5.0 Form und Inhalt des Gutachtens

5.1 Schrift und Sprache

Da bei der Erstellung von Gutachten davon ausgegangen werden muss, dass der Auftraggeber oder spätere Nutzer nicht zwangsläufig ein Fachmann sein wird, ist es zwingend erforderlich, spezielle Fachausdrücke möglichst allgemeinverständlich zu umschreiben oder, wenn Fachbegriffe unumgänglich sind, diese sofort (beim ersten Erwähnen) zu erläutern. Oft empfiehlt es sich, dem Gutachten neben einem Abkürzungsverzeichnis eine Kurzerläuterung zu den verwendeten Fachbegriffen hinzuzufügen.

Die Übersichtlichkeit des Gutachtens kann durch das Einfügen von Fotos, Skizzen, Tabellen u. Ä. noch verstärkt werden. Viele Auftraggeber oder Betrachter des Gutachtens können sich erst durch solche Hilfsmittel ein Bild von der Sachlage machen und es kann dadurch sichergestellt werden, dass die schriftlichen Ausführungen auch verstanden werden.

Insoweit muss ein Gutachten nachvollziehbar, nachprüfbar und ausreichend begründet sein!

5.2 Äußere Form und Anzahl der Gutachten

Gutachten sind vielfach öffentlich einsehbar oder werden z. B. in Gerichtsverfahren als Beweismittel vorgelegt. Obwohl keine gesetzlichen Bestimmungen zu den formellen Anforderungen existieren, sollte das Gutachten in einer ansprechenden Form verfasst werden, die den Bedürfnissen der Auftraggeber genügt.

Die äußere Form bedingt den „ersten Eindruck" über die abgelieferte Arbeit des Sachverständigen. Insoweit sollte er hier ein Mindestmaß an Aufmerksamkeit der „Gestaltung" seines Gutachtens widmen. Schon aufgrund der derzeitigen (wesentlich vereinfachten) Möglichkeiten durch den Einsatz der EDV sind die Anforderungen an die optische Aufmachung eines Gutachtens enorm gestiegen. Dies ist zugegebenermaßen ein „Nebenkriegsschauplatz", sollte aber nicht gänzlich außer Acht gelassen werden. Ist der erste Eindruck positiv, wird der Nutzer des Werkes mit einer entsprechenden Erwartungshaltung die Lektüre beginnen.

Allerdings sollte auch hierbei ein gewisses Augenmaß eingehalten und Zurückhaltung geübt werden. Eine allzu reißerische oder extrem farbenfrohe Aufmachung steht im Gegensatz zu der gebotenen Sachlichkeit und Zurückhaltung eines seriösen Sachverständigen.

Folgendes ist zu beachten:

- Grundsätzlich sollten die einzelnen Seiten des Gutachtens durchgängig nummeriert und untrennbar miteinander verbunden sein.
- Form und Farbe sollen zurückhaltend und dem Anlass angemessen sein.
- Bei gerichtlichen Gutachten kann es sinnvoll sein, zuvor telefonisch abzuklären, in welcher Form die Version des Gutachtens für die Gerichtsakte benötigt wird. (Ein Hardcover-Einband lässt sich z. B. sehr schlecht abheften.)

- Die Anzahl der benötigten Gutachten muss mit dem Auftraggeber abgestimmt werden. Bei Gerichtsaufträgen kann diese in der Regel dem Anschreiben entnommen werden (z. B. „Bitte reichen Sie das Gutachten in 5-facher Ausfertigung ein.").

5.3 Deckblatt

Das Deckblatt soll mindestens folgende Angaben enthalten:

- Name und Anschrift des Sachverständigen;
- genaue Angaben zum Bestellungstenor bzw. zu der Zertifizierung oder sonstigen Anerkennungen des Verfassers;
- Angabe des Auftraggebers (bei Gerichten mit Aktenzeichen);
- Titel des Werkes (z. B. „Bauschadensgutachten", „Gutachterliche Stellungnahme", „Ergänzung zum Gutachten Nr. ..." etc.);
- Gutachtenzweck bzw. Auftragsgegenstand (ggf. in abgekürzter Fassung, sofern dies im Gutachten noch ausführlich deutlich gemacht wird);
- ggf. Nennung des Stichtags, auf den sich das Gutachten bezieht (z. B. bei Wertermittlungen);
- Datum;
- Angaben zur Gesamtanzahl der Ausfertigungen und vorliegenden Ausfertigung;
- wenn möglich, soll auch das Ergebnis des Gutachtens kurz genannt werden, so dass schon durch das Deckblatt ein kurzer Überblick verschafft werden kann (hierauf kann verzichtet werden, wenn dies die Lesbarkeit und Übersichtlichkeit des Deckblattes erschwert);
- ggf. ein Foto.

Weiterhin ist auch hier, wie bereits zuvor ausgeführt, darauf zu achten, dass das Deckblatt den ersten Eindruck der geleisteten Arbeit bestimmt. Es sollte also auch einige Mühe auf eine angemessene Gestaltung verwendet werden.

Wird das Gutachten mit einem EDV-Programm erstellt, so ist dort häufig eine bestimmte Gestaltung vorgegeben. Diese sollte an das sonst übliche Erscheinungsbild des eigenen Büros angepasst werden. Wenn schon auf den ersten Blick die „Standardaufmachung" eines EDV-Programms „ins Auge springt", so entsteht schnell der Eindruck einer eher oberflächlichen Arbeitsweise.

5.4 Inhaltsverzeichnis

Jedes umfangreichere Gutachten, sobald es mehr als vier oder fünf Gliederungspunkte aufweist, sollte mit einem Inhaltsverzeichnis versehen werden. Dies erleichtert die Auffindbarkeit erheblich und kann von den meisten Standardprogrammen automatisch erzeugt werden.

Damit einhergehend ist es natürlich vonnöten, die Seiten entsprechend durchzunummerieren. Nur so kann eine entsprechend schnelle Auffindbarkeit der einzelnen Punkte gewährleistet werden. Wie das Inhaltsverzeichnis kann auch die jeweilige Seitenzahl (mit Angabe der Gesamtseiten) von allen Standardprogrammen derweil automatisch eingefügt werden.

5.5 Allgemeiner Teil

Der allgemeine Teil des Gutachtens dient hauptsächlich dazu, die Randbedingungen darzustellen, unter denen oder wegen derer die nachfolgenden Feststellungen getroffen werden. Dieser Teil darf nicht unterschätzt werden. Es ist hier sehr sorgfältig darauf zu achten, dass alle Angaben genau aufgelistet werden. Nur so kann in evtl. späteren Streitfällen nachgewiesen werden, wer z. B. genau der Auftraggeber war oder auf welcher Grundlage und unter welchen Randbedingungen bestimmte Feststellungen getroffen wurden.

Ist der Umfang des Auftrages z. B. stark eingeschränkt und führt dies dazu, dass einige, sehr wesentliche, Punkte nicht untersucht wurden, so kann auch eine eventuelle Haftung nur wirksam vermieden werden, wenn alle Einschränkungen und Randbedingungen deutlich und unmissverständlich angegeben wurden.

Untauglich sind in diesem Fall gesonderte Vereinbarungen mit dem Auftraggeber (außerhalb des Gutachtens), die nicht entsprechend ausführlich dargelegt werden. Solche Vereinbarungen sind dann in der Regel nicht allen Nutzern des Gutachtens zugänglich und es können leicht falsche Schlussfolgerungen aus einem Ergebnis gezogen werden, dass nur unter ganz bestimmten Bedingungen in der vorliegenden Form zustande gekommen ist.

Beim Gerichtsauftrag ist an dieser Stelle der Beweisbeschluss mit den Fragen an den Sachverständigen im Originalwortlaut wiederzugeben und das Zitat entsprechend kenntlich zu machen.

5.5.1 Auftrag/Beweisbeschluss

Beim Privatgutachten werden der Auftragsumfang und der Auftragsgegenstand so genau wie möglich beschrieben. Pauschale Formulierungen wie: „Bewertung eines Einfamilienhauses" oder „Feststellen von Mängeln an einem Wohnhaus" sind hier absolut untauglich.

Dies hat mehrere Gründe:

- Der Auftraggeber kann, bei Vorlage des Gutachtens, so ggf. sehr schnell erkennen, ob die Arbeit des Sachverständigen tatsächlich in die Richtung gegangen ist, die er beabsichtigt hatte.
- Der Nutzer des Gutachtens erkennt sofort, auf welcher Grundlage und in welche Richtung hier recherchiert und sachverständig bewertet wurde. Weiterhin werden Grenzen und Randbedingungen deutlich.
- Im Streitfall über Qualität, Umfang oder Ergebnis des erstellten Gutachtens kann der Sachverständige sehr schnell nachweisen, unter welchen Bedingungen und mit welcher Zielsetzung hier gearbeitet wurde.

5.0 Form und Inhalt des Gutachtens

Insoweit ist der Auftragsgegenstand so exakt wie möglich zu formulieren, z. B.:

„Bewertung des bebauten Grundstückes Musterstraße 8 in 12345 Musterstadt, Flur 15, Flurstück 333 einschl. aller Aufbauten, Rechte und Belastungen."

„Bewertung eines Miteigentumsanteils an der Wohnanlage Musterstraße 8 in 12345 Musterstadt, Flur 15, Flurstück 333 verbunden mit dem Sondereigentum an der Wohnung im 1. Obergeschoss links mit Kellerraum (jeweils Nr. 3 des Aufteilungsplans)."

„Gutachten zu den unter Punkt 2 des Gutachtens beschriebenen Feuchteschäden im Keller des Hauses Musterstraße 8 in 12345 Musterstadt."

„Ermittlung des Honorars für erbrachte Architektenleistungen bei der Errichtung des 2-Familien-Wohnhauses Musterstraße 8 in 12345 Musterstadt."

Beim Gerichtsgutachten ist der Auftrag durch die entsprechenden Beweisfragen klar umrissen (sofern diese entsprechend klar formuliert sind) und begrenzt. Diese Fragen sollten im Originalwortlaut aus dem Beweisbeschluss an dieser Stelle aufgelistet werden. Auch dadurch wird u. a. der Nutzer in die Lage versetzt, die Grundlagen der sachverständigen Ausführungen zu erkennen.

5.5.1.1 Besonderheit: Auftragsumfang nicht vom Bestellungstenor gedeckt

Sofern Teile der gestellten Fragen nicht vom Bestellungstenor des Sachverständigen umfasst sind, muss er eindeutig darauf hingewiesen werden und eine deutlich Abgrenzung vornehmen.

Stellt der öffentlich bestellte oder zertifizierte SV vor oder während der Bearbeitung des Gutachtenauftrages fest, dass dieser ganz oder teilweise nicht von dem Sachgebiet abgedeckt wird, auf dem er öffentlich bestellt oder zertifiziert ist, so hat er dies seinem Auftraggeber unverzüglich mitzuteilen.

Grundsätzlich bestehen in diesem Fall zwei Möglichkeiten:

a) Der Sachverständige erklärt sich bereit, den Teil des Gutachtens, der außerhalb seines eigentlichen Sachgebietes liegt, als freier Sachverständiger zu erledigen. In diesem Fall ist eine deutliche Trennung der beiden Teile vorzunehmen. Es darf keinesfalls für den Nutzer des Gutachtens der Eindruck entstehen, dass das gesamte Gutachten vom Bestellungstenor/der Zertifizierung des SV umfasst war.

    Es darf auch nur der Teil des Gutachtens mit dem Siegel versehen werden, der eindeutig auch dem Bestellungstenor des Sachverständigen zuzuordnen ist.

b) Der Sachverständige ist nicht bereit, den Teil des Gutachtens, der außerhalb seines eigentlichen Sachgebietes liegt, zu bearbeiten, oder der Auftraggeber stimmt dem nicht zu. In diesem Fall ist ein weiterer Sachverständiger hinzuzuziehen. Schon aus Haftungsgründen sind beide Gutachten eindeutig zu trennen.

5.5.1.2 Besonderheiten beim Gerichtsauftrag

Aufgrund unklarer, unvollständiger oder mit Rechtsfragen behafteter Beweisbeschlüsse besteht manchmal die Notwendigkeit darauf hinzuweisen, wie einzelne Fragen ausgelegt werden und welche Fragen ggf. nicht oder nur teilweise beantwortet werden können. Dies sollte allerdings nach Rücksprache mit der heranziehenden Stelle erfolgen. In diesem Zuge sind aufgetretene Fragen häufig schon zu klären und es werden unnötiger Schriftwechsel und Ergänzungen zum Gutachten vermieden.

5.5.1.3 Einseitige Auftragsbeschränkungen

Vielfach sind in Gutachten Formulierungen zu finden wie:

„Auftragsgemäß wurden keine zerstörenden Untersuchungen oder Aufgrabungen vorgenommen. Die Angaben zur Abdichtung beruhen daher auf den vorgelegten Plänen und Unterlagen."

Oder:

„Auftragsgemäß wurde das Grundbuch und das Baulastenverzeichnis nicht eingesehen. Die Bewertung geht insoweit von einem unbelasteten Zustand aus."

Bei den vorstehenden Einschränkungen innerhalb des Gutachtens handelt es sich häufig um einseitige Auftragsbeschränkungen seitens des SV.

Damit solche Beschränkungen überhaupt wirksam werden können, müssen regelmäßig folgende Mindestvoraussetzungen erfüllt sein:

- Der Auftragsbeschränkung innerhalb des Gutachtens muss eine entsprechende vertragliche Vereinbarung mit dem Auftraggeber zugrunde liegen.
- Der Auftraggeber muss im Zuge dieser Vereinbarung zu den Folgen für das beauftragte Gutachten belehrt worden sein, die sich aus der Beschränkung ergeben.

Fehlt es an einer solchen Vereinbarung, handelt es sich grundsätzlich um eine einseitige Erklärung des SV, die regelmäßig nicht wirksam ist.

Sofern ein Auftraggeber aus Kosten- oder Zeitgründen tatsächlich darauf besteht, dass bestimmte Teile einer vollständigen Recherche unterlassen werden sollen, ist in diesem Zusammenhang unzweideutig darauf hinzuweisen, dass das Gutachten dadurch unvollständig wird und das Ergebnis nur noch eingeschränkt gültig ist.

Sollte sich das Gutachten aufgrund der nicht eingeholten Daten, Fakten und Auskünften im Nachhinein als im Ergebnis falsch erweisen, so wird man zunächst davon ausgehen, dass der Sachverständige alle notwendigen Auskünfte einholen musste, um ein fehlerfreies Gutachten zu erstellen.

War ihm dies aufgrund einer vorbenannten Auftragsbeschränkung nicht möglich, trägt er dafür ggf. die Beweislast. Er wird sich nicht darauf berufen können, dass er im Gutachten darauf hingewiesen hat.

5.5.2 Auftraggeber

Hier ist der Auftraggeber mit Titel, Namen, Firma und vollständiger Anschrift zu nennen, beim Gerichtsauftrag sind dies das Gericht sowie ggf. der Senat oder die Abteilung und die entsprechende Adresse.

Nicht nur, dass es für einen Nutzer des Gutachtens von Bedeutung sein kann, wer das Gutachten in Auftrag gegeben hat, es dient auch der Klarstellung, ob z. B. eine Firma, vertreten durch den Geschäftsführer, oder dieser als Privatperson ein Gutachten hat anfertigen lassen.

5.5.3 Hinweise zu Besonderheiten

Dieser Punkt fehlt in vielen Gutachten. Er ist aber durchaus wichtig und sollte unbedingt auch aufgeführt werden. Hier können Besonderheiten vom Nutzer sofort erfasst werden und er muss sie nicht aus dem Gutachtentext heraussuchen. Einige Beispiele sind:

- „Der Zutritt zum Objekt wurde verweigert. Insoweit kann nur auf der Basis des äußeren Anscheins und der vorliegenden Unterlagen bewertet werden."
- Auf die zeit- und kostenintensive … Untersuchung wurde zunächst aus folgenden Gründen verzichtet: …"
- „Da folgende Unterlagen nicht zur Verfügung gestellt wurden, kann die Frage Nr. 5 nicht hinreichend beantwortet werden."

In diesem Zusammenhang sind dann jeweils auch die Folgen anzugeben, die aus der entsprechenden Besonderheit resultieren. Ggf. kann auf die entsprechende Stelle im Gutachten gesondert hingewiesen werden, z. B.:

- „Aufgrund der Nichtzugänglichkeit des Gebäudes ist die Bewertung mit einem deutlichen Risiko behaftet. Diesem wird durch einen Abschlag in Höhe von … v. H. des Verkehrswertes Rechnung getragen. Die Höhe des Abschlages wird wie folgt begründet: …"

Weitere Hinweise zu Besonderheiten findet man in Baugutachten häufig dahingehend, dass auf die Abgrenzung von sachverständig/technischen und rechtlichen Fragen hingewiesen wird. Der Sachverständige sollte hier deutlich machen, unter welchen rechtlichen Annahmen und Voraussetzungen seine Feststellungen getroffen werden. Nur so kann der Anwender nachvollziehen, wo die Grenzen der Gültigkeit der Aussagen innerhalb des Gutachtens liegen.

5.5.4 Haftungsausschlüsse

Die Grenzen für individuelle Vereinbarungen sind die allgemeinen Grenzen der Vertragsfreiheit (§§ 123, 134, 138, 242, 826 BGB). Weiterhin führt ein arglistiges Verschweigen eines Mangels oder die Übernahme einer Beschaffenheitsgarantie stets zur Mängelhaftung beim Werkvertrag (§§ 444, 639 BGB).

Öffentlich bestellte und vereidigte Sachverständige dürfen ihre Haftung nur sehr begrenzt einschränken. Dies ist in allen Sachverständigenordnungen geregelt. Ein umfangreicher Haftungsausschluss würde der extrem hohen Vertrauensstellung des ö.b.u.v.-Sachverständigen widersprechen. Das Vertrauen in ein beauftragtes Gutachten darf nicht dadurch erschüttert werden, dass der Sachverständige direkt nach seinen Feststellungen (die erhebliche Auswirkungen auf die Freiheit oder das Vermögen des Betroffenen haben können) erklärt, dass er für seine Ausführungen keinerlei Haftung übernimmt. Die **Sachverständigenordnung der Architektenkammer NRW** formuliert beispielsweise:

> **§ 14 Haftungsausschluss; Haftpflichtversicherung**
>
> (1) Die Sachverständigen dürfen ihre Haftung für Vorsatz und grobe Fahrlässigkeit nicht ausschließen oder der Höhe nach beschränken.
>
> (2) Die Sachverständigen müssen eine Haftpflichtversicherung in angemessener Höhe abschließen.

5.5 Allgemeiner Teil

Dies bedeutet im Umkehrschluss, dass lediglich die Haftung für einfache Fahrlässigkeit ausgeschlossen oder der Höhe nach beschränkt werden kann. Hierbei sind allerdings einige Besonderheiten unbedingt zu beachten:

- Ein einseitig festgelegter Haftungsausschluss ist regelmäßig unwirksam. Ein entsprechender Ausschluss muss individualvertraglich vereinbart werden.
- Die Haftung für Fahrlässigkeit kann trotz grundsätzlicher Vertragsfreiheit nicht pauschal ausgeschlossen oder der Höhe nach beschränkt werden. Hier ist § 823 BGB zu beachten. Ansonsten ist die Regelung nicht wirksam.
- Eine individualvertragliche Haftungsbeschränkung ist beim gerichtlich bestellten Sachverständigen regelmäßig nicht möglich. Hier fehlt es an einem entsprechenden Vertragsverhältnis. Die Haftung des gerichtlich bestellten Sachverständigen regelt § 839a BGB.

§ 839a BGB Haftung des gerichtlichen Sachverständigen

(1) Erstattet ein vom Gericht ernannter Sachverständiger vorsätzlich oder grob fahrlässig ein unrichtiges Gutachten, so ist er zum Ersatz des Schadens verpflichtet, der einem Verfahrensbeteiligten durch eine gerichtliche Entscheidung entsteht, die auf diesem Gutachten beruht.

(2) § 839 Abs. 3 ist entsprechend anzuwenden.

Der individualvertraglich vereinbarte Haftungsausschluss bzw. die Haftungsbeschränkung ist am besten im Originalwortlaut in das Gutachten zu übernehmen.

Zur Problematik von Haftungsausschlüssen in Musterverträgen hat der BGH im Jahre 2001 wie folgt ausgeführt[11]:

„Wer eine auch nur stichprobenartige Kontrolle des Bauvorhabens und die gutachterliche Erfassung von Mängeln übernimmt, kann in seinen Allgemeinen Geschäftsbedingungen eine Haftung für »Schadensersatzforderungen jedweder Art infolge nicht erkannter, versteckter oder sonstiger Mängel« nicht wirksam vollständig ausschließen.

[Wie beim Projektsteuerungsvertrag (dazu VII ZR 215/98) schuldete der Übernehmer keine bloße Dienstleistung, sondern eine erfolgsbezogene Tätigkeit mit der Folge der Anwendbarkeit des § 635 BGB. Bei den vereinbarten Baustellenbesuchen sollten die von einem Fachkundigen erkennbaren Mängel ermittelt und beanstandet werden mit dem Ziel der Herbeiführung eines mangelfreien Gesamtwerks. Das gilt auch für stichprobenartige Kontrollen. Auch im kaufmännischen Verkehr ist eine AGB-Klausel unwirksam, durch die der Verwender sich von der Haftung für eine Verletzung der übernommenen Vertragspflichten vollständig freizeichnet. Allein die Haftung nach § 635 BGB vermag eine ordnungsgemäße Vertragserfüllung zu sichern. Die im Streitfall verwendete Klausel enthält eine Freizeichnung auch für den Fall, dass sich der Partner der Aufdeckung von Mängeln bewusst verschließt oder ihre Verpflichtung zur Feststellung erkennbarer Mängel grob vernachlässigt.]"

„Die unwirksame Klausel hatte folgenden Wortlaut: Der Auftraggeber erkennt an, dass durch die vertragsmäßige Tätigkeit des Auftragsnehmers eine vollständige Mängelfreiheit des Untersuchungsobjektes nicht zwingend erreicht werden kann. Der Auftragnehmer

---
11 BGH, Urteil vom 11.10.2001, Az.: VII ZR 475/00.

übernimmt somit keinerlei Haftung für Schadensersatzforderungen jedweder Art infolge nicht erkannter, verdeckter oder sonstiger Mängel."[12]

5.5.5 Beispiel für eine Haftungsbeschränkung/Haftungsbeschränkungsklausel

„Unsere vorvertragliche, vertragliche und außervertragliche Haftung ist auf Vorsatz und grobe Fahrlässigkeit beschränkt, soweit es sich nicht um die Verletzung einer vertragswesentlichen Pflicht oder die Verletzung des Lebens, des Körpers oder der Gesundheit handelt. Gleiches gilt für die Haftung unserer Erfüllungsgehilfen."[13]

„Bei Vorsatz oder grober Fahrlässigkeit sowie bei Verletzungen des Körpers und der Gesundheit haftet der Sachverständige uneingeschränkt.

„Eine vertragliche Regelung, die einerseits auch gegenüber privaten Kunden, die Verbraucher sind, andererseits auch als vorformulierte Klausel wirksam ist, könnte wie folgt lauten:

Die Haftung des Sachverständigen wird im Falle einfacher Fahrlässigkeit auf den Schaden beschränkt, der durch seine Berufshaftpflichtversicherung abgedeckt ist, soweit nicht eine vertragswesentliche Pflicht betroffen ist.

Die Deckungssummen dieser Versicherung betragen

für Personenschäden   Mio. €

für Sach- und Vermögensschäden   Mio. €".[14]

5.5.6 Mitarbeiter und deren Tätigkeitsumfang (Hilfskräfte)

Einer der wesentlichen Grundsätze der gutachterlichen Tätigkeit besteht darin, dass der Sachverständige seine Leistungen in eigener Person zu erbringen hat (persönliche Aufgabenerfüllung). Der Auftraggeber muss darauf vertrauen können, dass der Sachverständige, auf dessen Sachkunde er glaubt sich verlassen zu können, das Gutachten erstellt und nicht ein Mitarbeiter, dessen Qualifikation im Zweifelsfall nicht eindeutig bekannt ist.

Für den gerichtlich bestellten Sachverständigen führt z. B. § 407a ZPO zur Pflicht der persönlichen Leistungserbringung wie folgt aus:

§ 407a ZPO Weitere Pflichten des Sachverständigen

(1) ...

(2) Der Sachverständige ist nicht befugt, den Auftrag auf einen anderen zu übertragen. Soweit er sich der Mitarbeit einer anderen Person bedient, hat er diese namhaft zu machen und den Umfang ihrer Tätigkeit anzugeben, falls es sich nicht um Hilfsdienste von untergeordneter Bedeutung handelt.

(3)-(5) ....

---

12 IFA-Informationen 1/2003, S. 18.
13 Quelle: http://www.beckmannundnorda.de
14 Quelle: Krell/Renz, Die Haftung des Bausachverständigen, 2007, s. unter 2.: Privatauftrag Rz. 73.

Die **Sachverständigenordnung der IHK Nord Westfalen** führt hierzu wie folgt aus:

§ 9 Persönliche Aufgabenerfüllung und Beschäftigung von Hilfskräften

(1) Die Sachverständigen haben die von ihnen angeforderten Leistungen unter Anwendung der ihnen zuerkannten Sachkunde in eigener Person zu erbringen (persönliche Aufgabenerfüllung).

(2) Die Sachverständigen dürfen Hilfskräfte nur zur Vorbereitung des Gutachtens und nur insoweit beschäftigten, als sie ihre Mitarbeit ordnungsgemäß überwachen können; der Umfang der Tätigkeit der Hilfskraft ist im Gutachten und anderen Sachverständigenleistungen im Sinne des § 2 Absatz 2 kenntlich zu machen.

(3) Bei außergerichtlichen Leistungen dürfen die Sachverständigen Hilfskräfte über Vorbereitungsarbeiten hinaus einsetzen, wenn der Auftraggeber oder die Auftraggeberin zustimmt und Art und Umfang der Mitwirkung im Gutachten offen gelegt werden.

(4) Hilfskraft ist, wer die Sachverständigen bei der Erbringung ihrer Leistung nach dessen Weisungen auf dem Sachgebiet unterstützt.

Hieraus folgt:

- Alle wesentlichen Arbeiten bei der Gutachtenerstellung sind vom Sachverständigen persönlich zu erbringen.
- Hilfskräfte dürfen bei der Gutachtenerstellung grundsätzlich nur für vorbereitende und untergeordnete Tätigkeiten eingesetzt werden. Es sei denn, dass beim Privatauftrag eine weitergehende Tätigkeit von Hilfskräften ausdrücklich mit dem Auftraggeber vereinbart wurde.
- Die Tätigkeit von Hilfskräften ist von dem Sachverständigen verantwortlich zu überwachen. Er haftet im Außenverhältnis für das gesamte Gutachten.
- Der Tätigkeitsumfang sowie die jeweilige Person der Hilfskraft sind unmissverständlich im Gutachten kenntlich zu machen.
- Hilfsdienste von untergeordneter Bedeutung, z. B. Schreibarbeiten oder allgemeine Bürotätigkeiten, zählen insoweit nicht zu den Hilfskräften.
- Eine Hilfskraft kann auch ein weiterer Sachverständiger sein.

Im Gutachten kann dies z. B. wie folgt kenntlich gemacht werden:

„Bei der Erstellung des vorliegenden Gutachtens hat Herr/Frau … im Bereich vorbereitender und ergänzender Tätigkeiten mitgewirkt. Sein/ihr Aufgabenbereich umfasste die Anfertigung von Fotografien sowie die Mithilfe beim Aufmaß während der Objektbesichtigung. Weiterhin erstellte er/sie die Flächenberechnung und bereitete die Objektbeschreibung innerhalb des Gutachtens vor. Alle Tätigkeiten wurden vom Sachverständigen begleitet und verantwortlich überprüft."

5.5.7 Verwendete Unterlagen und Angaben

Wie bereits ausgeführt, ist es für den Sachverständigen, aber auch für den Besteller oder Nutzer des Gutachtens wesentlich zu erkennen, auf welchen Grundlagen die Ausführungen und Feststellungen beruhen. Es ist von daher möglichst genau und verständlich anzugeben, welche Unterlagen vorlagen und welche Angaben gemacht wurden.

5.0 Form und Inhalt des Gutachtens

Ist das Gutachten stichtagsbezogen, sind die Unterlagen unbedingt mit dem entsprechenden Datum anzugeben.

Beispiele für eine derartige Auflistung finden sich innerhalb der dargestellten Mustergutachten.

5.5.8 Literatur und rechtliche Grundlagen

Zur ordnungsgemäßen Erstellung eines Gutachtens gehören Angaben zu den rechtlichen Grundlagen (Gesetze, Verordnungen, DIN-Normen etc.) sowie eine Auflistung der verwendeten Literatur. Hierbei sollte sich allerdings darauf beschränkt werden, nur die Literatur anzugeben, die tatsächlich zur Erstellung des Gutachtens verwendet wurde. Die beliebte Auflistung des aktuellen Inhaltes des eigenen Bücherschrankes ist wenig hilfreich und eher unglaubwürdig.

5.5.9 Erläuterung der angewandten Methoden

Ein Gutachten muss nachvollziehbar und nachprüfbar sein. Es muss zu allen Feststellungen und Schlussfolgerungen eine ausreichende schriftliche Begründung liefern.

Hierzu gehört es auch, dass die angewandten Methoden dargestellt und erläutert werden, z. B.:

- Erläuterung der Methoden der Wertermittlung mit Begründung der gewählten Methode
- Darstellung von Messmethoden und Geräten sowie Begründung des gewählten Verfahrens
- Darstellung der Möglichkeiten der Honorarermittlung und Begründung der gewählten Methode.

Um die Lesbarkeit des Gutachtens zu erleichtern, sollten derartige Ausführungen an den Anfang innerhalb des allgemeinen Teils dargestellt werden. Werden solche Erläuterungen in die jeweilige Berechnung eingefügt, so werden dem Nutzer der Überblick und die schnelle Nachvollziehbarkeit erheblich erschwert.

5.5.10 Ortsbesichtigung

Hierbei sind zunächst einmal diesbezüglich zwei Arten von Gutachten zu unterscheiden:

a) Gutachten, in denen zwar die Daten und Teilnehmer des Ortstermins angegeben werden, die dort getroffenen Feststellungen aber nicht gesondert unter diesem Punkt aufgeführt werden (z. B. Wertermittlungsgutachten);

b) Gutachten, in denen die getroffenen Feststellungen aus dem Ortstermin bereits häufig unter diesem Punkt aufgeführt werden (z. B. Schadensgutachten).

Bei Gutachten des Typs a) werden mindestens folgende Angaben innerhalb des Gutachtens gemacht:

- Datum und Urzeit des Ortstermins,
- Ort des Termins,
- Datum der Einladung,

- Namen der Teilnehmer (einschließlich. der Funktion: z. B. „Vertreter des Beklagten") mit Vermerk, falls jemand nur teilweise teilgenommen hat,
- Ende des Ortstermins.

Bei Gutachten des Typs b) besteht die Möglichkeit, mit den vorstehenden Angaben genauso zu verfahren und diese innerhalb des allgemeinen Teils des Gutachtens aufzulisten. Die getroffenen Feststellungen aus dem Ortstermin werden unter **Kapitel 5.6** gesondert angegeben.

Alternativ können in diesem Falle aber auch alle Angaben zum Ortstermin gebündelt angeführt werden. Dies geschieht dann sinnvollerweise insgesamt unter **Kapitel 5.6**.

5.6 Fakten und Feststellungen

Grundsätzlich ist hier zunächst einmal festzuhalten, dass die **Kapitel 5.6** (Fakten und Feststellungen) und **5.7** (Sachverständige Wertungen), je nach Art des Gutachtens, sehr verschieden aufgebaut sein können. Die Ausführungen zu den einzelnen Punkten verlieren dadurch aber nicht ihre Gültigkeit. Lediglich Anordnung und Reihenfolge könne variieren.

Ein Gutachten muss nachvollziehbar und nachprüfbar sein. Von daher ist es sinnvoll, beim Aufbau darauf zu achten, dass der Nutzer alle Schritte chronologisch nachvollziehen kann, die schließlich zum Ergebnis geführt haben.

Vor diesem Hintergrund ist folgende grundsätzliche Reihenfolge einzuhalten:
- Feststellungen aus der Ortsbesichtigung
- Feststellungen auf der Grundlage der Unterlagen und Angabe
- Bewertung dieser Feststellungen in Bezug auf die Fragestellungen des Gutachtens
- Aufzeigen von Alternativen sowie Grenzen und Begründung der angewandten Methoden
- Beantwortung der Beweisfragen.

Auf jeden Fall sollte innerhalb des Gutachtens aber eine Trennung zwischen der Auflistung der Fakten und Feststellungen sowie der entsprechenden Bewertung vorgenommen werden. Gerade bei Gutachten, bei denen eine Vielzahl von Fakten und Feststellungen, Messergebnissen etc. aufgearbeitet werden müssen, erleichtert diese Gliederung die Lesbarkeit erheblich.

5.6.1 Ortsbesichtigung

Siehe hierzu **Kapitel 5.5.10**. Wie dort bereits ausgeführt, können hier ggf. auch die Daten des Ortstermins aufgelistet werden.

5.6.2 Fakten und Feststellungen aus der Ortsbesichtigung

Im Zuge der Ortsbesichtigung gemachte Feststellungen, gewonnene Messergebnisse und sonstige Erkenntnisse werden zunächst chronologisch aufgelistet und den einzelnen Fragestellungen des Gutachtens zugeordnet. Eine Bewertung der Ergebnisse soll an dieser

5.0 Form und Inhalt des Gutachtens

Stelle noch unterbleiben. Es werden nur die Fakten gesammelt, die sich später zur Grundlage des sachverständigen Ergebnisses verdichten.

Sofern die Erkenntnisse aus der Ortsbesichtigung auf Aussagen der Parteien beruhen, sind auf jeden Fall folgende Angaben notwendig:

- Wer hat die Angaben gemacht?
- Wie lautete die zugehörige Fragestellung?
- Sind die Angaben streitig oder unstreitig bezüglich der anderen Partei?
- Welche gegenteiligen Angaben sind zur selben Fragestellung von der anderen Partei ggf. gemacht worden?

Diese Angaben sind schon vor dem Hintergrund besonders wichtig, dass streitige Aussagen innerhalb eines Gutachtens nur mit äußerster Vorsicht und ausreichender Begründung innerhalb eines Gutachtens verwendet werden dürfen. Innerhalb eines Gerichtsauftrages kann die unreflektierte Übernahme einer Parteienangabe zur Unverwendbarkeit des gesamten Gutachtens führen. Beim Privatgutachten wird zumindest der Grundsatz der Neutralität verletzt.

Alle Angaben müssen weiterhin zumindest daraufhin untersucht werden, ob sie aus sachverständig-technischer Sicht überhaupt zutreffend sind. Es ist nicht ungewöhnlich, dass bautechnische Laien übereinstimmend einen Standpunkt vertreten, der auf einer grundsätzlich falschen Einschätzung der Situation beruht.

Es sollte in einem solchen Fall mit einer kurzen Begründung dargelegt werden, wieso diese Angaben im Gutachten keine Verwendung finden.

PRAXISTIPP

Eine Befragung der Parteien sollte im Ortstermin vom Sachverständigen nur soweit durchgeführt werden, wie es zur Aufklärung der notwendigen Fakten und Sachverhalte notwendig ist.
Vergleichsverhandlungen oder eine eingehende Befragung einer Partei mit dem Ziel, die „Unsinnigkeit" ihres Standpunktes vor Augen zu führen, gehören nicht zu seinen Aufgaben.
Derartige Vorgehensweisen des Sachverständigen können den Anschein der Befangenheit begründen und zu einer teilweisen oder vollständigen Unverwertbarkeit des Gutachtens führen.

5.6.3 Fakten und Feststellungen auf der Grundlage der Unterlagen und Angaben

In diesem Kapitel werden die Fakten und Feststellungen auf der Grundlage der vorliegenden Unterlagen und gemachten Angaben ausgewertet.

Dies können z. B. Pläne, Fotos, Urkunden etc. sein, die vom Auftraggeber überlassen wurden. Hierzu zählen aber auch die Unterlagen und Angaben, die vom Sachverständigen eingeholt wurden, z. B. Auskünfte von Behörden, Grundbücher, Untersuchungsergebnisse von Fremdlaboren etc.

Bei den Angaben in diesem Kapitel handelt es sich nicht um solche, die zuvor bei dem Ortstermin aufgelistet wurden. Vielmehr handelt es sich hier um solche, die vom Auftraggeber z. B. zur Einschränkung des Gutachtenumfanges oder aber dahingehend gemacht wurden, von welchen Voraussetzungen bei der Erstellung auftragsgemäß auszugehen ist. Diese können z. B. sein:

- zukünftige Grundlagen einer Wertermittlung, von denen schon heute ausgegangen werden soll (z. B. Eintragung eines Wohnungsrechtes);
- vertraglich vereinbarte Besonderheiten zum Bewertungs- und Qualitätsstichtag;
- Angaben zum Baujahr, der Bauart oder der verwendeten Baustoffe eines Gebäudes, wenn diesbezüglich keine zerstörenden Untersuchungen vorgenommen werden sollen;
- mündliche Vereinbarung zwischen Auftraggeber und Auftragnehmer, die einer Honorarermittlung zugrunde gelegt werden sollen.

Wesentlich ist hierbei, dass an dieser Stelle keine Angaben ausgewertet werden, die nicht unter **Kapitel 5.5.7** bereits aufgelistet wurden.

Die **Kapitel 5.6.2** und **5.6.3** bilden somit die faktische Grundlage für die späteren Bewertungen innerhalb des Gutachtens.

Dieser Gutachtenaufbau ist grundsätzlich mit der sog. „Zielbaum-Methode", die von der ARGE Aurnhammer entwickelt wurde, vergleichbar. Es wird innerhalb des Gutachtens zunächst dargelegt, welche Grundlagen und Voraussetzungen vorliegen. Hiernach werden Feststellungen und Ergebnisse dargelegt und diese immer weiter verdichtet, bis sie zu einem nachvollziehbaren und logischen Resultat führen.

Bei den nachfolgenden Bewertungen ist es nun wichtig, lediglich auf die Grundlagen zurückzugreifen, die zuvor auch erläutert wurden, und hier dürfen keine neuen Fakten mehr eingeführt werden, da dies die Nachvollziehbarkeit des Gutachtens wesentlich beeinflusst.

5.7 Sachverständige Wertungen

Wie bereits ausgeführt, sind unter **Kapitel 5.6** alle Grundlagen aufgelistet worden, auf denen die sachverständige Bewertung nun erfolgen kann. Es sei hier noch einmal erwähnt, dass dieser Aufbau die Nutzung des Gutachtens sehr erleichtert. Es ist nicht ungewöhnlich, dass z. B. der Geschäftsführer eines größeren Unternehmens oder der Vorsitzende Richter eines Senats zunächst einmal nur die sachverständigen Wertungen und das Ergebnis des Gutachtens liest. Diese sind hier schnell zu erfassen und es ist lediglich ein relativ geringer Zeitaufwand erforderlich. Man muss, um sich einen Überblick zu verschaffen, nicht den gesamten Werdegang eines jeden Teilergebnisses mitlesen. Das Gutachten kann quasi je nach Informationsbedarf „von hinten nach vorn" gelesen werden.

5.7.1 Bewertung der zuvor gemachten Feststellungen in Bezug auf die Fragestellungen

Hier werden jetzt die Fakten und Feststellungen aus **Kapitel 5.6** in Bezug auf die gestellten Beweisfragen bzw. den Gegenstand des Gutachtens ausgewertet – zum Beispiel:

- „Der Leerstand des Hauses sowie der notwendige Instandsetzungsbedarf wirken sich dahingehend aus, dass hier ein erheblicher Minderertrag zu erwarten ist, der sich auf den Ertragswert erheblich auswirken wird. Die Höhe dieses Minderertrages wird wie folgt festgelegt ..."

- „Wie unter Punkt ... aufgeführt, ist das Bauvorhaben der Honorarzone 4 zuzuordnen. Bezüglich des hier zu bewertenden Pauschalhonorars kann somit festgehalten werden, dass dieses die zulässigen Mindestsätze nach § 4 Abs. 4 HOAI unterschreitet."

- „Bezüglich der festgestellten Feuchtigkeit an der Außenwand des Gebäudes, verbunden mit dem in der Anlage befindlichen Laborergebnis, kann hier festgestellt werden, dass das defekte Fallrohr nicht ursächlich für die vorgefundene Feuchtigkeit sein kann."

Alle hier gemachten Bewertungen sind selbstverständlich ausreichend zu begründen. Dies bedeutet, dass neben der Begründung für die jeweiligen Feststellungen unter **Kapitel 5.6** hier die jeweiligen Zusammenhänge und daraus resultierenden Schlussfolgerungen deutlich zu machen sind. Wenn dem Nutzer zuvor dargelegt wurde, welche Situation vorgefunden wurde und welcher Sachverhalt dem Gutachten zugrunde zu legen ist, so müssen ihm hier die entsprechenden Zusammenhänge aus sachverständig-technischer Sicht aufgedeckt werden. Auf eine klare und verständliche Sprache ist hierbei besonders zu achten.

5.7.2 Erläuterungen zu möglichen Alternativen/gegenteiligen Auffassungen, der Sicherheit der Bewertungen und Bewertungsmöglichkeiten

Das Ergebnis eines Gutachtens ist in der Regel keine „gottgegebene" Erkenntnis und insoweit auch regelmäßig nicht eine zu 100% sichere Tatsache, auch wenn eine mathematische Hinführung zum Ergebnis dies oftmals suggeriert.

Das Ergebnis eines Gutachtens kann häufig im günstigen Falle mit „an Sicherheit grenzender" Wahrscheinlichkeit angegeben werden. Nicht selten wird aber eine „hohe" Wahrscheinlichkeit oder lediglich eine „ausreichende" Wahrscheinlichkeit genügen müssen. Hierauf ist im Gutachten deutlich und ausdrücklich hinzuweisen. Sofern alternative Lösungsmöglichkeiten vorliegen bzw. alternative Vorgehensweisen denkbar wären, ist hierauf zumindest deutlich hinzuweisen.

Auch gegenteilige Auffassungen oder Mindermeinungen sind deutlich zu machen. Es ist hier absolut irreführend, wenn z. B. dargelegt wird, dass anhand einiger zitierter Kommentatorenmeinungen sich nur die gewählte Vorgehensweise erschließt. Sofern es hier auch andere Auffassungen oder Mindermeinungen gibt, so ist zumindest darauf hinzuweisen, ggf. noch eine Quelle anzugeben. Auch hierdurch wird der Nutzer u. a. in die Lage versetzt, abschätzen zu können, wie sicher oder wie „unangreifbar" das Ergebnis dieses Gutachtens ist. Ein Beispiel hierfür kann sein:

„Innerhalb des JVEG ist die Vergütung für die Kopie der Handakte des Sachverständigen nicht eindeutig geregelt. Nach derzeitig überwiegend obergerichtlichen Entscheidungen ist der Ansatz einer Entschädigung für diese Handakte allerdings regelmäßig zu versagen. Auf dieser rechtlichen Grundlage basieren die nachfolgenden Ausführungen. Es wird allerdings hier ausdrücklich darauf hingewiesen, dass es auch gegenteilige Gerichtsentscheidungen und Kommentatorenmeinungen gibt."

Bei der Bearbeitung von gutachterlichen Sachverhalten kann es immer wieder vorkommen, dass der Sachverständige in Grenzbereiche seines Sachgebietes bzw. der ihm zur Verfügung stehenden Möglichkeiten stößt. Auch dies ist darzulegen und dem Nutzer des Gutachtens zur Kenntnis zu geben. Wo es keine gesicherten Bewertungsmethoden gibt oder der Sachverständige über Hilfskonstruktionen versuchen muss, zu einem Ergebnis zu kommen, um den Sachverhalt aufarbeiten zu können, darf er nicht den Eindruck erwecken, es handele sich hier um ein zweifelsfrei gewonnenes Ergebnis.

5.7.3 Beantwortung der gestellten Fragen

Jedes Gutachten sollte eine zusammenfassende Beantwortung der gestellten Fragen/Beweisfragen enthalten. Auch bei noch so sauberer Gliederung und klarer Auflistung der Fakten, Grundlagen und Bewertungen ist es ansonsten nicht auszuschließen, dass es zu Fehlinterpretationen der innerhalb des Gutachtens gemachten Aussagen kommt. Es darf insoweit nicht dem Nutzer überlassen werden, die Ergebnisse des Gutachtens zwischen den Zeilen herauszulesen.

Bei dieser abschließenden Aufstellung ist keine Begründung mehr notwendig. Es kann hier hilfsweise auf die jeweiligen Punkte des Gutachtens verwiesen werden.

5.8 Schlussteil und Anlagen

Zunächst sollte das Gutachten mit einer Schlusserklärung abgeschlossen werden. Die beliebte Formulierung „Dieses Gutachten wurde nach bestem Wissen und Gewissen erstellt" sollte allerdings vermieden werden. „Nach bestem Wissen und Gewissen" ist die absolute Mindestvoraussetzung, die an einen Sachverständigen zu stellen ist. Hier bedarf es wirklich keiner gesonderten Erwähnung.

Eine sinnvolle Formulierung kann z. B. wie folgt lauten:

„Das vorstehende Gutachten wurde ausschließlich auf der Grundlage der vorgelegten Unterlagen, der gemachten Angaben sowie der Erkenntnisse aus der Ortsbesichtigung erstellt. Die Bearbeitung erfolgte unabhängig und unparteilich.

Sollten sich, aufgrund bisher nicht vorliegender Unterlagen oder nicht bekannter Fakten Änderungen oder Ergänzungen ergeben, bin ich zu weiteren Ausführungen gern bereit."

Das Gutachten ist mit einem Datum zu versehen und vom Sachverständigen eigenhändig zu unterschreiben.

Sofern der Sachverständige öffentlich bestellt und vereidigt oder zertifiziert ist, ist das Gutachten mit dem entsprechenden Rundstempel zu versehen. Hierbei ist streng darauf zu achten, dass nur das Gutachten (bzw. der Teil des Gutachtens) mit dem Rundstempel versehen wird, das auch vollumfänglich vom entsprechenden Bestellungstenor gedeckt ist.

5.0 Form und Inhalt des Gutachtens

Innerhalb des Gutachtens ist eine Auflistung der Anlagen einzufügen. Dies kann u. a. auf der letzten Seite des Gutachtens, aber auch innerhalb des Inhaltsverzeichnisses oder im allgemeinen Teil erfolgen.

Alle relevanten Unterlagen für die Erstellung des Gutachtens sind diesem als Anlage beizufügen. Sofern dies den Umfang sprengen oder unverhältnismäßig erweitern würde, kann ggf. ein Hinweis auf die entsprechende Anlage erfolgen und diese entweder (nach vorheriger entsprechender Vereinbarung) zur Einsicht bereitgehalten oder in einem gesonderten Anlagenband dem Gutachten beigefügt werden.

Pläne/Skizzen/Fotos

Pläne, Skizzen und Fotos (egal ob digital oder analog) sind sinnvoll und notwendig, um die Lesbarkeit und das Verständnis zu unterstützen. Pläne, Skizzen und Fotos können entweder direkt an der jeweiligen Textstelle eingefügt oder im Anhang insgesamt beigefügt werden. Im zweiten Fall sollte eine eindeutige Zuordnung zu den textlichen Ausführungen möglich sein (z. B. durch entsprechende Bildunterschriften oder Planbezeichnungen oder Verweise). Wenn Fotografien von Dritten verwendet werden, muss darauf hingewiesen werden.

Es muss aber auch bei aller Aussagekraft von Fotos, Plänen und Skizzen der entsprechende Sachverhalt in jedem Falle ausreichend detailliert beschrieben werden. Die Gefahr der Fehlinterpretation bzw. der Nicht-Eindeutigkeit der sachverständigen Ausführungen und Ergebnisse wäre ansonsten zu hoch.

> **PRAXISTIPP**
>
> *Bei den im Gutachten (und somit gewerblich) verwendeten Plänen (gerade auch Kataster- Stadtpläne etc.) ist sehr genau darauf zu achten, dass die urheberrechtliche Situation eindeutig geklärt ist und eine entsprechende Genehmigung zur Verwendung vorliegt. Nicht alles, was im Internet herunter geladen werden kann, darf auch uneingeschränkt weiter verwendet werden.*
> *Es sollten daher alle im Gutachten verwendeten Pläne, Skizzen etc. rechtmäßig erworben bzw. eine entsprechende Genehmigung eingeholt werden. Innerhalb des Gutachtens sind die Unterlagen dann mit einem Quellennachweis zu versehen.*
> *Hierdurch anfallende Gebühren sind in aller Regel nicht so erheblich, dass sich das Risiko einer kostenpflichtigen Abmahnung lohnt. Außerdem können diese Gebühren, bei entsprechender Vertragsgestaltung, an den Auftraggeber weiter belastet werden.*

6.0 Mustergutachten mit Erläuterungen

Anhand der nachfolgenden Muster soll der zuvor beschriebene Aufbau eines Gutachtens an einigen Beispielen verdeutlicht werden. Es wird hierbei auch deutlich, dass die Bedürfnisse des jeweiligen Auftrages berücksichtigt werden müssen. Das Sachgebiet und die konkrete Fragestellung bestimmen den Aufbau des Gutachtens teilweise mit.

Es kommt hierbei nicht darauf an, „Vorlagen" zu liefern, die abgeschrieben werden können. Vielmehr sollen dem Leser anhand von Praxisbeispielen die einzelnen Aufbaupunkte verdeutlicht werden.

Sofern jemand die nachfolgenden Texte verwenden möchte, so sind diese unbedingt an den jeweiligen Einzelfall anzupassen und entsprechend zu ändern.

Für die Richtigkeit der nachfolgenden Texte wird selbstverständlich keinerlei Haftung übernommen.

6.1 Beispiel einer Wertermittlung im Zwangsversteigerungsverfahren

Vorbemerkung

Neben den Anforderungen an eine „normale Wertermittlung" im Privatauftrag werden an den Sachverständigen im Zwangsversteigerungsverfahren einige zusätzliche Anforderungen gestellt.

„Darüber hinaus muss der Sachverständige aber auch verschiedene Grundbegriffe des Zwangsversteigerungsrechts kennen, die Einfluss auf die Bewertung haben können. Er muss ferner die Grundbucheintragungen aus dem Bestandverzeichnis und der Abteilung II (Lasten und Beschränkungen) einordnen und bewerten können. Dazu ist regelmäßig die Einsicht und Auswertung von Bewilligungen, die Grundlage der Eintragungen sind, vorzunehmen. Bei Wohnungs- und Teileigentumseinheiten muss er die Teilungserklärung prüfen und die Besonderheiten betr. des zu versteigernden Objektes herausarbeiten."[15]

Weiterhin muss er einige Besonderheiten berücksichtigen:

- Bei der Wertermittlung im Rahmen der Zwangsversteigerung wird der potentielle Ersteigerer das Objekt regelmäßig nur von außen in Augenschein nehmen können. Er ist somit bezüglich der Objektbeschreibung fast ausschließlich auf die Ausführungen innerhalb des Gutachtens angewiesen. Insoweit kommt z. B. der Objektbeschreibung mit der abschließenden Beurteilung eine erhöhte Bedeutung zu und dieser Teil des Gutachtens wird in der Regel umfangreicher ausfallen als in einem „normalen" Privatgutachten.

- Da häufig zumindest eine Partei nicht an der Erstellung des Gutachtens interessiert ist, kommt es oft zu erheblichen Einschränkungen bezüglich der Zugänglichkeit des Objektes. Dies ist im Gutachten deutlich herauszuarbeiten, da es ansonsten zu zusätzlichen Haftungsrisiken für den Sachverständigen kommen kann.

---
15 Stumpe/Tillmann, Versteigerung und Wertermittlung, 2009, S. 47.

- Grundsätzlich sind innerhalb eines Gutachtens im Rahmen der Zwangsversteigerung mehrere Werte auszuweisen:
  - **Unbelasteter Wert**, ohne den Einfluss von Rechten und Belastungen aus Abt. II des Grundbuches und ggf. ohne den Werteinfluss von Baulasten (umstritten).
  - **Werteinfluss von Rechten und Belastungen** aus Abt. II des Grundbuches und ggf. von Baulasten, wobei das Zwangsversteigerungsgericht in der Regel im Auftrag mitteilt, welche Rechte und Belastungen bewertet werden sollen.
  - **Verkehrswert nach § 194 BauGB** einschließlich des Einflusses von Rechten und Belastungen aus Abt. II des Grundbuches und von Baulasten. Diesen Wert benötigt das Versteigerungsgericht häufig nicht. Er ist aber für den potentiellen Erwerber der einzige, mit dem sich andere Immobilienangebote auf dem freien Markt vergleichen lassen.
- Für jedes Grundstück im rechtlichen Sinne (was unter einer Nummer im Bestandsverzeichnis des Grundbuchs eingetragen ist) muss im Zwangsversteigerungsverfahren ein Einzelwert ermittelt werden, da grundsätzlich jedes dieser Grundstücke im Einzelausgebot versteigert werden kann. Darüber hinaus ist anzugeben, inwieweit zwischen den einzelnen Grundstücken wirtschaftliche Einheiten bestehen.

Insgesamt ist auch hier eine enge Zusammenarbeit zwischen Rechtspfleger und Sachverständigen sinnvoll und notwendig.

6.1.1 Deckblatt (s. Kapitel 5.3)

(Schriftkopf des Sachverständigen mit allen erforderlichen Angaben)

VERKEHRSWERTGUTACHTEN

Amtsgericht ...

Geschäfts-Nr.: ...

Über den 209,284/1.000 Miteigentumsanteil an dem Grundstück

verbunden mit dem Sondereigentum an der Wohnung im 1. Obergeschoss

und dem Kellerraum – jeweils Nr. 3 des Aufteilungsplans

... in ... Musterstadt

unbelasteter Wert:

60.500,00 €

(Foto vom Objekt)

3. Ausfertigung

(3 Ausfertigungen)

Qualitätsstichtag: 19.05.2010

Wertermittlungsstichtag: 19.05.2010

6.1.2 Inhaltsverzeichnis (s. Kapitel 5.4)

(Hier nicht abgedruckt, wird von fast allen Standardprogrammen automatisch erzeugt.)

6.1.3 Allgemeine Angaben (s. Kapitel 5.5)

Objektart:	Miteigentumsanteil an dem mit einem Mehrfamilienhaus bebauten Grundstück, verbunden mit dem Sondereigentum an der Wohnung Nr. 3 im 1. Obergeschoss
Objektadresse:	...
Objektort:	... Musterstadt
Zweck des Gutachtens:	Grundlage zur Wertfeststellung im Zwangsversteigerungsverfahren
Name Auftraggeber:	AG Musterstadt, gemäß Schreiben vom ...
Geschäftsnummer:	...
Sachverständiger:	Dipl.-Ing. Lothar Röhrich
Qualitätsstichtag:	19.05.2010
Wertermittlungsstichtag:	19.05.2010
Ortstermin:	19.05.2010
Anwesend:	Herr ...
	Sachverständiger: ...
	Mitarbeiterin: ....
Zwangsverwaltung:	...
	...
	...

Grundbuchdaten:

Amtsgericht:	Musterstadt
Grundbuch:	Musterstadt, Blatt ...
Ausstellungsdatum:	Ablichtung vom ...
Grundstück:	Gemarkung ..., Flur ..., Flurstück ...
Größe:	175 m²
Gesamtfläche:	175 m²
Miteigentumsanteile:	209,284/1.000
Nutzung:	Gebäude- und Freifläche, Wohnen, ...
Bestandsverzeichnis:	209,284/1.000 Miteigentumsanteile an dem Grundstück ... verbunden mit dem Sondereigentum an der Wohnung nebst Kellerraum (jeweils Nr. 3 des Aufteilungsplans). Das Miteigentum ist durch die Einräumung der zu den anderen Miteigen-

tumsanteilen (eingetragen in Musterstadt Blatt ... bis ...) gehörende Sondereigentumsrechte beschränkt.

Die Veräußerung bedarf der Zustimmung des Verwalters. Dies gilt nicht bei der Veräußerung an den Ehegatten, Verwandte in gerader Linie oder zweiten Grades der Seitenlinie, im Wege der Zwangsvollstreckung durch den Konkursverwalter, durch den teilenden Eigentümer (Erstveräußerung), eingetragen am ...

Herrschvermerke:	keine
Abteilung I:	Eigentümer ist ...
Abteilung II:	lfd. Nr. 1: Vorkaufsrecht für ..., eingetragen am ...
	lfd. Nr. 2: Die Zwangsversteigerung ist angeordnet (Amtsgericht Musterstadt: ...), eingetragen am ...
	lfd. Nr. 3: Die Zwangsverwaltung ist angeordnet (Amtsgericht Musterstadt: ...), eingetragen am ...

Bewertung

Der Zwangsversteigerungs- und der Zwangsverwaltungsvermerk innerhalb des vorliegenden Grundbuches werden als nicht werterheblich eingestuft und insoweit bei der Wertfindung nicht weiter berücksichtigt.

Abteilung III:	keine wertrelevanten Eintragungen

Bewertung:

In Bezug auf eingetragene Grundschulden in Abteilung III des vorliegenden Grundbuches wird bei der nachfolgenden Bewertung davon ausgegangen, dass diese im Verkaufsfalle entsprechend ausgeglichen bzw. gelöscht werden. Sie werden daher nicht wertmindernd gewürdigt.

Besonderheiten (s. Kapitel 5.5.3):

Da der Mieter, Herr ... dem Fotografieren innerhalb der Wohnung ausdrücklich widersprach, konnten von der zu bewertenden Wohnung keine Fotos angefertigt werden.

Weiterhin waren der Spitzboden und damit die Dachkonstruktion nicht zugänglich. Insoweit kann hierzu keine Aussage gemacht werden. Es wird zunächst ein mangel- und schadensfreier Zustand unterstellt.

Es verbleibt allerdings ausdrücklich ein diesbezügliches Risiko. Dieses wird bei der Wertfindung entsprechend berücksichtigt.

Das Grundstück wurde weiterhin im Rahmen der Bewertung nicht nach eventuell vorhandenen oder potentiell auftretenden Gefährdungen durch Altlasten oder in Folge bergbaulicher Tätigkeiten untersucht. Diese Problematiken bleiben bei der weiteren Bewertung außer Acht und gehen somit auch nicht in den Verkehrswert ein. Sollten dennoch Gefährdungen durch Altlasten und/oder Bergbau vorhanden sein, so hätte der nachfolgend ermittelte Verkehrswert keinen Bestand und wäre diesbezüglich zu modifizieren.

6.1 Beispiel einer Wertermittlung im Zwangsversteigerungsverfahren

Die vorliegende Wertermittlung ist kein Gutachten zur Bausubstanz. Dementsprechend wurden auch keine Untersuchungen, z. B. hinsichtlich der Standsicherheit des Gebäudes, des Schall- oder Wärmeschutzes, vorgenommen.

Ebenfalls wurden keine weitergehenden Untersuchungen bezüglich Befall durch tierische oder pflanzliche Schädlinge (z. B. in Holz oder Mauerwerk) bzw. Rohrfraß (in Versorgungsleitungen) oder dergleichen durchgeführt.

Das Bauwerk wurde nicht nach schadstoffbelasteten Baustoffen oder der Boden nach eventuell vorhandenen Verunreinigungen untersucht. Derartige Untersuchungen können nur von Spezialinstituten vorgenommen werden. Dies würde den Umfang einer Grundstückswertermittlung deutlich sprengen. Soweit augenscheinliche Verdachtsmomente bei der Objektbesichtigung auftreten, werden diese im Gutachten kenntlich gemacht.

Verwendung des Gutachtens:

Dieses Gutachten ist ausschließlich für den im Gutachten genannten Zweck bestimmt und darf nur hierfür verwendet werden. Eventuell in die Wertfindung eingeflossene Besonderheiten, bedingt durch den Zweck der Wertermittlung, können die Gebrauchsfähigkeit dieses Gutachten für andere Verwendungen einschränken.

Eine Weitergabe des Gutachtens an Dritte (außerhalb des Zweckes des Gutachtens) darf nur mit schriftlicher Zustimmung des Unterzeichners erfolgen.

6.1.4 Grundlagen (s. Kapitel 5.5.7)

Grundlage der Wertermittlung sind die zur Verfügung gestellten Unterlagen, die Informationen und Angaben sowie die Erkenntnisse aus der Ortsbesichtigung, wie sie im Gutachten dokumentiert werden.

Die uneingeschränkte Vollständigkeit, Richtigkeit und Gültigkeit der vorgelegten Unterlagen zum Stichtag der Wertermittlung wird unterstellt.

Weitere Grundlage sind die allgemeinen Wertverhältnisse auf dem Grundstücksmarkt zu dem Zeitpunkt, auf den sich die Wertermittlung bezieht (Wertermittlungsstichtag).

Zerstörende Untersuchungen wurden nicht vorgenommen.

Verfügbare Unterlagen:

- Beschluss des AG Musterstadt vom ...
- Unbeglaubigter Grundbuchauszug vom ...
- Auszug aus dem Liegenschaftskataster vom ...
- Auskunft aus dem Baulastenverzeichnis der Stadt ...
- Auskunft aus dem Altlasten-Verdachtsflächenkataster der Stadt ...
- Auskunft des Amtes für Wohnungswesen zu öffentlichen Fördermitteln vom ...
- Auskunft des Tiefbauamtes zu Erschließungskosten und KAG Abgaben vom ...
- Auskunft der Bezirksregierung ...
- Auskunft der Bergbau GmbH vom ...
- Auskunft der Stadt zum Bebauungsplan vom ...

- Teilungserklärung des Notars ... Nr.... vom ...
- Recherchen im Hausaktenarchiv der Stadt ...
- Kopien aus den Bauakten der Stadt ...
- Grundstücksmarktbericht des Gutachterausschusses für Grundstückswerte der Stadt ...
- Auskunft aus der Bodenrichtwertkarte der Stadt ...
- Mietspiegel der Stadt ... mit Stand vom ...
- Angaben des Statistischen Bundesamtes zu Preisindizes für Gebäude vom ... .

6.1.5 Gesetze, Verordnungen und Richtlinien (s. Kapitel 5.5.8)

- Bürgerliches Gesetzbuch **(BGB)** vom 18.08.1896 (RGBl. S. 195) in der Neufassung vom 05.08.2002 (BGBl. I S. 3002), zuletzt geändert durch Art. 27 des Gesetzes vom 8.12.2010 (BGBl. I S. 1864)
- Baugesetzbuch **(BauGB)** in der Fassung der Bekanntmachung vom 23.09.2004 (BGBl. I S. 2414), zuletzt geändert durch Art. 4 des Gesetzes zur Neuregelung des Wasserrechts vom 31.07.2009 (BGBl. I S. 2585)
- Wohnungseigentumsgesetz – Gesetz über das Wohnungseigentum und das Dauerwohnrecht **(WEG)** vom 15. 05. 1951 (BGBl. I S. 175, 209), zuletzt geändert durch Gesetz vom 07.07.2009 (BGBl. I S. 1707) m. W. v. 11.07.2009
- Baunutzungsverordnung – Verordnung über die bauliche Nutzung der Grundstücke **(BauNVO)** in der Fassung der Bekanntmachung vom 23.01.1990 (BGBl. I S. 132), zuletzt geändert durch Art. 3 des Gesetzes zur Erleichterung von Investitionen und der Ausweisung und Bereitstellung von Wohnbauland vom 22.04.1993 (BGBl. I S. 466)
- Immobilienwertermittlungsverordnung – Verordnung über Grundsätze für die Ermittlung der Verkehrswerte von Grundstücken (Immobilienwertermittlungsverordnung – **ImmoWertV**) vom 19.05.2010 (BGBl. I S. 639), auf Grund des § 199 Abs. 1 des Baugesetzbuchs, zuletzt durch Art. 4 Nr. 4 Buchst. a des Gesetzes vom 24.12.2008 (BGBl. I S. 3018) geändert
- Wertermittlungsrichtlinien – Richtlinien für die Ermittlung der Verkehrswerte von Grundstücken in der Fassung vom 11.06.1991 (Beil. BAnz. Nr. 182 a vom 27.09.1991), Neubekanntmachung der Richtlinien für die Ermittlung der Verkehrswerte (Marktwerte) von Grundstücken (Wertermittlungsrichtlinien 2006 – **WertR**) vom 01.03.2006 (BAnz. Nr. 108a vom 10.06.2006; Berichtigung vom 01.07.2006, BAnz. Nr. 121 S. 4798)
- Verordnung über wohnungswirtschaftliche Berechnungen (Zweite Berechnungsverordnung – **II. BV**) in der Fassung der Bekanntmachung vom 12.10.1990 (BGBl. I S. 2178), zuletzt geändert durch Art. 78 Abs. 2 des Gesetzes vom 23.11.2007 (BGBl. I S. 2614).

Literatur

Auf das Anfügen einer Literaturliste wird verzichtet. Soweit solche zur Erstellung des Gutachtens verwendet wurde, werden die entsprechenden Fundstellen im Text direkt angeführt und über eine Fußnote kenntlich gemacht.

6.1.6 Definitionen und Verfahrensweisen (s. Kapitel 5.5.9)

Verkehrswert

Der Verkehrswert wird laut **BauGB** gemäß **§ 194** wie folgt definiert:

> Der Verkehrswert wird durch den Preis bestimmt, der in dem Zeitpunkt, auf den sich die Ermittlung bezieht, im gewöhnlichen Geschäftsverkehr nach den rechtlichen Gegebenheiten und tatsächlichen Eigenschaften, der sonstigen Beschaffenheit und der Lage des Grundstücks oder des sonstigen Gegenstands der Wertermittlung ohne Rücksicht auf ungewöhnliche oder persönliche Verhältnisse zu erzielen wäre.

Zur Ermittlung des Verkehrswertes gemäß **§ 8 ImmoWertV**:

> (1) Zur Wertermittlung sind das Vergleichswertverfahren (§ 15) einschließlich des Verfahrens zur Bodenwertermittlung (§ 16), das Ertragswertverfahren (§§ 17 bis 20), das Sachwertverfahren (§§ 21 bis 23) oder mehrere dieser Verfahren heranzuziehen. Die Verfahren sind nach der Art des Wertermittlungsobjektes unter Berücksichtigung der im gewöhnlichen Geschäftsverkehr bestehenden Gepflogenheiten und der sonstigen Umstände des Einzelfalls, insbesondere der zur Verfügung stehenden Daten, zu wählen; die Wahl ist zu begründen. Der Verkehrswert ist aus dem Ergebnis des oder der herangezogenen Verfahren unter Würdigung seiner oder ihrer Aussagefähigkeit zu ermitteln.

Ertragswert

Die Ermittlung des Ertragswertes (gemäß §§ 17-20 ImmoWertV) basiert auf den nachhaltig zu erzielenden Einnahmen (Mieten und Pachten) aus dem Grundstück. Die Summe aller Einnahmen wird als Rohertrag bezeichnet. Der für den Ertragswert maßgebliche Reinertrag ermittelt sich abzüglich der Aufwendungen, die der Eigentümer für die Bewirtschaftung einschließlich Erhaltung des Grundstückes aufwenden muss.

Hierbei ist zu beachten, dass der Reinertrag für ein bebautes Grundstück sowohl die Verzinsung für den Grund und Boden als auch für die auf dem Grundstück vorhandenen baulichen und sonstigen Anlagen darstellt. Der Boden gilt grundsätzlich als unvergänglich. Dagegen ist die wirtschaftliche Nutzungsdauer der baulichen und sonstigen Anlagen zeitlich begrenzt.

Das Ertragswertverfahren stellt somit im Wesentlichen, insbesondere durch Verwendung des aus Kaufpreisen abgeleiteten Liegenschaftszinses, einen Kaufpreisvergleich auf der Grundlage des nachhaltig erzielbaren Grundstücksreinertrages dar.

Die Ermittlung des folgenden Ertragswertes beruht u. a. auf der konjunkturellen Einschätzung des Wohnungsmarktes, lage- und objektspezifischen Merkmalen und den Daten der Stadt xxx, wie Grundstücksmarktbericht und Mietspiegel. Basis ist hierbei der nachhaltig erzielbare Ertrag.

Sachwert

Das Sachwertverfahren (z. B. in den §§ 21-23 der ImmoWertV geregelt) dient in erster Linie zur Wertermittlung von bebauten Grundstücken, bei denen es bei ihrer Transaktion nicht vordergründig auf den Ertrag ankommt. Es wird daher hauptsächlich im Eigenheimbereich (Ein- und Zweifamilienhäuser) Priorität bei der Wertermittlung finden, zunehmend weniger bei eigengenutzten Gewerbe- und Industriegrundstücken.

Der Sachwert setzt sich aus dem Zeitwert der Baulichkeiten und dem Bodenwert zusammen und wird als vergleichende Kontrollgröße mit herangezogen.

Vergleichswert

Zur Ermittlung des Vergleichswertes (z. B. in den §§ 15-16 ImmoWertV geregelt) werden Kaufpreise solcher Grundstücke herangezogen, die hinsichtlich der ihren Wert beeinflussenden Merkmale mit dem zu bewertenden Grundstück hinreichend übereinstimmen (Vergleichsgrundstücke). Finden sich in dem Gebiet, in dem das Grundstück gelegen ist, nicht genügend Kaufpreise, können auch Vergleichsgrundstücke aus vergleichbaren Gebieten herangezogen werden.

Wenn direkte Vergleichspreise aus dem Objekt nicht vorliegen, werden zur Ermittlung des Vergleichswertes Preise aus einer Kaufpreissammlung von Wiederverkäufen und Umwandlung von Mietwohnung in Wohnungseigentum herangezogen, die vom Gutachterausschuss der jeweiligen Stadt ermittelt wurden.

Solche Vergleichspreise stimmen bezüglich ihrer wesentlich werterheblichen Merkmale mit dem zu bewertetem Objekt hinreichend überein. Wesentliche Abweichungen werden durch Zu- und Abschläge entsprechend berücksichtigt.

Bodenwert

Bei der Ermittlung des Bodenwertes wird von dem Wert des theoretisch unbebauten Grundstückes ausgegangen. Maßgebend sind die Lagequalität sowie die zulässige Art und das zulässige Maß der baulichen Nutzung. Die Bewertung erfolgt auf der Basis von Vergleichswerten und Bodenrichtwerten; ggf. auch auf der Basis eines Residualverfahrens.

Die Preisbildung für den Bodenanteil orientiert sich im gewöhnlichen Geschäftsverkehr hauptsächlich an den allgemein zugänglichen Informationen über Quadratmeterpreise für unbebaute Grundstücke (z. B.: Vergleichsverkäufe, Bodenrichtwertkarten, Maklerinformationen, Presse).

Der Bodenwert ist deshalb in der Regel auf der Grundlage von Vergleichskaufpreisen, gemäß WertV sowie § 196 BauGB, zu ermitteln. Liegen geeignete Bodenrichtwerte vor, so können diese ergänzend oder anstelle von Vergleichskaufpreisen herangezogen werden.

6.1.7 Verfahrenswahl

Für die hier vorliegende Bewertung eines Miteigentumsanteils, verbunden mit dem Sondereigentum an einer Wohnung, erscheint vorrangig das Ertragswertverfahren als geeignete Methode zur Wertfindung. Stützend wird das Vergleichswertverfahren (soweit mit den vorliegenden Daten möglich) angewandt. Das Sachwertverfahren wird als nicht sinnvoll erachtet, da für einen Miteigentumsanteil (und somit einen ideellen Anteil an der Immobilie) ein separater Sachwert nicht sinnvoll ermittelt werden kann.

6.1.8 Sonstige Rechte und Belastungen (s. Kapitel 5.6.3)

Gemäß Auskunft aus dem Baulastenverzeichnis der Stadt vom ... sind bis zu diesem Datum weder zu Lasten noch zu Gunsten des zu bewertenden Flurstücks Baulasten im Baulastenverzeichnis eingetragen.

Nach Auskunft des Umweltamtes der Stadt besteht nach derzeitiger dortiger Aktenlage kein Altlastenverdacht für das Bewertungsgrundstück. Während der Ortsbesichtigung ergaben sich keine augenscheinlichen Verdachtsmomente. Die nachfolgende Bewertung geht insofern von einem unbelasteten Zustand aus.

Nach Auskunft des Umweltamtes der Stadt vom ... zählt das Bewertungsgrundstück allerdings innerhalb xxx zu den Gebieten, in denen Natur(Methan)gasaustritte hinreichend wahrscheinlich sind.

Diesbezüglich wurden weitere Untersuchungen nicht durchgeführt. Eine abschließende Bewertung auf der Grundlage der vorstehenden Auskunft erfolgt am Ende dieses Gutachtens.

Nach Auskunft der Bergbau GmbH vom ... liegt zur Bergbausituation folgender Sachstand vor:

„Der Bergbau im Bereich des Feldes xxx wurde bereits 1967 eingestellt. Das Bergwerksfeld ist 1982 erloschen, Abbau kann durch die xxx nicht mehr erfolgen."

Zum Objekt werden folgende Informationen gegeben:

- Letzte Schadensregulierung war im Jahre 1971.
- Minderwertentschädigungen wurden 1955 gezahlt.
- Bergschadensverzichtsregelungen sind nicht bekannt.

Die Bewertung geht von einem, bezüglich der abgeschlossenen Bergbautätigkeit, schadensfreien Zustand aus. Augenscheinliche Verdachtsmomente fanden sich während der Ortsbesichtigung nicht. Da das Bewertungsgrundstück in einer Region liegt, in der Bergbau betrieben wurde und noch betrieben wird, können potentiell auftretende Bergschäden allerdings nicht ausgeschlossen werden.

6.1.9 Lagebeschreibung (s. Kapitel 5.6.3)

Makrolage

Das Ruhrgebiet erschließt in einem Umkreis von ca. 250 km einen Markt von ca. 60.000.000 Menschen, mehr als 13 % der EU-Bevölkerung.

Die alte Hansestadt Musterstadt liegt am nordöstlichen Rand des Ruhrgebiets und grenzt im Südosten an das Sauerland sowie im Norden an das Münsterland. Mit ca. 587.000 Einwohnern ist Musterstadt die sechstgrößte Stadt Deutschlands sowie, neben xxx, die größte Stadt des Ruhrgebiets.

Die ehemals von Bergbau und Stahlindustrie geprägte Brauereistadt befindet sich derzeitig, wie der Rest der Region, noch in der Phase des Wandels mit teilweise erheblichen

6.0 Mustergutachten mit Erläuterungen

Strukturproblemen und relativ hoher Arbeitslosigkeit. Heute stellen, neben dem Hauptwirtschaftszweig Dienstleistung, der Freizeitbereich und die Sportstützpunkte (Frauen-Fußball-WM 2011) wichtige wirtschaftliche Faktoren in der Region dar.

Die Arbeitslosenquote liegt mit ca. 15 % auf einem relativ hohen Niveau.

In Musterstadt treffen sechs Autobahnen zusammen und bilden einen Ring um die Stadt. Dies sind die A 1 (Oldenburg – Saarbrücken), A 2 (Oberhausen – Berlin), A 40 (Straelen – Musterstadt), A 42 (Kamp Lintfort – Musterstadt), A 44 (Aachen – Eisenach) und die A 45 (Musterstadt – Aschaffenburg). Ergänzt wird dieses Netz durch mehrere Bundesstraßen. Damit verfügt Musterstadt über eine hervorragende Verkehrsinfrastruktur.

Der 100 Jahre alte Musterstädter Hafen ist der größte Kanalhafen Europas.

Sinnvoll ist an dieser Stelle, je nach bewertetem Objekt, ggf. das Einfügen von wesentlichen Strukturdaten wie Kaufkraft, einzelhandelsbezogener Umsatz oder Zentralität.

Mikrolage

Das Grundstück liegt im Bereich des Stadtbezirks Musterstadt Innenstadt-Nord. Dieser Stadtteil hat etwa 54.000 Einwohner und ist weitgehend geprägt von mehrgeschossiger Wohnbebauung mit teilweise gewerblicher Nutzung in den Erdgeschossen. Öffentliche Einrichtungen wie Kirchen, Schulen, Kindergärten und Geschäfte des täglichen Bedarfs sind vorhanden.

Das Gebiet ist weiterhin gekennzeichnet von einem sehr hohen Anteil nichtdeutscher Mitbürger sowie einer eher schwachen Sozialstruktur. So liegt im Musterstädter Stadtbezirk Innenstadt-Nord der Ausländeranteil zwischen 40-50 % und die Arbeitslosenquote bei ca. 20-25 %.

Die nähere Umgebung des Bewertungsgrundstücks ist gekennzeichnet von vorwiegend älterer Substanz, die allerdings häufig instandgesetzt oder modernisiert wurde.

Die umliegende Bebauung besteht überwiegend aus vier- bis fünfgeschossiger Wohnbebauung, im hinteren Bereich teilweise mit Gewerbenutzung in den Erdgeschossen. Das Bewertungsobjekt ist Teil einer geschlossenen Häuserzeile. Gegenüber befindet sich ebenfalls eine geschlossene Häuserzeile, an die sich eine Kirche anschließt.

Verkehrslage

Die ... liegt südlich der ..., westlich der ..., östlich der ... und kreuzt die ... . Alle vorgenannten Straßen, vor allem die ... als Zubringer der Autobahn 45, gelten als stark befahrene Ortsstraßen von Musterstadt.

Der etwa 2,0 km entfernte Stadtkern von Musterstadt ist mit dem Kraftfahrzeug über gut ausgebaute Straßen oder mit öffentlichen Verkehrmitteln (Stadtbahn) in etwa 15 Minuten erreichbar.

Der Flughafen xxx liegt in ca. 56 km Entfernung. Zudem verfügt Musterstadt über einen expandierenden eigenen Flughafen, der vom Bewertungsgrundstück ca. 10 km entfernt ist. Der Musterstädter Hauptbahnhof befindet sich in ca. 1,5 km Entfernung vom Bewertungsgrundstück. Die Verkehrslage des Grundstücks kann daher als relativ gut bezeichnet werden.

Die ... ist eine knapp zweispurige, im Bereich des Bewertungsgrundstückes asphaltierte und augenscheinlich endgültig ausgebaute Straße, die als 30er-Zone ausgewiesen ist. Kurz hinter dem Bewertungsgrundstück im Bereich der Kirche ist die Straße gepflastert und als verkehrsberuhigter Bereich gekennzeichnet. Gepflasterte, bzw. plattierte Bürgersteige sind auf beiden Seiten vorhanden, öffentliche Parkmöglichkeiten bestehen auf Parkstreifen an beiden Seiten der Straße. Alle notwendigen Ver- und Entsorgungsanschlüsse waren augenscheinlich in der Straße vorhanden.

Das Grundstück verfügt über einen im hinteren Bereich unregelmäßigen Zuschnitt mit einer Straßenlänge von ca. 10 m, einer mittleren Tiefe von ca. 17,5 m und einer Gesamtfläche von 175 m². Das Gelände ist als relativ eben zu bezeichnen.

Baurecht

Nach Auskunft der Stadt Musterstadt befindet sich das Bewertungsgrundstück im Geltungsbereich des Durchführungsplans ... (einfacher Bebauungsplan). Im Flächennutzungsplan der Stadt Musterstadt vom ... ist das Grundstück als Wohnbaufläche dargestellt. Die baurechtliche Einordnung der vorhandenen oder ggf. geplanten Bebauung wird ansonsten grundsätzlich nach § 34 BauGB (Zulässigkeit von Vorhaben innerhalb der im Zusammenhang bebauten Ortsteile) zu beurteilen sein. Nach der Eigenart der Umgebung und der Örtlichkeit ist dieses Gebiet als WA (allgemeines Wohngebiet) einzustufen.

6.1.10 Objektbeschreibung (s. Kapitel 5.6.3)

Grundlage für die Objektbeschreibung sind die Erhebungen im Rahmen der Ortsbesichtigung, die überlassenen Unterlagen sowie die Angaben im Zuge des Ortstermins.

Die Gebäude und Außenanlagen werden nur soweit beschrieben, wie es für die Ermittlung der notwendigen Daten für den Verkehrswert erforderlich ist. Hierbei werden die offensichtlichen und vorherrschenden Ausführungen und Ausstattungen beschrieben. In einzelnen Bereichen können Abweichungen auftreten, die dann allerdings nicht wertherheblich sind. Angaben über nicht sichtbare Bauteile beruhen auf vorliegenden Unterlagen bzw. Auskünften während des Ortstermins.

Die Funktionsfähigkeit einzelner Bauteile und Anlagen sowie der technischen Ausstattungen/Installationen (Heizung, Wasser, Elektro etc.) wurden nicht geprüft. Im Gutachten wird die Funktionsfähigkeit unterstellt.

Baumängel und Schäden wurden nur soweit aufgenommen, wie sie zerstörungsfrei, also offensichtlich, erkennbar waren. Untersuchungen auf pflanzliche oder tierische Schädlinge sowie über gesundheitsschädliche Baumaterialien wurden nicht durchgeführt.

Die Behebung von Baumängeln und Bauschäden sowie der Umfang des Reparaturanstaus bzw. Instandsetzungsbedarfs wird im Berechnungsgang der Wertermittlung stets in der Höhe angesetzt, die dem Wertansatz der geschätzten Wiederherstellung eines dem Alter des Gebäudes entsprechenden Zustandes ohne weiterreichende Modernisierungsmaßnahmen entspricht.

Dabei ist zu beachten, dass dieser Ansatz unter Berücksichtigung der Alterswertminderung des Gebäudes zu wählen ist und nicht mit den tatsächlich aufzuwendenden Kosten gleichgesetzt werden kann. (Der Werteinfluss kann im Allgemeinen nicht höher sein, als der Wertanteil des betreffenden Bauanteils am Gesamtwert des Baukörpers.)

6.0 Mustergutachten mit Erläuterungen

Sofern eine Behebung nicht oder nur mit unverhältnismäßigem Aufwand erreicht werden kann, wird eine entsprechende Wertminderung angesetzt.

Der Ansatz für Baumängel, Bauschäden, Reparaturanstau bzw. Instandsetzungsbedarf ist also nicht im Sinne einer Investitionsrechnung zu interpretieren. Hierzu wären noch weitaus differenziertere Untersuchung und Kostenermittlung notwendig.

Nach Auskunft des Tiefbauamtes der Stadt Musterstadt werden für den in Frage kommenden Abschnitt der ... Erschließungsbeiträge nach den Bestimmungen des Baugesetzbuches nicht mehr erhoben.

Zukünftige Beitragserhebungen nach den Vorschriften des Kommunalabgabengesetzes werden in dieser Auskunft nicht ausgeschlossen.

Gemäß Bescheinigung der Stadt Musterstadt liegen Unterlagen über eine öffentliche Förderung des Objektes dort nicht vor. Es gilt somit als frei finanziert. Die Vorschriften des Wohnungsbindungsgesetzes (WoBindG) sind demnach nicht anzuwenden.

6.1.10.1 Gesamtobjekt

Bei dem Objekt handelt es sich um ein viergeschossiges Wohnhaus mit ausgebautem Dachgeschoss mit insgesamt 6 Wohneinheiten.

Das Objekt ist gemäß vorliegender Teilungserklärung in 6 Eigentumswohnungen aufgeteilt. Jeder Wohnung ist ein Keller zugeordnet. Stellplätze sind augenscheinlich nicht Gegenstand der Teilungserklärung. Bewertet wird die Wohnung Nr. 3 im 1. Obergeschoss.

Entstehungsdaten

1911	Ursprungsbaujahr;
1925	Schuppenbauten im Hof;
1934	Badeinbau im 1. OG
	Über Zerstörungen durch Kriegseinwirkungen ist nichts bekannt.
1989	Einbau der Kunststofffenster (Mieterangabe);
1989	Modernisierung und Instandsetzung des Hauses (Mieterangabe);
1990	Dachgeschossausbau zu Wohnzwecken;
1994	Abgeschlossenheitsbescheinigung nach dem WEG;
1994	Aufteilung in Wohnungseigentum.

Konstruktion

Die Angaben beruhen auf den Erkenntnissen aus der Ortsbesichtigung sowie den vorliegenden Planunterlagen. Es wird hierbei ausdrücklich darauf hingewiesen, dass die tatsächliche Ausführung der nicht sichtbaren Teile erheblich abweichen kann.

Kellerwände:	Mauerwerk, verputzt und gestrichen;
Kellersohle:	augenscheinlich Beton, gestrichen;
Kellerdecke:	soweit ersichtlich: Stahlträgerdecke, grob erputzt, gestrichen;
Geschosswände:	Mauerwerk massiv;
Geschossdecken:	keine Angabe;

Eingangstür:	Holztür mit drei kleineren Glasausschnitten (Ornamentglas);
Fenster:	Kunststofffenster mit Isolierverglasung in den Wohnungen;
Treppen:	Massivtreppen mit Werksteinbelag zu den Geschossen und im Eingangsflur, Holzgeländer mit Holzhandlauf, Holztreppe zum Kellergeschoss;
Dachkonstruktion:	Konstruktion nicht zugänglich;
Dachentwässerung:	vorgehängte Rinnen und Fallrohre in Zink;
Dacheindeckung:	rote Betondachsteine, Brandwände über das Dach gezogen, kleine Gaube über dem Hausflur;
Fassade:	farbige Putzfassade, teilweise abgesetzt, im Bereich der Straßenfassade mit Verzierungen und Gliederungselementen.

Technik

Das Gebäude verfügt über folgende Ausstattung:

Versorgung:	Strom-, Wasser-, Gas- und Telefonanschluss.
Entsorgung:	Das Gebäude ist an den öffentlichen Straßenkanal angeschlossen.
Heizung:	Gemeinschaftsheizung, Warmwasser wird zentral bereitet.

6.1.10.2 Bewertungsobjekt

Bei dem Bewertungsobjekt handelt es sich um die Wohnung Nr. 3 im 1. Obergeschoss des Hauses über die gesamte Etage.

Aufteilung

Die Wohnung ist normal gebrauchsfähig aufgeteilt. Durch die eingezogene Trennwand ergibt sich ein gefangener Raum. Alle Räume, außer dem innen liegenden Bad, sind natürlich belichtet und belüftet. Die Wohnung verfügt über zwei kleine Balkone.

Flächen

Auf der Grundlage der vorliegenden Flächenberechnung sowie des eigenen Aufmaßes während des Ortstermins verfügt die Wohnung Nr. 3 in etwa über die folgenden Flächen. Hierbei ist zu beachten, dass die Maße durch Möblierungen häufig nur ungenau ermittelt werden können und zum Zwecke der Wertermittlung gerundet werden. Insoweit sind die Flächenangaben nur zu diesem Zwecke nutzbar und ersetzen kein Aufmass einzelner Räume z. B. als Grundlage für Bodenbeläge etc.

Zimmer:	ca. 15,30 m²
Wohnen:	ca. 14,80 m²
Schlafen:	ca. 15,10 m²
Kind:	ca. 15,10 m²
Küche:	ca. 7,10 m²
Bad:	ca. 4,40 m²
Flur:	ca. 3,30 m²
Diele:	ca. 3,30 m²
Gesamt:	ca. 78,40 m²

Balkon 1: ca. 1,60 m²
Balkon 2: ca. 2,60 m²
Gesamt: ca. 4,20 m²

Die lichte Höhe der Räume beträgt dabei ca. 2,90-3,00 m (gemessen im Wohnraum).

Innerhalb der vorliegenden Teilungserklärung wird die Fläche der Wohnung mit insgesamt 79,71 m² angegeben. Hierbei wird die Fläche der Balkone zu 1/3 angerechnet.

Bezogen auf das Aufmaß ergibt sich folgende Fläche:

78,40 + 4,20/3 = 79,80 m²

Es ergeben sich somit keine wertrelevanten Abweichungen.

Im Folgenden wird die ermittelte Fläche zugrunde gelegt.

Ausstattung des Bewertungsobjektes

Wandoberflächen: überwiegend Raufaser tapeziert und gestrichen, Bad teilweise gefliest;
Decken: tapeziert und gestrichen;
Fußboden: gefliest;
Eingangstür: Eingangselement besteht aus einer einfachen Holzkonstruktion mit Eingangstür und Glasoberlicht mit Einfachverglasung;
Türen: einfache Holztüren, glatt abgesperrt;
Fenster: Kunststofffenster, weiß, isolierverglast;
Heizung: Plattenheizkörper mit Thermostatventilen;
Sanitär: Badewanne mit Handbrause, Waschbecken mit Zweihandarmatur, stehende Toilette mit wandhängendem Spülkasten, Schwerkraftlüftung, Stellplatz für Waschmaschine, Wasserzähler.

Nebenräume

Zum Sondereigentum an der Wohnung Nr. 3 gehört neben den Räumen der Wohnung auch ein Kellerraum.

Betonboden, Wände Mauerwerk, teilweise verputzt, gestrichen, Stahlträgerdecke, gestrichen, Brettertür, kleines Holzfenster, lichte Höhe ca. 1,93 m, Fläche ca. 8,60 m².

Außenanlagen

Das Gebäude steht unmittelbar am Bürgersteig, so dass es keine Vorgärten gibt.

Die Hoffläche ist betoniert, allerdings alt und brüchig, wird überwiegend als Abstell- und Mülltonnenplatz genutzt. Weiterhin gibt es einen alten Schuppen, der ebenfalls zu Abstellzwecken genutzt wird. Wem der Inhalt gehört, ist nicht bekannt.

Die Außenanlagen machten insgesamt einen instandsetzungs- und reparaturbedürftigen Eindruck. Stellplätze gehören nach vorliegender Teilungserklärung nicht zum Objekt.

Baujahr/Restnutzung

Auf der Grundlage der vorliegenden Unterlagen datiert das Ursprungsgebäude ca. aus dem Jahre 1911. Unterlagen für eine durchgreifende Modernisierung liegen nicht vor. Auf der Grundlage des vorgefundenen Zustandes bei der Ortsbesichtigung (Bad, Heizung, Kunststofffenster, erneuerte technische Ausstattung) sowie der derzeitigen Nutzung und der vorliegenden Unterlagen wird eine wirtschaftliche Restnutzungsdauer von ca. 30 Jahren zugrunde gelegt.

Hierbei handelt es sich allerdings lediglich um eine systembedingte, theoretische Rechengröße zur Wertermittlung.

EnEV

Auf der Grundlage der Energieeinsparverordnung (EnEV) müssen **Heizkessel** mit einer Nennleistung von 4 kW bis 400 kW, die mit flüssigen oder gasförmigen Brennstoffen beschickt werden, die keine Niedrigtemperatur-Heizkessel oder Brennwertkessel sind, **die vor dem 01.10.1978** eingebaut oder aufgestellt und die so ertüchtigt worden sind, dass die zulässigen Abgasverlustgrenzwerte eingehalten sind, oder deren Brenner nach dem 01.11.1996 erneuert worden sind, **bis zum 31.12.2008 außer Betrieb genommen werden**. Bei Wohngebäuden mit nicht mehr als zwei Wohnungen muss dies im Fall des Eigentümerwechsels stattfinden.

Ungedämmte, zugängliche Wärmeverteilungs- und Warmwasserleitungen sowie Armaturen, die sich nicht in beheizten Räumen befinden, müssen, spätestens im Fall des Eigentümerwechsels, gedämmt werden.

Ungedämmte, nicht begehbare, aber zugängliche oberste Geschossdecken beheizter Räume müssen, spätestens im Fall des Eigentümerwechsels, gedämmt werden.

Für Wohngebäude, die bis 1965 fertig gestellt wurden, ist ab dem 01.07.2008 ein Energieausweis ausstellen zu lassen. Für Wohngebäude, die ab 1966 fertig gestellt wurden, gilt dies ab dem 01.01.2009, für Nicht-Wohngebäude ab dem 01.07.2009, für Neubauten ab dem 01.10.2007.

Heizung:	Ölzentralheizung, Alter nicht bekannt
Energieausweis:	wurde nicht vorgelegt
Dämmung Kellerdecke:	unterseitig nicht gedämmt
Dämmung Dachfläche:	nicht bekannt, aber darunter liegender Bereich zu Wohnzwecken ausgebaut.

Mängel/Schäden

Hierbei werden alterstypische Abnutzungen, die unter die normalen Instandhaltungsarbeiten fallen, nicht gerechnet. Es sei denn, es liegt ein entsprechender Rückstau vor. Dieser wird dann wertmäßig erfasst.

Schäden wurden hauptsächlich im Bereich des

- Treppenhauses (Anstrich- und Putzschäden),
- Kellers (Anstrich-, Putz- und Feuchteschäden) und
- Hofbereichs (hauptsächlich instandsetzungs- und reparaturbedürftiger Schuppen und Grenzmauern) sowie
- Kellerraums zur Wohnung (Anstrich-, Putz- und Feuchteschäden)

festgestellt.

Für die zu bewertende Wohnung wird ein anteiliger Betrag in Höhe von grob geschätzt ca. 5.000 € in die Wertermittlung eingestellt.

Asbest

Anzeichen für eine Asbestbelastung wurden bei der erfolgten Außenbesichtigung des Bewertungsgrundstücks nicht festgestellt. Die nachfolgende Bewertung geht daher diesbezüglich von einem belastungsfreien Zustand für das gesamte Bewertungsgrundstück aus.

Aufgrund des Baujahrs ist ein Einsatz allerdings durchaus möglich und ausdrücklich nicht auszuschließen. Der Baustoff Asbest wurde erst 1996 verboten. Sofern sich hier Verdachtsmomente ergeben, ist ein Sondergutachten einzuholen.

6.1.11 Beurteilung (s. Kapitel 5.7)

Überwiegend einfache, verkehrsgünstige (auch ÖPNV), innenstadtnahe Wohngegend mit kulturell vielfältigen Strukturen.

Das Gesamtobjekt mit insgesamt 6 Wohneinheiten genügt, soweit es besichtigt wurde, einfachen bis teilweise durchschnittlichen heutigen Anforderungen.

Die Wohnung war in einem überwiegend normalen Zustand. Das Gesamtobjekt erscheint, abgesehen vom Hofbereich, nicht unmittelbar instandsetzungsbedürftig.

6.1.12 Bodenwertermittlung

Richtwerte

Der Gutachterausschuss der Stadt ... nennt für die Umgebung des Bewertungsgrundstückes folgende Referenzdaten:

Richtwert Nr. ...:

- Mischgebiet, viergeschossige Bauweise
- Renditeobjekt
- ca. 35,00 m Grundstückstiefe
- erschließungsbeitragsfrei zum 01.01.2010
- Bodenrichtwert:: ca. 165,00 € – Gemarkung: Musterstadt
- Ortsteil: Innenstadt Nord.

Anpassung

Der vorstehende Richtwert ist noch wie folgt zu überprüfen:

- Es wird davon ausgegangen, dass die Lage des Bewertungsgrundstücks in etwa den durchschnittlichen Eigenschaften des Richtwertgrundstücks entspricht. Insoweit ist hier keine Anpassung erforderlich.
- Als Grundstückstiefe werden dem Richtwert ca. 35,00 m zugrunde gelegt. Das Bewertungsgrundstück verfügt über eine mittlere Grundstückstiefe von ca. 17,50 m und weicht von daher von dem Referenzgrundstück des Bodenrichtwertes ab.
- Die Ausnutzung des Bewertungsgrundstücks liegt den Unterlagen zufolge im durchschnittlichen Bereich. Diesbezüglich erscheint keine Anpassung notwendig.
- Der Zuschnitt des Bewertungsgrundstücks erscheint durchschnittlich.

- Die Erschließung ist auch beim Bewertungsgrundstück beitragsfrei. Von daher ist keine Anpassung erforderlich.
- Eine Indexierung auf den Wertermittlungsstichtag erscheint ebenfalls nicht erforderlich. Eventuelle Abweichungen liegen hier im Rundungsbereich.

Bodenwert

Auf der Grundlage der vorstehenden Ausführungen wird der Bodenwert wie folgt abgeleitet:

Grundstücksgröße:		175,00 m²
davon Bauland:		175,00 m2
Bodenrichtwert:		165,00 €/m²
Indexierung:	ca. 0,00 v. H.	0,00 €/m²
Ausgangswert:		165,00 €/m²
abzüglich Erschließung:		– 25,00 €/m²
anzupassender Wert:		140,00 €/m²
– Anpassung für Lage:	ca. 0,00 v. H.	0,00 €/m²
– Anpassung für Größe:	ca. 15,00 v. H.	21,00 €/m²
– Anpassung für Ausnutzung:	ca. 0,00 v. H.	0,00 €/m²
– Anpassung für Zuschnitt:	ca. 0,00 v. H.	0,00 €/m²
Bodenwert für Bauland:		161,00 €/m²
zuzüglich Erschließung:		25,00 €/m²
Bodenwert, erschließungsbeitragsfrei:		186,00 €/m²
Wert Bauland: 175 m² x 186,00 €/m²		32.550,00 €
für 209,284/1.000 Miteigentumsanteil		
(32.550,00 €/1.000 x 209,284):		6.812,19 €
gerundet:		**6.800,00 €**

6.1.13 Ermittlung des vorläufigen Ertragswertes (s. Kapitel 5.7)

Nutzung

Wohnung mit insgesamt ca. 79,80 m² Wohnfläche im Obergeschoss innerhalb eines Mehrfamilienwohnhauses mit 6 Wohneinheiten.

Mietverträge/Vergleichsmieten

Zum Zeitpunkt der Wertermittlung war die Wohnung vermietet. Mietverträge wurden nicht vorgelegt. Den Angaben des Zwangsverwalters zufolge beträgt die derzeitige Bruttomiete (einschl. aller Nebenkosten): 511,29 €, allerdings unter Zugrundelegung einer Wohnungsgröße von ca. 85,30 m². Diese Angaben sind insoweit nicht verwertbar. Die Wohnungsverwaltung nennt als Vergleichsmiete im Objekt 413,95 € bei einer Wohnungsgröße von 80,96 m². Dies entspricht ca. 5,11 €/m².

Zum Hausgeld liegen keine Angaben vor.

6.0 Mustergutachten mit Erläuterungen

Mietausfall

Ein Mietausfall oder Minderertrag, der über den Ansatz für das Mietausfallwagnis in Höhe von 2,0 v. H. des Rohertrages hinausgeht, wird nicht ermittelt. Dies beinhaltet ein noch durchschnittliches Risiko des Objektes.

Mietansätze

Die Monatsmieten umfassen alle bei ordnungsgemäßer Nutzung nachhaltig erzielbaren Einnahmen aus dem Grundstück bzw. Objekt. Umlagen, die zur Deckung von Betriebskosten gezahlt werden, sind hierbei nicht zu berücksichtigen.

Die Einordnung in den Mietspiegel für nicht preisgebundenen Wohnungsbau, Stand ..., weist für Wohnungen in der Baualtersklasse 1950-1969 (modernisiert) und der Ausstattungsklasse 2 eine Netto-Kaltmiete in der Spanne von 4,12 bis 5,89 €/m² Wohnfläche aus. Der Mittelwert (Median) beträgt hierbei: 4,94 €/m².

Als angemessen angesehen wird ein Mietwert im mittleren Bereich der Spanne.

Unter Berücksichtigung des Mietspiegels für nicht preisgebundenen Wohnungsbau und unter Zugrundelegung der Ausführungen innerhalb dieses Gutachtens wird eine Miete von 5,00 €/m² als nachhaltig erzielbar angesehen und in die Ermittlung eingestellt.

Liegenschaftszins

Der Liegenschaftszins wird mit 3,5 v. H. beim Ertragswert unter Berücksichtigung von Art, Lage und Risiko des Objektes angesetzt. Auch dies beinhaltet ein überwiegend normales Risiko des Objektes.

6.1.13.1 Berechnungen

Rohertrag	79,80 m² x 5,00 €/m²	x 12	=	4.788,00 €
	0,00 €	x 12	=	- €
				4.788,00 €
Instandhaltung	ca. 11,50 €/m² x 79,80 m²		=	917,70 €
Stellplatz	Instandhaltung/Verwaltung			- €
Verwaltungskosten	240,00 €			240,00 €
Ausfallwagnis	ca. 2,00% des Rohertrages		=	95,76 €
	entspricht ca. 26,18% des Rohertrages			1.253,46 €
Reinertrag	4.788,00 € - 1.253,46 €		=	**3.534,54 €**
Bodenwertverzinsung	6.800,00 € x 3,50%		=	- 238,00 €
Reinertrag Gebäude				**3.296,54 €**
	Restnutzungsdauer	30 Jahre		
	Zinssatz	3,50%		
	Barwertfaktor zur Kapitalisierung	18,39		
	3.296,54 € x	18,39	=	60.623,37 €
	zzgl. Bodenwert			6.800,00 €
				67.423,37 €

6.1 Beispiel einer Wertermittlung im Zwangsversteigerungsverfahren

Vorläufiger Ertragswert

Ausgangswert: 67.423,37 €

gerundet **67.500,00 €**

Dies entspricht in etwa 845,86 €/m² und dem 14,10-fachen des Rohertrages.

6.1.14 Ermittlung des vorläufigen Vergleichswertes

Indexierung

Grundsätzlich sind Vergleichswerte aus einem länger zurückliegenden Zeitraum über eine geeignete Indexierung an die Wertverhältnisse zum Stichtag anzugleichen.

Zum Bewertungsobjekt liegen insgesamt sechs Vergleichswerte aus den Jahren 2006 bis 2010 vor.

Eine Indexreihe für Eigentumswohnungen wird vom Gutachterausschuss nicht ermittelt. Zieht man hilfsweise den Bodenpreisindex für das Stadtgebiet hinzu, so ist dieser zwischen 2006 und 2010 von 100,0 auf 102,0 gestiegen. Folgende Einzelwerte:

- 2006 entspricht 094 (179 bei 1987 = 100)
- 2007 entspricht 100 (191 bei 1987 = 100)
- 2008 entspricht 103
- 2009 entspricht 102
- 2010 entspricht 102.

Die vorliegenden Vergleichspreise werden mit den vorstehenden Werten entsprechend indexiert.

6.1.14.1 Vergleichswerte

Es liegen Angaben aus der xxx Straße und aus der xxx Straße vor. Wegen der geringeren Nähe der Werte aus der xxx Straße werden diese mit dem Faktor 0,5 belegt.

Folgende Werte liegen vor:

Adresse	Faktor	Baujahr rechn.	Kaufdatum	Preis €/m²	Index	Vergleichswert
...	1,0	1939	Feb. 2006	879	/94,0 x 102,0	954 €
...	1,0	1939	April 2006	885	/94,0 x 102,0	960 €
...	0,5	1931	Juni 2007	744	/103,0 x 102,0	368 €
...	1,0	1939	Jan. 2008	799	/102,0 x 102,0	799 €
...	1,0	1939	Okt. 2009	655	/102,0 x 102,0	655 €
...	1,0	1935	Jan. 2010	649	100	649 €
Gesamt	5,5					4.385 €

6.0 Mustergutachten mit Erläuterungen

Aus den vorstehenden Vergleichswerten errechnet sich ein arithmetischer Mittelwert von 797 €/m².

Im vorliegenden Falle wird dieser Mittelwert als zutreffend und angemessen angesehen.

Auf der Grundlage der vorstehenden Ausführungen wird daher ein Vergleichswert für die Wohnung in Höhe von 797 €/m²

ohne Lasten, Beschränkungen, Mängel oder Schäden ermittelt.

6.1.14.2 Berechnung

79,80 m² x 797,00 €/m² =	63.600,60 €
gerundet:	63.600,00 €
Vergleichswert:	63.500,00 €

6.1.15 Ermittlung des unbelasteten Wertes

Für das Bewertungsobjekt wurden folgende vorläufige Werte ermittelt:

- vorläufiger Ertragswert: 67.500,00 €
- vorläufiger Vergleichswert: 63.500,00 €

Ausgangswert

Bei dem Bewertungsobjekt handelt es sich um eine Eigentumswohnung innerhalb eines Mehrfamilienhauses mit 6 Wohnungen. Als mögliche Grundlagen zur Wertfindung wurden der vorläufige Ertragswert und der vorläufige Vergleichswert ermittelt.

Solche Objekte werden im gewöhnlichen Geschäftsverkehr regelmäßig nach dem Ertragswert oder dem Vergleichswert gehandelt. Insoweit werden beide vorstehenden Werte bei gleicher Wichtung dem Verkehrswert zugrunde gelegt.

Somit ergibt sich ein Ausgangswert von   65.500,00 €

(in Worten: fünfundsechzigtausendfünfhundert Euro).

Marktanpassung

Im Allgemeinen besteht die Anpassungsnotwendigkeit an die konjunkturelle Marktlage. Dies gilt allerdings grundsätzlich nur für den Sachwert, da entsprechende Anpassungen beim Ertragswert bereits über den Liegenschaftszins, die Miethöhe und den Ansatz des Mietausfallwagnisses etc. vorgenommen wurden.

Dieses gilt auch für den Vergleichswert. Sofern diese Daten aus einem zeitnahen Bereich stammen, ist die konjunkturelle Anpassung hier bereits enthalten.

Weitere objekt- oder lagespezifische Besonderheiten liegen ebenfalls nicht vor. Insofern ist eine weitere konjunkturelle Marktanpassung nicht notwendig.

Weitere objektspezifische Merkmale

An weiteren objektspezifischen Merkmalen sind bei dem vorläufigen Ertragswert zur Ermittlung des Verkehrswertes noch folgende Punkte zu berücksichtigen:

Ansatz für Mängel und Schäden in Höhe von **- 5.000,00 €**

Unbelasteter Wert

Auf der Grundlage der vorstehenden Ausführungen ermittle ich für die 209,284/1.000 Miteigentumsanteile an dem Grundstück:

Gemarkung: ..., Flur: ..., Flurstück: ..., (...) in (...)

verbunden mit dem Sondereigentum an der Wohnung im Obergeschoss nebst Kellerraum (jeweils Nr. 3 des Aufteilungsplans) den folgenden unbelasteten Wert:

Ausgangswert:	65.500,00 €
objektspezifische Besonderheiten:	- 5.000,00 €
unbelasteter Wert:	60.500,00 €
gerundet:	60.500,00 €

Ich schätze den unbelasteten Wert des Objektes, auf der Grundlage aller vorstehenden Ausführungen innerhalb dieses Gutachtens, jedoch **ohne Berücksichtigung von Lasten und Beschränkungen**

zum Wertermittlungsstichtag, am 19.05.2010, auf: **60.500,00 €**
(in Worten: sechzigtausendfünfhundert Euro).
(Das entspricht einem Wert von ca. 758 €/m².)

Der Wert der Lasten und Beschränkungen wird für die Zwecke des Zwangsversteigerungsverfahrens gesondert erfasst und dann zu dem Verkehrswert – in belastetem Zustand – zusammengeführt.

Zubehör etc.

Zubehör und bewegliche Gegenstände sind auftragsgemäß nicht Gegenstand dieser Wertermittlung.

Innerhalb des Bewertungsobjektes fanden sich kein Zubehör und keine beweglichen Gegenstände von erheblichem eigenen Wert.

6.1.16 Lasten und Beschränkungen

Grundbuch Abteilung II, lfd. Nr. 1

Vorkaufsrecht für alle Verkaufsfälle für den jeweiligen Eigentümer des Wohnungs- und Teileigentums Nr. 1 (eingetragen in xxx). Eingetragen unter Bezugnahme auf die Bewilligung vom 00.00.00 (UR 00/00 Notar xxx) am 00.00.00.

Bewertung

Ein Vorkaufsrecht stellt, solange es ruht, solange es also nicht realisierbar ist, nach herrschender Meinung für sich allein genommen keinen Wert dar.

Ein realisierbares Vorkaufsrecht kann werterhöhend sein, weil u. U. zumindest ein potentieller Käufer vorhanden ist. Es kann allerdings auch wertmindernd sein, weil dadurch eine abschreckende Wirkung auf Dritte besteht.

Zum Zeitpunkt der Wertermittlung besteht, nach derzeitigem Kenntnisstand, weder ein Wertvorteil noch ein entsprechender Nachteil, so dass dem vorstehenden Eintrag keine zusätzliche Wertbeeinflussung zukommt.

Wert somit: 0,00 €.

6.1.17 Ermittlung des Verkehrswertes

Auf der Grundlage der vorstehenden Ausführungen ermittle ich für die 209,284/1.000 Miteigentumsanteile an dem Grundstück:

Gemarkung: ..., Flur: ..., Flurstück: ..., (...) in (...)

verbunden mit dem Sondereigentum an der Wohnung im 1. Obergeschoss nebst Kellerraum (jeweils Nr. 3 des Aufteilungsplans) den folgenden Verkehrswert nach § 194 BauGB:

unbelasteter Wert:	60.500,00 €
Einfluss aus Lasten und Beschränkungen:	0,00 €
Verkehrswert nach § 194 BauGB:	60.500,00 €
gerundet:	60.500,00 €
zum Wertermittlungsstichtag, am 19.05.2010, auf:	60.500,00 €

(in Worten: sechzigtausendfünfhundert Euro).

(Das entspricht einem Wert von ca. 758 €/m².)

Zubehör etc.

Zubehör und bewegliche Gegenstände sind auftragsgemäß nicht Gegenstand dieser Wertermittlung.

Innerhalb des Bewertungsobjektes fanden sich kein Zubehör und keine beweglichen Gegenstände von erheblichem eigenen Wert.

6.1.18 Schlusswort (s. Kapitel 5.8)

Das vorstehende Gutachten wurde ausschließlich auf der Grundlage der vorgelegten Unterlagen, der gemachten Angaben sowie der Erkenntnisse aus der Ortsbesichtigung erstellt. Die Bearbeitung erfolgte nach dem derzeitigen Stand der Kenntnis.

Sollten sich aufgrund bisher nicht vorliegender Unterlagen oder nicht bekannter Fakten Änderungen oder Ergänzungen ergeben, bin ich zu weiteren Ausführungen gern bereit.

Ort/Datum

Der Sachverständige

Anlagen
- Auszug aus der Regionalkarte
- Auszug aus dem Stadtplan/Umgebungskarte
- Teilungserklärung
- Altlastenauskunft
- Bergschadensauskunft
- Auskunft zu Erschließungskosten
- Flurkarte
- Bauzeichnungen
- Fotos

6.2 Beispiel einer Markt- und Beleihungswertermittlung

Vorbemerkung

Neben den Anforderungen an eine „normale Wertermittlung" im Privatauftrag werden an den Sachverständigen bei der Beleihungswertermittlung einige zusätzliche Anforderungen gestellt.

§ 6 BelWertV Gutachter

Der Gutachter muss nach seiner Ausbildung und beruflichen Tätigkeit über besondere Kenntnisse und Erfahrungen auf dem Gebiet der Bewertung von Immobilien verfügen; eine entsprechende Qualifikation wird bei Personen, die von einer staatlichen, staatlich anerkannten oder nach DIN EN ISO/IEC 17024 akkreditierten Stelle als Sachverständige oder Gutachter für die Wertermittlung von Immobilien bestellt oder zertifiziert worden sind, vermutet. Bei der Auswahl des Gutachters hat sich die Pfandbriefbank davon zu überzeugen, dass der Gutachter neben langjähriger Berufserfahrung in der Wertermittlung von Immobilien speziell über die zur Erstellung von Beleihungswertgutachten notwendigen Kenntnisse, insbesondere bezüglich des jeweiligen Immobilienmarkts und der Objektart, verfügt.

Der Sachverständige muss mit den Besonderheiten der Beleihungswertermittlung und den Unterschieden zur Marktwertermittlung (Verkehrswertermittlung) vertraut sein (s. auch **Kapitel 3.2**).

Da der SV bei Banken und Kreditinstituten in der Regel innerhalb eines wesentlich größeren Bereichs eingesetzt wird als häufig in der Privatwirtschaft oder bei der gerichtlichen Heranziehung, ist es für ihn unerlässlich, sich mit den verschiedenen Marktsegmenten in den jeweiligen Regionen vertraut zu machen.

Weiterhin muss er mit der Arbeitsweise bei der Kreditvergabe von Banken und den Grundzügen des Pfandbriefgesetzes vertraut sein.

6.2.1 Deckblatt (s. Kapitel 5.3)

(Schriftkopf des Sachverständigen mit allen erforderlichen Angaben)

Markt- und Beleihungswertermittlung

Kreditinstitut ...

Geschäfts-Nr.: ...

Über das mit einem Bürogebäude sowie einem separaten Wohnhaus bebaute Grundstück, 11111 Musterstadt, Musterstraße Nr. 1

Marktwert: 00.000.,00 €   Beleihungswert: 00.000.00 €

(Foto vom Objekt)

1. Ausfertigung

(3 Ausfertigungen)

Datum   00.00.00

6.2.2 Inhaltsverzeichnis (s. Kapitel 5.4)

(Hier nicht abgedruckt, wird von fast allen Standardprogrammen automatisch erzeugt.)

6.2.3 Allgemeine Angaben (s. Kapitel 5.5)

Auftragsgrundlage: …

Auftraggeber: …

Zweck der Wertermittlung: …

Kunde: …

Eigentümer: …

Bewertungsgegenstand: …

Bewertungsstatus: …

Objektbesichtigung: …

Wertermittlungsstichtag: …

Qualitätsstichtag: …

Vorliegende Unterlagen:

…

…

Für die vorgelegten Dokumente wie Grundbücher, Akten etc. sowie für überlassene Unterlagen und erteilte Auskünfte wird zum

Bewertungsstichtag die uneingeschränkte Gültigkeit und Richtigkeit unterstellt.

Die nachfolgende Bewertung basiert ausschließlich auf der Grundlage der vorstehend aufgelisteten Unterlagen, den Angaben des Auftraggebers sowie der Erkenntnisse während der Ortsbesichtigung. Sofern sich eine neue oder andere Sachlage ergibt, ist das Gutachten ggf. entsprechend zu modifizieren.

Besonderheiten: keine.

6.2.4 Grundbuchdaten

Band:

Blatt:

Amtsgericht:

Auszugsdatum:

Bestandsverzeichnis:

Abteilung I:

Abteilung II: keine gültigen Eintragungen

Abteilung III: keine gültigen Eintragungen

6.2.5 Rechte und Belastungen

Baulasten

Ein Auszug aus dem Baulastenverzeichnis vom 00.00.00 liegt vor. Demzufolge sind auf dem Grundstück keine Baulasten eingetragen.

Gemäß der Angaben während des Ortstermins sind auch dem Eigentümer keine Baulasten bekannt. Im Zuge der Besichtigung waren keine Hinweise auf das Vorhandensein von Baulasten erkennbar. Nachfolgend wird von Baulastenfreiheit ausgegangen.

Altlastenverdacht

Ein Auszug aus dem Altlastenkataster vom 00.00.00 liegt vor. Demzufolge besteht kein Altlastenverdacht. Aufgrund der bestehenden Nutzungen (Büronutzung und Wohnen) besteht ebenfalls kein grundsätzlicher Altlastenverdacht. Bei der Objektbesichtigung ergaben sich diesbezüglich ebenfalls keine Verdachtsmomente. Hierauf wird der Altlastenverdacht zum derzeitigen Kenntnisstand als unwahrscheinlich eingestuft.

Für die Wertermittlung wird insofern von einem altlastenfreien Zustand ausgegangen.

Wertbeeinflussungen

Abt. II:	keine gültigen Eintragungen
Baulasten:	keine Baulasten
Altlasten:	keine Verdachtsmomente

6.2.6 Lagebeschreibung

Makrolage: gut

Die kreisfreie Stadt xxx liegt südlich des xxx und nördlich des xxx, in NRW. xxx verfügt über rund 000.000 Einwohner (Stand 1.12.2008). In bekannten Statistiken wird die Bevölkerungsentwicklung negativ (Rückgang bis 2025 um ca. 8,5 %) prognostiziert. Die Hauptwirtschaftszweige von xxx liegen in der Logistikbranche und der metallverarbeitenden Industrie sowie vielen kleinen Betrieben aus unterschiedlichen Branchen. Überregionale Verkehrsanbindung: xxx hat direkten Anschluss an die Autobahnen xxx und xxx. Die nächste Autobahnauffahrt ist ca. 3,5 km, der nächste größere Flughafen ca. 15 km entfernt.

Mikrolage: mittel

Das Bewertungsobjekt liegt innerhalb eines Gewerbegebietes im westlichen Bereich des Stadtgebietes von xxx, südlich des xxx. Das Grundstück liegt an der xxx-Straße und wird von dieser direkt erschlossen. Die Zufahrtsstraßen sind gut ausgebaut. Das Umfeld ist geprägt von kleineren und mittleren Gewerbe- und Bürobauten. Nördlich befindet sich das xxx Center. Das Zentrum von xxx liegt ca. 1,0 km entfernt. Der kurz-, mittel- und langfristige Bedarf kann in xxx gedeckt werden. Weitere größere Städte sind xxx und xxx.

Verkehrslage: gut

Der Hauptbahnhof xxx (ICE-Bahnhof) liegt ca. 3,5 km vom Bewertungsgrundstück entfernt. Eine Bushaltestelle findet sich in fußläufiger Entfernung. Die xxx-Straße ist eine innerörtliche Erschließungsstraße. Über die xxx-Straße besteht eine direkte Anbindung an die Bundesstraße xxx. Diese dient der überörtlichen Verkehrsanbindung. Von dort aus gelangt man unmittelbar auf die A xx. Es befinden sich ca. 40 eigene Stellplätze auf dem Grundstück, weitere eingeschränkte Parkmöglichkeiten bestehen im Straßenraum.

Beurteilung

Ein für die vorhandene Nutzung gut geeigneter Standorte innerhalb eines Gewerbegebietes. Die überregionale Verkehrsanbindung ist gut.

6.2.7 Objektbeschreibung

Grundstück

Das Grundstück in einer Gesamtgröße von xxx m² verfügt über einen regelmäßigen, insgesamt normal nutzbaren Zuschnitt. Das Flurstück xxx mit einer Gesamtgröße von xxx m² wird als eigenständig nutzbare Reservefläche bewertet.

Es besteht ein rechtsverbindlicher Bebauungsplan nach § 30 BauGB. Dieser weist den Bereich als Gewerbegebiet, GRZ 0,8, GFZ 1,6, mit zweigeschossiger Bauweise aus.

Eine öffentliche Straße ist direkt angrenzend, Erschließungskosten nach BauGB fallen der Auskunft der Stadt xxx vom 00.00.00 zufolge nicht mehr an. Über evtl. Kosten nach dem KAG ist nichts bekannt.

Gebäude

Dreigeschossiges Bürogebäude mit Anbau (beide nicht unterkellert) sowie eingeschossiges, unterkellertes Wohnhaus mit zwei Wohnungen. Den vorliegenden Baugenehmigungsunterlagen zufolge datiert das Bürogebäude ca. aus dem Jahre xxx und der Anbau ca. von xxx. Das Baujahr des Wohnhauses ist nicht bekannt und wird auf ca. xxx geschätzt.

Das Bürogebäude ist eigengenutzt. Der Anbau ist zu Bürozwecken vermietet. Das zugehörige Wohnhaus beinhaltet zwei abgeschlossene Wohnungen und zugehörige Nebenbereiche.

Konstruktion

Wohnhaus als Mauerwerksbau, verputzt, Betondecken, Satteldach, gedämmt, Betondachsteine, Fenster isolierverglast.

Bürogebäude als Stahlbetonskelettbau mit Betonfertigteil-Fassade, Flachdach, gedämmt und abgedichtet, Betondecken und -treppen, Fenster isolierverglast; Trennwände teilweise in Ständerwerk.

Ausstattung Wohnhaus

Aufenthaltsräume mit Parkettboden, Nassbereiche gefliest, Rollläden, Plattenheizkörper, Gas-Etagenthermen, insgesamt gepflegter, guter Zustand bei überwiegend normaler Ausstattung.

Ausstattung Bürogebäude mit Anbau

Büros mit Teppichboden, Odenwalddecken, teilweise Einbauleuchten, außen liegender Sonnenschutz, teilweise Bodenkanäle, Nassbereiche gefliest, zentrale Heizungsanlage, Einbruchmeldeanlage im Bürobereich, insgesamt normale Ausstattung.

Zubehör

Zubehör im Sinne des § 97 BGB sowie bewegliche Gegenstände, Maschinen und Einrichtungen sind auftragsgemäß nicht Gegenstand dieses Gutachtens.

Bau- und Unterhaltungszustand

Die Gebäude sind laufend instand gehalten worden. Der Zustand gut.

Reparaturstau/Restarbeiten

Es wurde kein wesentlicher Reparaturstau festgestellt.

Außenanlagen

Bewegungs- und Parkplatzflächen befestigt, Grünflächen, Holzzaun im Bereich des Wohnhauses, Reservefläche wird als Gartenland genutzt.

Beurteilung

Das Objekt entspricht heutigen aktuellen Anforderungen. Konzeption und Aufteilung sind marktfähig. Die wirtschaftliche Eigenständigkeit ist gegeben. Eine Teilbarkeit ist möglich. Eine Drittverwendungsfähigkeit ist gegeben im Rahmen der vorhandenen Nutzung.

6.2.8 Betrachtungen zur Marktsituation

Marktverhältnisse

Auswertungen des Gutachterausschusses für Grundstückswerte der Stadt xxx (vgl. Grundstücksmarktbericht 2010) werden im Bereich Gewerbe/Industrie für bebaute Grundstücke nicht angegeben. Die Vertragszahl unbebauter Gewerbegrundstücke ist mit sechs Vertragsabschlüssen auf einem niedrigen Niveau. Vergleichszahlen zum Vorjahr werden nicht angegeben.

Das Angebot an rein gewerblich genutzten Objekten ist in der Region derzeit durchschnittlich. Die Nachfrage ist auch aufgrund der Marktlage verhalten. Die Standortvorteile liegen in der Nähe zu den benachbarten Ballungszentren bei relativ guter Verkehrsanbindung. Die Bodenpreise sind relativ niedrig, die Immobilienpreise insgesamt durchschnittlich. Der Markt ist insgesamt relativ stabil auf niedrigem Niveau. Gewerbeobjekte werden im Allgemeinen durchschnittlich zum 7- bis 11-fachen der Jahresnettokaltmiete gehandelt.

Strukturdaten

Kaufkraftkennziffer:	84,0
Umsatzkennziffer:	83,3
Zentralitätskennziffer:	89,3
(Quelle: GfK/Stand 2009)	
Arbeitslosenzahl	8,7 %

(unverändert zum gleichen Monat des Vorjahres angegeben, Quelle: Bundesagentur für Arbeit/Stand: 09/2010. Die Arbeitslosenzahl liegt jeweils über dem Durchschnitt von Bund [7,2 %] und Land NRW [8,4 %]).

Mietdaten

Für den Bereich des Bewertungsobjektes liegt kein gewerblicher Mietspiegel vor. Aus der eigenen Datenbank ergeben sich folgende Vergleichswerte:

Büronutzung

einfacher Nutzwert:	zwischen xxx und xxx €/m²
mittlerer Nutzwert:	zwischen xxx und xxx €/m²
guter Nutzwert:	zwischen xxx und xxx €/m²

Der Wohnungsmietspiegel der Stadt xxx (Stand: 01.01.2010) gibt folgende Vergleichsmieten an:

Baujahr xxx bis xxx, mittlere Lage:	zwischen xxx und xxx €/m²
Baujahr xxx bis xxx, mittlere Lage:	zwischen xxx und xxx €/m²

Objekt im Markt

Die Gebäude sind noch zeitgemäß und normal nutzbar. Durch die wenig repräsentative Bauweise und die angespannte konjunkturelle Lage bestehen Einschränkungen in der Vermarktung und Vermietung. Eine Teilbarkeit ist möglich. Der Jahresrohertrag für die Wohnungen beträgt 00,00 €. Der Jahresrohertrag für den vermieteten Teil der Büroflächen beträgt 00,00 €. Die Verwert-/Vermietbarkeit ist eingeschränkt wegen relativ schwacher Nachfrage nach Büroflächen.

6.2.9 Grundlagen der Bewertung

Bodenwert

Für die mittelbare Umgebung des Bewertungsgrundstücks wird ein Bodenrichtwert in Höhe von 00,00 €/m² einschließlich Erschließung angegeben. Aufgrund von Lage und Nutzung wird der Richtwert im vorliegenden Fall als angemessen erachtet. Auch das Reservegrundstück ist von dem Bebauungsplan umfasst und dort als Gewerbegebiet ausgewiesen. Insoweit wird auch hier der vorstehende Bodenwert angesetzt.

Alterswertminderung

Aufgrund des vorgefundenen Zustandes sowie einer linearen Wertminderung wird eine gewichtete Restnutzungsdauer von ca. xxx Jahren für das Wohnhaus und xxx Jahren für das Bürogebäude unterstellt. Dies berücksichtigt eine Gesamtnutzungsdauer von ca. xxx Jahren für das Wohngebäude sowie xxx Jahre für das Bürogebäude. Diese Werte liegen im Rahmen der Höchstgrenzen der Anlage 2 zu § 12 Abs. 2 BelWertV. Insoweit sind Restnutzungsdauer beim Marktwert und beim Beleihungswert identisch.

Flächenangaben

Die Flächenangaben innerhalb der vorliegenden Unterlagen konnten durch ein eigenes Aufmaß während der Ortsbesichtigung nachvollzogen und überprüft werden.

Mietansätze

Das Objekt ist im Hauptteil des Bürogebäudes eigengenutzt. Der Anbau und das Wohnhaus sind vermietet.

Auf der Grundlage der vorstehenden Ausführungen werden folgende Mietansätze als nachhaltig erzielbar angesehen:

Wohnen:	0,00 €/m²
Bürogebäude, Altbau:	0,00 €/m²
Bürogebäude, Anbau:	0,00 €/m²

Liegenschaftszinssatz

Innerhalb des Grundstücksmarktberichts für die Stadt xxx werden für Büro- und Geschäftsgebäude durchschnittliche Liegenschaftszinssätze von xxx % angegeben. Für Ein- und Zweifamilienhäuser liegen diese bei ca. xxx %. Auf der Grundlage der Gesamtsituation wird der Liegenschaftszins beim Marktwert für das Bürogebäude mit xxx % und für das Wohnhaus mit xxx % angesetzt.

6.2.10 Marktwertermittlung

6.2.10.1 Ermittlung des vorläufigen Sachwertes

Grundlage

Der Herstellungs-/Sachwert des Gebäudes wird auf der Grundlage von Normalherstellungskosten ermittelt. Diese werden im vorliegenden Bewertungsfall in Anlehnung an die im Erlass des Bundesministeriums für Raumordnung, Bauwesen und Städtebau angegebenen Normalherstellungskosten 2000 gewählt. Dort werden folgende Kosten angegeben:

Bauweise:	xxx
Geschosse:	xxx
Ausstattungsstandard:	xxx
Ausgangswert:	ca. xxx €/m² BGF

(hier sind alle Ausstattungsmerkmale enthalten)

Brutto-Grundfläche:	xxx

Korrekturen

Bei den oben angegebenen Normalherstellungskosten handelt es sich um durchschnittliche Werte für die gesamte Bundesrepublik Deutschland. Sie müssen im Allgemeinen noch an die regionalen und örtlichen Verhältnisse angepasst werden. Des Weiteren muss berücksichtigt werden, dass sich die oben ermittelten Normalherstellungskosten auf das Jahr 2000 beziehen, der Wertermittlungsstichtag jedoch am xxx 2010 liegt. Zuletzt müssen die so ermittelten Kosten noch auf die Besonderheiten des Objektes abgestimmt werden.

Landesfaktor

Dieser Wert berücksichtigt die unterschiedliche Höhe der Baukosten in den einzelnen Bundesländern. Der Korrekturfaktor für Nordrhein-Westfalen beträgt im Mittel xxx.

6.0 Mustergutachten mit Erläuterungen

Ortsfaktor

Dieser Wert berücksichtigt über den Regionaleinfluss hinaus noch die Abhängigkeit der Baukosten von der Ortsgröße. Bei Städten von mehr als xxx Einwohnern liegt dieser Faktor bei ca. xxx.

Preissteigerung

Die Baupreissteigerung von 2000 (Bezugszeitpunkt der Normalherstellungskosten) bis zum Wertermittlungsstichtag liegt laut dem letzten verfügbaren Bericht des Statistischen Bundesamtes für Datenverarbeitung und Statistik bei einem Verhältnis von 100 zu ca. xxx bei 2000 = 100.

Umsatzsteuer

Die Steigerung der Umsatzsteuer ist im Baupreisindex enthalten.

Berechnung

Ausgangswert:

xxx €/m² x xxx x xxx/100 x xxx = xxx €/m², gerundet: xxx €/m²

Herstellungswert:

xxx €/m² x xxx m² =	xxx €
zuzüglich xxx % Nebenkosten:	xxx €
Herstellungskosten zum Neuwert:	xxx €

Zeitwert

Der Sachwert des Gebäudes ergibt sich aus den Herstellungskosten im Verhältnis zum Gebäudealter. Je älter ein Gebäude wird, desto mehr verliert es an Wert. Dieser Wertverlust ergibt sich aus der Tatsache, dass die Nutzung eines „gebrauchten" Gebäudes im Vergleich zur Nutzung eines neuen Gebäudes mit zunehmendem Alter immer unwirtschaftlicher wird. Dieser Wertverlust muss als Korrekturgröße im Sachwertverfahren berücksichtigt werden. Zur Bemessung der Korrekturgröße muss zunächst die wirtschaftliche Restnutzungsdauer des Bewertungsobjektes ermittelt werden. Im vorliegenden Fall wird diese mit ca. xxx Jahren angenommen.

Der Wertminderungsfaktor wegen Alters beträgt somit gemäß Anlage 8b WertR 06 xxx v. H. Um diesen Satz sind die zuvor ermittelten Herstellungskosten zum Neuwert abzumindern.

xxx € x (100 % - xxx %) =	xxx €
Zeitwert Gebäude gerundet:	xxx €
Außenanlagen (Zeitwert):	xxx €
Bodenwert:	xxx €
	xxx €

Der vorläufige Sachwert des Objektes beträgt gerundet:

xxx €

6.2.10.2 Ermittlung des vorläufigen Ertragswertes

Rohertrag:	xxx m² x xxx €/m²	x 12 =	xxx €
	xxx m² x xxx €/m²	x 12 =	xxx €
	xxx Garagen x xxx €	x 12 =	xxx €
			xxx €
Instandhaltung:	ca. xxx €/m² x xxx m²		xxx €
Verwaltungskosten:	xxx x xxx €		xxx €
Ausfallwagnis:	ca. xxx v. H. des Rohertrages		xxx €
	(entspricht ca. xxx % des Rohertrages)		xxx €
Reinertrag:	xxx € – xxx € =		xxx €
Bodenwertverz.	xxx € x xxx v. H. =		– xxx €
Reinertrag Gebäude:			xxx €
Restnutzungsdauer:	xxx Jahre		
Zinssatz:	xxx v. H.		
Barwertfaktor zur Kapitalisierung:	xxx		
	xxx € x xxx =		xxx €
zuzüglich Bodenwert:			xxx €
vorläufiger Ertragswert:			xxx €
gerundet:			xxx €

(Das entspricht in etwa xxx €/m² und dem xxx-fachen des Rohertrages.)

6.2.10.3 Ermittlung des Marktwertes

Aufgrund der Gebäudenutzung und der vorliegenden Gesamtsituation wird der Marktwert des Objektes aus sachverständiger Sicht aus dem Ertragswert abgeleitet. Der Sachwert wird lediglich stützend herangezogen.

Da Marktanpassungsfaktoren für Objekte – wie das hier vorliegende – vom Gutachterausschuss der Stadt xxx nicht ermittelt werden, unterbleibt eine diesbezügliche Anpassung des Sachwertes.

vorläufiger Ertragswert:	xxx €
objektspezifische Besonderheiten:	xxx €
Marktwert:	xxx €
gerundet:	xxx €

Nettoanfangsrendite

Die Nettoanfangsrendite entspricht rd. xxx % und liegt im üblichen Rahmen der Spannen vergleichbarer Objekte. Die Höhe der Netto-Anfangsrendite spiegelt auch das Risiko und den Zustand der Immobilie wider.

6.2.11 Beleihungswertermittlung

6.2.11.1 Ermittlung des vorläufigen Sachwertes

Grundlage

Der Herstellungs-/Sachwert des Gebäudes wird auf der Grundlage von Normalherstellungskosten ermittelt. Diese werden im vorliegenden Bewertungsfall in Anlehnung an die im Erlass des Bundesministeriums für Raumordnung, Bauwesen und Städtebau angegebenen Normalherstellungskosten 2000 gewählt. Dort werden folgende Kosten angegeben:

Bauweise:	xxx
Geschosse:	xxx
Ausstattungsstandard:	xxx
Ausgangswert:	ca. xxx €/m² BGF

(hier sind alle Ausstattungsmerkmale enthalten)

Brutto-Grundfläche:	xxx

Korrekturen

Bei den oben angegebenen Normalherstellungskosten handelt es sich um durchschnittliche Werte für die gesamte Bundesrepublik Deutschland. Sie müssen im Allgemeinen noch an die regionalen und örtlichen Verhältnisse angepasst werden. Des Weiteren muss berücksichtigt werden, dass sich die oben ermittelten Normalherstellungskosten auf das Jahr 2000 beziehen, der Wertermittlungsstichtag jedoch am xxx 2010 liegt. Zuletzt müssen die so ermittelten Kosten noch auf die Besonderheiten des Objektes abgestimmt werden.

Landesfaktor

Dieser Wert berücksichtigt die unterschiedliche Höhe der Baukosten in den einzelnen Bundesländern. Der Korrekturfaktor für Nordrhein-Westfalen beträgt im Mittel xxx.

Ortsfaktor

Dieser Wert berücksichtigt über den Regionaleinfluss hinaus noch die Abhängigkeit der Baukosten von der Ortsgröße. Bei Städten von mehr als xxx Einwohnern liegt dieser Faktor bei ca. xxx.

Preissteigerung

Die Baupreissteigerung von 2000 (Bezugszeitpunkt der Normalherstellungskosten) bis zum Wertermittlungsstichtag liegt laut dem letzten verfügbaren Bericht des Statistischen Bundesamtes für Datenverarbeitung und Statistik bei einem Verhältnis von 100 zu ca. xxx bei 2000 = 100.

Umsatzsteuer

Die Steigerung der Umsatzsteuer ist im Baupreisindex enthalten.

Berechnung

Ausgangswert:

xxx €/m² x xxx x xxx/100 x xxx = xxx €/m², gerundet: xxx €/m²

Herstellungswert:

xxx €/m² x xxx m² =	xxx €
zuzüglich xxx % Nebenkosten	xxx €
Herstellungskosten zum Neuwert:	xxx €

Zeitwert

Der Sachwert des Gebäudes ergibt sich aus den Herstellungskosten im Verhältnis zum Gebäudealter. Je älter ein Gebäude wird, desto mehr verliert es an Wert. Dieser Wertverlust ergibt sich aus der Tatsache, dass die Nutzung eines „gebrauchten" Gebäudes im Vergleich zur Nutzung eines neuen Gebäudes mit zunehmendem Alter immer unwirtschaftlicher wird. Dieser Wertverlust muss als Korrekturgröße im Sachwertverfahren berücksichtigt werden. Zur Bemessung der Korrekturgröße muss zunächst die wirtschaftliche Restnutzungsdauer des Bewertungsobjektes ermittelt werden. Im vorliegenden Fall wird diese mit ca. xxx Jahren angenommen.

Der Wertminderungsfaktor wegen Alters beträgt somit gemäß Anlage 8b WertR 06: xxx v. H. Um diesen Satz sind die zuvor ermittelten Herstellungskosten zum Neuwert abzumindern.

xxx € x (100 % – xxx %) =	xxx €
Zeitwert Gebäude gerundet:	xxx €
Außenanlagen (Zeitwert):	xxx €
Bodenwert:	xxx €
	xxx €
–10 % (Sicherheitsabschlag nach § 16 Abs. 2 BelWertV):	xxx €
vorläufiger Sachwert:	xxx €
gerundet:	xxx €

6.2.11.2 Ermittlung des vorläufigen Ertragswertes

Besondere Parameter des Beleihungswertes

- **Mietansätze**

  Es werden die nachhaltig erzielbaren Ansätze zugrunde gelegt. Diese liegen nicht über den Bestandsmieten.

- **Bewirtschaftungskosten**

  Die Bewirtschaftungskosten wurden entsprechend der BelWertV § 11 und Anlage 1 (zu § 11 Abs. 2) angesetzt.

6.0 Mustergutachten mit Erläuterungen

- **Modernisierungsrisiko**
  Auf der Grundlage des § 11 Abs. 7 BelWertV wird ein Modernisierungsrisiko für das Bürogebäude mit 0,25 % der Herstellungskosten in Ansatz gebracht.

- **Kapitalisierungszinssatz**
  Entsprechend der Bandbreiten gem. Anlage 3 zu § 12 Abs. 4 BelWertV wird ein Kapitalisierungszinssatz in Höhe von 7,75 % (Gewerbe) und 5,25 % (Wohnen) als angemessen und nachhaltig erachtet. Dies berücksichtigt die Besonderheiten des Objektes, der Lage und der wirtschaftlichen Rahmenbedingungen.

- **Beleihungsrisiko**
  Das Beleihungsrisiko ist erhöht.

Rohertrag:	xxx m² x xxx €/m²	x 12 =	xxx €
	xxx m² x xxx €/m²	x 12 =	xxx €
	xxx Garagen x xxx €	x 12 =	xxx €
			xxx €
Instandhaltung:	ca. xxx €/m² x xxx m²		xxx €
Verwaltungskosten:	xxx x xxx €		xxx €
Ausfallwagnis:	ca. xxx v. H. des Rohertrages		xxx €
0,25 % Modernisierungsrisiko (bezogen auf die Herstellungskosten des Bürogebäudes, § 11 Abs. 7 BelWertV):			xxx €
	(entspricht ca. xxx % des Rohertrages)		xxx €
Reinertrag:	xxx € – xxx € =		xxx €
Bodenwertverz.:	xxx € x xxx v. H. =		– xxx €
Reinertrag Gebäude:			xxx €
Restnutzungsdauer:	xxx Jahre		
Kapitalisierungszinssatz:	xxx v. H.		
Barwertfaktor zur Kapitalisierung:	xxx		
	xxx € x xxx =		xxx €
zuzüglich Bodenwert:			xxx €
vorläufiger Ertragswert:			xxx €
gerundet:			xxx €

(Das entspricht in etwa xxx €/m² und dem xxx-fachen des Rohertrages.)

6.2.11.3 Ermittlung des Beleihungswertes

Aufgrund der Gebäudenutzung und der vorliegenden Gesamtsituation wird der Beleihungswert des Objektes aus sachverständiger Sicht aus dem Ertragwert abgeleitet. Der Sachwert wird lediglich stützend herangezogen.

Da Marktanpassungsfaktoren für Objekte wie das hier vorliegenden vom Gutachterausschuss der Stadt xxx nicht ermittelt werden, unterbleibt eine diesbezügliche Anpassung des Sachwertes.

vorläufiger Ertragswert:	xxx €
objektspezifische Besonderheiten:	xxx €
Beleihungswert:	xxx €
gerundet:	**xxx €**

6.2.12 Schlusswort und zusammenfassende Beurteilung (s. u. a. Kapitel 5.8)

Bei dem Bewertungsobjekt handelt es sich um ein mit einem Bürogebäude sowie einem separaten Wohnhaus bebautes Grundstück innerhalb eines Gewerbegebietes in xxx. Es verfügt über ca. xxx m² Büro- und ca. xxx m² Wohnfläche in einem separaten Gebäude. Die Grundstücksfläche beträgt xxx m². Hiervon sind xxx m² selbstständig verwertbar. Der Zustand der Gebäude ist dem Alter entsprechend gut.

Das vorstehende Gutachten wurde ausschließlich auf der Grundlage der vorgelegten Unterlagen, der gemachten Angaben sowie der Erkenntnisse aus der Ortsbesichtigung erstellt. Die Bearbeitung erfolgte nach dem derzeitigen Stand der Kenntnis.

Sollten sich aufgrund bisher nicht vorliegender Unterlagen oder nicht bekannter Fakten Änderungen oder Ergänzungen ergeben, bin ich zu weiteren Ausführungen gern bereit.

Ort/Datum

Der Sachverständige

6.3 Beispiel eines Honorargutachtens nach der HOAI i. d. F. vom 21.09.1995/10.11.2001

6.3.1 Deckblatt (s. Kapitel 5.3)

(Schriftkopf des Sachverständigen mit allen erforderlichen Angaben)

GUTACHTEN

Amtsgericht ...

– Aktenzeichen –

In dem Rechtsstreit ... ./. ...

GH 258/05

6. Ausfertigung

(6 Ausfertigungen)

Ort/Datum

6.3.2 Inhaltsverzeichnis (s. Kapitel 5.4)

(Hier nicht abgedruckt, wird von fast allen Standardprogrammen automatisch erzeugt.)

6.3.3 Allgemeine Angaben (s. Kapitel 5.5)

Beweisbeschluss (s. Kapitel 5.5.1)

– Aktenzeichen –

Hinweis- und Beweisbeschluss

In dem Rechtsstreit

... ./. ...

1. ...
2. Es soll Beweis erhoben werden darüber, ob das in der Rechnung des Klägers vom 30.06.2003 berechnete Entgelt von 1.852,03 € für eine banktübliche Wertermittlung für das Wohnhaus in ..., ... üblich und angemessen ist.

... durch Einholung eines schriftlichen Gutachtens.

Hinweis zum Bestellungstenor (s. Kapitel 5.5.1.1):

Die zu beantwortende Beweisfrage fällt in mein Sachgebiet und ist vollumfänglich von meinem Bestellungstenor abgedeckt.

Auftraggeber (s. Kapitel 5.5.2):

Amtsgericht ...

... Straße ...

...

Gemäß Beweisbeschluss vom ...

6.3.3.1 Inhaltliche Überprüfung des Gutachtens (s. Kapitel 5.5.1.3)

Eine inhaltliche Überprüfung des vorliegenden Gutachtens ist nicht Gegenstand der gestellten Beweisfrage und erfolgt zunächst nicht.

Es wird lediglich eine grobe Sichtungsprüfung insoweit vorgenommen, als dass beurteilt werden kann, ob es sich grundsätzlich um ein komplettes Gutachten handelt, ohne die sachliche oder rechnerische Richtigkeit zu prüfen.

6.3.3.2 Allgemeiner Hinweis (s. Kapitel 5.5.3)

Bei der Beantwortung der gestellten Beweisfragen, gerade im Bereich der Honorierung, ist es vielfach notwendig, rechtliche Annahmen zu treffen, auf deren Grundlage dann die technischen Ausführungen innerhalb dieses Gutachtens basieren.

Dies dient dem Verständnis und der Information, auf welcher Grundlage die sachverständigen Ausführungen getroffen wurden und unter welchen rechtlichen Rahmenbedingungen sie Gültigkeit haben.

Keinesfalls bedeutet dies eine Einlassung des Sachverständigen in die Beantwortung von Rechtsfragen. Die Würdigung der angenommenen rechtlichen Grundlagen obliegt dem Gericht und kann vom Sachverständigen nicht vorgenommen werden.

6.3.4 Grundlagen des Gutachtens (s. Kapitel 5.5.7)

Grundsätzlich werden ausschließlich die überlassenen (und ggf. nachgeforderten) Unterlagen einschließlich der Gerichtsakte den Ausführungen innerhalb dieses Gutachtens zugrunde gelegt.

Sofern Gesetze, Verordnungen, Richtlinien oder sonstige Literatur herangezogen wurden, sind sie nachfolgend aufgeführt oder an der entsprechenden Textstelle innerhalb des Gutachtens kenntlich gemacht.

6.3.4.1 Gesetze, Verordnungen und Richtlinien; Literatur (s. Kapitel 5.5.8)

Honorarordnung für Architekten und Ingenieure (HOAI)

in der Fassung der Bekanntmachung vom 4.3.1991 (BGBl. I S. 533), zuletzt geändert durch das Neunte Euro-Einführungsgesetz vom 10.11. 2001 (BGBl. I S. 2992).

Wertermittlungsverordnung (WertV 98)

Verordnung über Grundsätze für die Ermittlung der Verkehrswerte von Grundstücken vom 6.12.1988 (BGBl. I S. 2209), zuletzt geändert durch Art. 3 des Gesetzes zur Änderung des Baugesetzbuchs und zur Neuregelung des Rechts der Raumordnung vom 18.08.1997 (BGBl. I S. 2081).

Wertermittlungsrichtlinien (WertR 02)

Richtlinien für die Ermittlung der Verkehrswerte von Grundstücken in der Fassung vom 11.06.1991 (Beil. BAnz. Nr. 182a vom 27.09.1991), Neubekanntmachung der Wertermittlungsrichtlinien vom 19.07.2002 (BAnz. Nr. 238a vom 20.12.2002).

Literatur

Auf das Anfügen einer Literaturliste wird verzichtet.

Soweit solche zur Erstellung des Gutachtens verwendet wurde, werden die entsprechenden Fundstellen im Text direkt angeführt und über eine Fußnote kenntlich gemacht.

6.3.4.2 Grundlagen aus der Gerichtsakte (s. Kapitel 5.5.7)

Aus der überlassenen Gerichtsakte werden folgende Fakten und Angaben der Beantwortung der Beweisfrage zugrunde gelegt:

- Es besteht ein Auftrag dem Grunde nach, allerdings nur für eine banktübliche Wertermittlung (Bl. 173 d. A.).
- Es besteht ein schriftlicher Auftrag (Original in Klarsichthülle nach Bl. 100 d. A.).
- Rechnung des Klägers vom 30.06.2003 (Bl. 20 d. A.).
- Aufschlüsselung der Nebenkosten vom 15.12.2003 (Bl. 78 d. A.).
- Gutachten des Klägers vom 20.06.2003 als Anlage zur Gerichtsakte.

6.3.5 „Banktübliche Wertermittlung" (s. Kapitel 5.6.3)

In dem hier wesentlichen Zusammenhang unterscheidet man hauptsächlich zwei Arten der Wertermittlung:

a) Verkehrswertermittlung (Marktwertermittlung) und

b) Beleihungswertermittlung.

Hierbei unterscheidet sich die Beleihungswertermittlung von der Verkehrswertermittlung hauptsächlich dadurch, dass sie einerseits das primäre Sicherheitsinteresse der Bank und andererseits die Langfristigkeit solcher Engagements besonders berücksichtigt. Im Übrigen sind beide Wertermittlungen stichtagsbezogen.

Die einzelnen Kreditinstitute bzw. deren Verbände haben zu diesem Zwecke sog. „Kreditwirtschaftliche Beleihungswertrichtlinien" herausgegeben. Diese sind zusätzlich zu den gesetzlichen Bestimmungen zu berücksichtigen.

Sofern es sich um kleinere Kreditinstitute oder auch Versicherungsgesellschaften handelt, bei denen die Instrumentarien für eine Beleihungswertermittlung nicht vorliegen oder nicht angewandt werden, wird regelmäßig die Verkehrswertermittlung zur Grundlage der Finanzierungsentscheidung gemacht. Hier werden dann häufig mehr oder weniger pauschalierte Abschläge zur Ermittlung des Kreditrahmens zusätzlich berücksichtigt.

6.3.5.1 Häufige Arten von Anforderungen der Kreditinstitute

Je nach Art, Umfang und Risiko des Engagements eines Kreditinstitutes, zu dessen Grundlage das „Gutachten" benötigt wird, werden die Anforderungen an den Sachverständigen unterschiedlich ausfallen. Häufig angefragte Arten von benötigten „Gutachten" sind folgende:

- **ein „komplettes Gutachten":**

  Dies entspricht einem Verkehrswertgutachten nach § 194 BauGB und stellt in der Regel die höchste Form der Anforderung dar.

- **ein „Kurzgutachten":**[16]

    Dieser häufig verwendete Begriff, von dem mir keine Legaldefinition bekannt ist, bedeutet in der Regel lediglich, dass auf den beschreibenden Teil eines Gutachtens ganz oder teilweise verzichtet wird und das Kreditinstitut lediglich die rechnerische Wertermittlung verlangt.

- **ein „Formulargutachten":**

    Dies ist die einfachste Form der Wertermittlung. Hierbei wird vom Sachverständigen lediglich ein Formular (in der Regel vom Kreditinstitut vorgegeben) ausgefüllt bzw. Vorgaben angekreuzt.

Anmerkung: Bei den vorstehend aufgelisteten Arten der Bewertung für kreditwirtschaftliche Zwecke verändert sich jeweils lediglich der Aufwand innerhalb des Umfangs der Ausarbeitung. Anforderungen an die Richtigkeit und die Haftung des Sachverständigen werden hierdurch nicht berührt. Dies ist auch bei der Ermittlung der zutreffenden Honorierung zu berücksichtigen.

6.3.5.2 Vorliegender Fall (s. Kapitel 5.6.3)

Soweit aus den vorliegenden Unterlagen ersichtlich, ist hier die Beauftragung für die Wertermittlung nicht direkt durch das Kreditinstitut erfolgt, sondern wurde lediglich durch dessen Sachbearbeiter vermittelt. Die Beauftragung erfolgte dann durch den Kreditnehmer (bzw. Antragsteller). Die Ausführung des Auftrages erfolgte durch einen unabhängigen Sachverständigen.

Typische Vorgehensweise des Sachverständigen

In einem Fall, wie dem hier vorliegenden, wird sich der Sachverständige typischerweise mit dem Kreditinstitut in Verbindung setzen, um dort den genauen Auftragsumfang zu erfragen.

Benötigtes Gutachten

Da vorgegebene Formulare innerhalb der Akte nicht erwähnt werden und auch sonst keine Anhaltspunkte hierfür vorliegen, kann davon ausgegangen werden, dass es sich bei dem benötigten Gutachten entweder um ein „komplettes Gutachten" oder ein „Kurzgutachten" handelt.

Die weitere honorartechnische Relevanz der vorstehenden Möglichkeiten wird unter Punkt 4 dieses Gutachtens erläutert.

6.3.6 Grundlagen der honorartechnischen Einordnung (s. Kapitel 5.6.3)

Einordnung nach dem geltenden Preisrecht

Das Honorar eines Wertermittlungssachverständigen unterliegt nicht der freien Vertragsgestaltung der Parteien. So gibt es für Wertermittlungsgutachten in der Regel vier verschiedene Möglichkeiten der Honorierung:

---

[16] Bei der vom Zeugen innerhalb seiner Vernehmung angeführten Bewertung (Bl. 167 d. A.) handelt es sich höchstwahrscheinlich um ein solches „Kurzgutachten".

- Privatgutachten nach den Vorschriften der HOAI (hierbei ist es unerheblich, ob es sich um einen zertifizierten, öffentlich bestellten und vereidigten oder freien Sachverständigen handelt);
- Gerichtsgutachten nach dem JVEG (Justizvergütungs- und Entschädigungsgesetz);
- Wertermittlungsgutachten im Rahmen eines Gutachterausschusses; diese haben in der Regel eigene Gebührensätze für die Erstellung von Gutachten;
- Mietwertgutachten nach dem BGB.

Die Honorierung des hier streitgegenständlichen Gutachtens richtet sich nach der HOAI, da es sich hier um ein Privatgutachten handelt.

Es ist hierbei grundsätzlich unerheblich, von wem oder zu welchem Zweck das Verkehrswertgutachten erstellt wurde.

6.3.6.1 Auszug aus der HOAI i. d. F. vom 21.09.1995/10.11.2001

§ 34 HOAI Wertermittlung

(1) Die Mindest- und Höchstsätze der Honorare für die Ermittlung des Wertes von Grundstücken, Gebäuden und anderen Bauwerken oder von Rechten an Grundstücken sind in der nachfolgenden Honorartafel festgesetzt.

(2) Das Honorar richtet sich nach dem Wert der Grundstücke, Gebäude, anderer Bauwerke oder Rechte, der nach dem Zweck der Ermittlung zum Zeitpunkt der Wertermittlung festgestellt wird; bei unbebauten Grundstücken ist der Bodenwert maßgebend. Sind im Rahmen einer Wertermittlung mehrere der in Absatz 1 genannten Objekte zu bewerten, so ist das Honorar nach der Summe der ermittelten Werte der einzelnen Objekte zu berechnen.

(3) § 16 Abs. 2 und 3 gilt sinngemäß.

(4) Wertermittlungen können nach Anzahl und Gewicht der Schwierigkeiten nach Absatz 5 der Schwierigkeitsstufe der Honorartafel nach Absatz 1 zugeordnet werden, wenn es bei der Auftragserteilung schriftlich vereinbart worden ist. Die Honorare der Schwierigkeitsstufe können bei Schwierigkeiten nach Absatz 5 Nr. 3 überschritten werden.

(5) Schwierigkeiten können insbesondere vorliegen

1. bei Wertermittlungen
   - für Erbbaurechte, Nießbrauchs- und Wohnrechte sowie sonstige Rechte,
   - bei Umlegungen und Enteignungen,
   - bei steuerlichen Bewertungen,
   - für unterschiedliche Nutzungsarten auf einem Grundstück,
   - bei Berücksichtigung von Schadensgraden,
   - bei besonderen Unfallgefahren, starkem Staub oder Schmutz oder sonstigen nicht unerheblichen Erschwernissen bei der Durchführung des Auftrages;
2. bei Wertermittlungen, zu deren Durchführung der Auftragnehmer die erforderlichen Unterlagen beschaffen, überarbeiten oder anfertigen muss, zum Beispiel

- Beschaffung und Ergänzung der Grundstücks-, Grundbuch- und Katasterangaben,
- Feststellung der Roheinnahmen,
- Feststellung der Bewirtschaftungskosten,
- örtliche Aufnahme der Bauten,
- Anfertigung von Systemskizzen im Maßstab nach Wahl,
- Ergänzung vorhandener Grundriss- und Schnittzeichnungen;
3. bei Wertermittlungen
   - für mehrere Stichtage,
   - die im Einzelfall eine Auseinandersetzung mit Grundsatzfragen der Wertermittlung und eine entsprechende schriftliche Begründung erfordern.

(6) Die nach den Absätzen 1, 2, 4 und 5 ermittelten Honorare mindern sich bei

- überschlägigen Wertermittlungen nach Vorlagen von Banken und Versicherungen um 30 v. H.,
- Verkehrswertermittlungen nur unter Heranziehung des Sachwerts oder Ertragswerts um 20 v. H.,
- Umrechnung von bereits festgestellten Wertermittlungen auf einen anderen Zeitpunkt um 20 v. H.

(7) Wird eine Wertermittlung um Feststellungen ergänzt und sind dabei lediglich Zugänge oder Abgänge beziehungsweise Zuschläge oder Abschläge zu berücksichtigen, so mindern sich die nach den vorstehenden Vorschriften ermittelten Honorare um 20 vom Hundert. Dasselbe gilt für andere Ergänzungen, deren Leistungsumfang nicht oder nur unwesentlich über den einer Wertermittlung nach Satz 1 hinausgeht.

Besonderheit der Wertermittlung für Banken und Versicherungen

Gemäß § 34 Abs. 6 HOAI mindert sich das Honorar bei „überschlägigen Wertermittlungen nach **Vorlagen** von Banken und Versicherungen um 30 v. H.".

Hiermit sind überwiegend die sog. Formulargutachten gemeint (vgl. **Kapitel 6.3.5.1**).

Eine „Vorlage" – also ein Vordruck oder eine Tabelle zum Ausfüllen für den Sachverständigen – hat, soweit aus der Akte ersichtlich, nicht vorgelegen.

Von daher kommt nach den Vorschriften des Preisrechts (aus sachverständiger Sicht) eine solche Minderung nicht in Betracht.

Besonderheiten bei „Kurzgutachten"

Vielfach verlangen Banken oder Versicherungen lediglich sog. „Kurzgutachten", bei denen der textliche Teil weitgehend minimiert wird.

Wie zuvor ausgeführt, rechtfertigt dies keine Minderung des Honorars im Sinne des § 34 Abs. 6 HOAI.

Der dadurch verringerte Aufwand für den Sachverständigen ist bei der Einordnung zwischen Mindest- und Höchstsätzen nach der Honorartafel zu § 34 Abs. 1 HOAI zu berücksichtigen.

Das sog. „Kurzgutachten" ist daher das Regelgutachten für Banken und Versicherungen. Die Honorierung richtet sich in aller Regel nach den Mindestsätzen.

Gängige Praxis bei Banken und Versicherungen

Bei der Honorierung von Verkehrswertgutachten für Banken und Versicherungen sind, nach eigenen Erfahrungen, überwiegend zwei Möglichkeiten verbreitet:

- **Die Bank oder Versicherung beauftragt direkt:**

    Vielfach, gerade bei größeren Banken oder Versicherungen, beauftragt das Institut den Sachverständigen selbst und gibt dann ggf. die Kosten an den Kunden weiter.

    Hierbei wird in aller Regel nach den Mindestsätzen des § 34 HOAI vergütet. Eine Überschreitung der Mindestsätze ist hierbei höchst selten.

    Ganz im Gegenteil werden häufig, entgegen geltendem Preisrecht, Abschläge in Höhe von ca. 30 bis 40 v. H. auf die Mindestsätze nach HOAI vereinbart.

- **Die Bank oder Versicherung fordert ein Gutachten vom Kunden:**

    In diesem Fall verlangt das Institut vom Kunden ein Verkehrswertgutachten eines (in der Regel ö.b.u.v.) Sachverständigen zum Finanzierungsantrag beizubringen.

    Hier bleiben dann die Verhandlungen zum Honorar dem Kunden überlassen.

    In diesen Fällen ist jede zulässige Konstellation nach § 34 HOAI denkbar. Die Höhe des Honorars richtet sich hier u. a. nach dem Verhandlungsgeschick der Parteien.

6.3.6.2 Hier vorliegender Fall (s. Kapitel 5.6.3)

Der hier vorliegende Fall entspricht dem unter **Kapitel 6.3.5.2** geschilderten. Das Gutachten ist durch den Kunden (bzw. Antragsteller) selbst beauftragt worden.

Das übliche und angemessene Honorar richtet sich daher nach den Vorschriften der HOAI ohne evtl. übliche Minderungen durch die Kreditinstitute.

6.3.7 Das übliche und angemessene Honorar (s. Kapitel 5.7)

Zunächst lassen sich hier folgende Grundlagen festhalten:

a) Die Höhe der Honorierung richtet sich nach § 34 HOAI.

b) Die Beauftragung des Sachverständigen erfolgte nicht durch das Kreditinstitut.

c) Inwieweit hier lediglich ein „Kurzgutachten" gefordert war, ist für die Honorierung (bezüglich des Preisrechts) nicht relevant.

Rechtliche Grundlagen

Zur Berechnung des üblichen und angemessenen Honorars erscheinen zunächst drei rechtliche Konstellationen denkbar:

a) Der vorliegende Vertrag vom 20.03.2003 ist gültig und die Schwierigkeitsstufe liegt tatsächlich vor.

b) Der vorliegende Vertrag vom 20.03.2003 ist gültig, aber die Schwierigkeitsstufe liegt nicht vor.

c) Der vorliegende Vertrag vom 20.03.2003 ist nicht gültig (unabhängig davon, ob die Schwierigkeitsstufe tatsächlich vorliegt).

Welche der vorstehenden rechtlichen Bedingungen für die Höhe des Honorars maßgeblich sind, kann vom Sachverständigen nicht beurteilt werden.

Es werden alle sachverständig technischen Angaben aufgeführt. Die letztendliche Beurteilung obliegt dem erkennenden Gericht.

Die Einordnung in die Schwierigkeitsstufe

Nach diesseitigem Dafürhalten und der mir bekannten Kommentatorenmeinung kann ein Honorar nach der Schwierigkeitsstufe nur dann abgerechnet werden, wenn zwei Voraussetzungen vorliegen:

a) Die Schwierigkeiten, die zur entsprechenden Einordnung berechtigen, liegen tatsächlich vor.

b) Die Honorierung nach der Schwierigkeitsstufe ist bei Auftragserteilung schriftlich vereinbart worden.

Soweit aus dem vorliegenden Gutachten ersichtlich, liegt die Schwierigkeitsstufe nur dann vor, wenn die Unterlagen notwendigerweise vom Sachverständigen beschafft werden mussten (§ 34 Abs. 5 Nr. 2, 1. Spiegelstrich).

Rechtliche Konsequenzen bei fehlenden Voraussetzungen

Folgende rechtliche Konsequenzen bei Fehlen einer der beiden Voraussetzungen sind mir bekannt und werden der Berechnung zugrunde gelegt:

a) Liegen die Schwierigkeiten nicht vor – eine entsprechende Abrechnung ist aber vereinbart worden –, so kann nach den Höchstsätzen der Normalstufe abgerechnet werden.

b) Fehlt es an der schriftlichen Vereinbarung bei Auftragserteilung, kann lediglich nach den Mindestsätzen der Normalstufe abgerechnet werden.

Nebenkosten

Der Einfachheit halber werden zunächst die angegebenen Nebenkosten aus der Rechnung des Klägers vom 30.06.2003 (Bl. 20 d. A.) in Verbindung mit der Aufschlüsselung (Bl. 78 d. A.) untersucht. Der hier ermittelte Betrag ist bei den verschiedenen Möglichkeiten der Honorierung identisch und kann dann im Folgenden jeweils zu dem ermittelten Honorar hinzuaddiert werden.

Folgende Nebenkosten werden in Ansatz gebracht:

„Nebenkosten gem. § 7 HOAI"; diese werden auf Blatt 78 der Akte aufgeschlüsselt und beinhalten:

- Kopierkosten
- Fotokosten
- Fahrtkosten
- Telefon, Porto
- Verpackung
- Verschiedenes und Belegkopien.

6.0 Mustergutachten mit Erläuterungen

Hierbei werden die **Kopierkosten** in Höhe von 33,00 € + 31,50 € aus sachverständiger Sicht als üblich und angemessen anerkannt.

Bei den **Fotokosten** werden augenscheinlich alle Abzüge wie Originale abgerechnet. Dies erscheint aus sachverständiger Sicht deutlich überhöht und unüblich.

Auch wenn man davon ausgeht, dass 2,50 €/Foto für das Original noch angemessen sind, so sind die Kosten für die weiteren Abzüge mit ca. 1,00 €/Abzug unangemessen.

Fahrtkosten, **Telefon, Porto und Verpackung** können nicht nachvollzogen werden, erscheinen in ihrer Summe aber akzeptabel.

Die Kosten für Verschiedenes und Belegkopien werden aus sachverständiger Sicht nicht akzeptiert.

Einerseits ist „Verschiedenes" kein Nachweis und andererseits kann das Gutachtenexemplar, das der Sachverständige für seine eigene Akte fertigt, bei einem Privatauftrag dem Auftraggeber regelmäßig nicht in Rechnung gestellt werden.

Es ergeben sich folgende „Nebenkosten gem. § 7 HOAI":

- Fotokopien (33,00 + 31,50): 64,50 €
- Fotos (19 x 2,50 + 38 x 1,00): 85,50 €
- Fahrtkosten: 54,00 €
- Telefon, Porto: 16,00 €
- Verpackung: 12,00 €
- **Gesamt:** **232,00 €**

„Besorgen der erforderlichen Unterlagen und Daten"

Diese werden ebenfalls auf Blatt 78 der Akte aufgeschlüsselt und beinhalten:

„5 Halbstd. Besorgen der erforderlichen Daten und Unterlagen x 37 €"

Hier werden, zusätzlich zum Honorar, die Zeiten abgerechnet, die zur Einholung der „erforderlichen Daten und Unterlagen" aufgewandt wurden und zwar mit einem Stundensatz von 74,00 €.

Dies widerspricht dem geltenden Preisrecht der HOAI. Der Aufwand für das Einholen der notwendigen Grundlagen zur Erstellung des Gutachtens gehört zu den originären Leistungen des Sachverständigen und ist von dem Honorar gedeckt.

Dieses als „Nebenkosten" deklarierte zusätzliche Honorar kann aus sachverständiger Sicht nicht anerkannt werden.

„Behördengebühren"

Die hier angegebene Summe in Höhe von 218,75 € ist innerhalb der Akte nicht aufgeschlüsselt oder sonst wie nachgewiesen.

Es wird zunächst davon ausgegangen, dass diese Gebühren tatsächlich angefallen sind und notwendig waren.

(Hier ist z. B. der anscheinend noch nicht geklärte Streitpunkt zu berücksichtigen, inwieweit der Beklagte solche Unterlagen hätte zur Verfügung stellen können. Dann wären die entsprechenden Kosten nicht angefallen.)

Die Nachweise für diese Kosten sind aus sachverständiger Sicht noch vorzulegen.

Zunächst anerkannte Nebenkosten

    „Nebenkosten gem. § 7 HOAI":   232,00 €
    „Behördengebühren":   218,75 €

Hierbei weist der Kläger die „Behördengebühren" als „umsatzsteuerfrei" aus. Dies kann nicht nachvollzogen werden, wird aber zunächst übernommen, da davon ausgegangen wird, dass der Kläger seine Umsatzsteuer korrekt ausweist.

6.3.8 Alternativen der Honorarermittlung (s. auch Kapitel 5.7.2)

Wie zuvor bereits ausgeführt, sind die rechtlichen Grundlagen für die Ermittlung des zutreffenden Honorars vom Sachverständigen nicht eindeutig zu ermitteln. Insoweit werden alternative Berechnungen durchgeführt, die, je nach rechtlicher Würdigung des Sachverhaltes durch das Gericht, entsprechend anzuwenden sind.

6.3.8.1 Honorar nach Variante 1

Rechtliche Voraussetzung:

Der vorliegende Vertrag vom 20.03.2003 ist gültig und die Schwierigkeitsstufe liegt tatsächlich vor.

Innerhalb des vorliegenden Vertrages findet sich folgende Honorarvereinbarung:

„Das Honorar richtet sich nach § 34 – mittlere Schwierigkeitsstufe –. Die Nebenkosten gem. § 7 HOAI werden entsprechend Einzelauflistung abgerechnet. Auslagen bei Behörden werden gem. Einzelnachweis abgerechnet."

Hieraus ergibt sich folgendes Honorar:

    Verkehrswert 125.000,00 €

(755,00 + 1.062,00)/2 =	908,50 €
„Nebenkosten gem. § 7 HOAI":	232,00 €
Nettobetrag:	1.140,50 €
16 % MwSt:	182,48 €
	1.322,98 €
umsatzsteuerfreie „Behördengebühren":	218,75 €
Gesamtbetrag:	**1.541,73 €**

6.3.8.2 Honorar nach Variante 2

Rechtliche Voraussetzung:

Der vorliegende Vertrag vom 20.03.2003 ist gültig, aber die Schwierigkeitsstufe liegt nicht vor.

Wie bereits ausgeführt, wird davon ausgegangen, dass dann das Honorar nach dem Höchstsatz der Normalstufe zu berechnen ist.

Hieraus ergibt sich folgendes Honorar:

Verkehrswert 125.000,00 €	780,00 €
„Nebenkosten gem. § 7 HOAI":	232,00 €
Nettobetrag:	1.012,00 €
16 % MwSt:	161,92 €
	1.173,92 €
umsatzsteuerfreie „Behördengebühren":	218,75 €
Gesamtbetrag:	**1.392,67 €**

6.3.8.3 Honorar nach Variante 3

Rechtliche Voraussetzung:

Der vorliegende Vertrag vom 20.03.2003 ist nicht gültig.

Wie bereits ausgeführt, wird davon ausgegangen, dass dann das Honorar nach dem Mindestsatz der Normalstufe zu berechnen ist.

Hieraus ergibt sich folgendes Honorar:

Verkehrswert 125.000,00 €	639,00 €
„Nebenkosten gem. § 7 HOAI":	232,00 €
Nettobetrag:	871,00 €
16 % MwSt:	139,36 €
	1.010,36 €
umsatzsteuerfreie „Behördengebühren":	218,75 €
Gesamtbetrag:	**1.229,11 €**

6.3.9 Beantwortung der Beweisfrage (s. Kapitel 5.7.3)

Folgende Beweisfrage ist Gegenstand dieses Gutachtens:

„Es soll Beweis erhoben werden darüber, ob das in der Rechnung des Klägers vom 30.06.2003 berechnete Entgelt von 1.852,03 € für eine banktübliche Wertermittlung für das Wohnhaus in ..., ... üblich und angemessen ist."

Beantwortung:

Unter Bezugnahme auf die Ausführungen innerhalb dieses Gutachtens kann die Frage dahingehend beantwortet werden, dass das in der Rechnung des Klägers vom 30.06.2003 berechnete Entgelt von 1.852,03 € für eine banktübliche Wertermittlung für das Wohnhaus in ..., ... nicht üblich und angemessen ist.

Erläuterung:

Welches Honorar als üblich und angemessen angesehen werden kann, hängt von den rechtlichen Grundlagen zur Gültigkeit des Vertrages vom 20.03.2003 ab.

Hier muss das erkennende Gericht zunächst entscheiden, ob dieser Vertrag Gültigkeit besitzt.

Weiterhin muss durch das erkennende Gericht geklärt werden, ob der Sachverständige tatsächlich die notwendigen Unterlagen für das Gutachten selbst beschaffen musste oder ob der Beklagte ihm diese hätte zur Verfügung stellen können und wollen. Hiervon ist abhängig, ob das angemessene Honorar in die Schwierigkeitsstufe nach § 34 HOAI einzuordnen ist.

Je nach Entscheidung der vorstehenden Punkte durch das erkennende Gericht ergeben sich folgende übliche und angemessene Honorare:

Der vorliegende Vertrag vom 20.03.2003 ist gültig und die Schwierigkeitsstufe liegt tatsächlich vor.

Angemessenes Honorar (Punkt ...): 1.541,73 €

Der vorliegende Vertrag vom 20.03.2003 ist gültig, aber die Schwierigkeitsstufe liegt nicht vor.

Angemessenes Honorar (Punkt ...): 1.392,67 €

Der vorliegende Vertrag vom 20.03.2003 ist nicht gültig (unabhängig davon, ob die Schwierigkeitsstufe tatsächlich vorliegt.).

Angemessenes Honorar (Punkt ...): 1.229,11 €

6.3.10 Schlusswort (s. Kapitel 5.8)

Das vorstehende Gutachten wurde ausschließlich auf der Grundlage der vorgelegten Unterlagen, der gemachten Angaben sowie der Erkenntnisse aus der Ortsbesichtigung erstellt. Die Bearbeitung erfolgte unabhängig und unparteilich.

Sollten sich aufgrund bisher nicht vorliegender Unterlagen oder nicht bekannter Fakten Änderungen oder Ergänzungen ergeben, bin ich zu weiteren Ausführungen gern bereit.

Ort/Datum

Der Sachverständige

6.4 Beispiel eines Honorargutachtens nach aktueller HOAI (Fassung vom 11.09.2009)

6.4.1 Deckblatt (s. Kapitel 5.3)

(Schriftkopf des Sachverständigen mit allen erforderlichen Angaben)

GUTACHTEN

Amtsgericht ...

– Aktenzeichen –

In dem Rechtsstreit ... ./. ...

GH 290/09

6. Ausfertigung

(6 Ausfertigungen)

Unna, den ...

6.4.2 Inhaltsverzeichnis (s. Kapitel 5.4)

(Hier nicht abgedruckt, wird von fast allen Standardprogrammen automatisch erzeugt.)

6.4.3 Allgemeine Angaben (s. Kapitel 5.5)

Beweisbeschluss (siehe Kapitel 5.5.1)

– Aktenzeichen –

Hinweis- und Beweisbeschluss

In dem Rechtsstreit

... ./. ...

Es soll durch Einholung eines schriftlichen Sachverständigengutachtens Beweis über die Behauptung des Klägers erhoben werden, das streitgegenständliche Bauvorhaben sei nach den maßgeblichen Bewertungskriterien des § 34 Abs. 2 bis 5 der Honorarordnung für Architekten und Ingenieure (HOAI) der Honorarzone IV zuzurechnen, da es sich um ein Wohngebäude mit überdurchschnittlichen Anforderungen handele.

Insbesondere soll der Sachverständige zu folgenden Punkten Stellung nehmen:

- Die Anforderungen an die Einbindung in die Umgebung seien insbesondere im Hinblick auf den Grundstückszuschnitt und die aus sehr unterschiedlichen Architekturformen bestehende Nachbarbebauung überdurchschnittlich.
- Es handele sich um mehrere Funktionsbereiche mit mehreren einfachen Beziehungen zueinander und leicht über dem Durchschnitt liegenden Planungsanforderungen.
- Die gestalterischen Anforderungen seien leicht überdurchschnittlich; durch die Gestaltung der Fassaden, insbesondere die angedeuteten Rücksprünge der Bauteile, wirke das Bauvorhaben trotz der erheblichen Baumasse aufgelockert.

6.4 Beispiel eines Honorargutachtens nach aktueller HOAI (Fassung vom 11.09.2009)

- Die konstruktiven Anforderungen seien leicht überdurchschnittlich, da das Kellergeschoss inklusive Tiefgarage wegen drückenden Grundwassers als Wanne habe ausgeführt werden müssen.
- Es liege eine leicht überdurchschnittliche technische Gebäudeausrüstung vor; sie sei modern und verfüge teils über neueste Technologien.
- Es handele sich um einen leicht überdurchschnittlichen Ausbau, da er hinsichtlich der Unterhaltung den Anforderungen an ein viel genutztes Gebäude entspreche.

(Im Originaltext benannt)

Allgemeiner Hinweis (siehe u. a. Kapitel 5.5.1.1):

Die zu beantwortende Beweisfrage fällt in mein Sachgebiet und ist vollumfänglich von meinem Bestellungstenor abgedeckt.

Weiterhin ist es bei der Beantwortung der gestellten Beweisfragen, gerade im Bereich der Honorierung, vielfach notwendig, rechtliche Annahmen zu treffen, auf deren Grundlage dann die technischen Ausführungen innerhalb dieses Gutachtens basieren.

Dies dient dem Verständnis und der Information, auf welcher Grundlage die sachverständigen Ausführungen getroffen wurden und unter welchen rechtlichen Rahmenbedingungen sie Gültigkeit haben.

Keinesfalls bedeutet dies eine Einlassung des Sachverständigen in die Beantwortung von Rechtsfragen. Die Würdigung der angenommenen rechtlichen Grundlagen obliegt dem Gericht und kann vom Sachverständigen nicht vorgenommen werden.

Auftraggeber (siehe Kapitel 5.5.2):

Amtsgericht ...

... Straße ...

...

Gemäß Beweisbeschluss vom ...

6.4.3.1 Verfügbare Unterlagen (s. Kapitel 5.5.7)

Folgende Unterlagen stehen für die Beantwortung der Beweisfrage zur Verfügung:

- Gerichtsakte zum Rechtsstreit, 1 Band, Bl. 1-439
- Anlage K1-K13 zur Klageschrift vom 24.12.2008
- vom Kläger im Ortstermin überlassener DIN-A4-Ordner mit Plankopien zum Objekt
- vom Beklagten im Ortstermin überlassener DIN-A4-Ordner mit Plankopien und Baugenehmigung zum Objekt.

6.4.3.2 Literatur

Folgende Literatur wurde zur Erstellung dieses Gutachtens verwendet:

- Honorarordnung für Architekten und Ingenieure (HOAI) in der Fassung vom 11.08.2009 (BGBl. I S. 2732)
- *Pott/Dahlhoff/Kniffka/Rath*, Honorarordnung für Architekten und Ingenieure, Kommentar, 8. Aufl. 2006

- *Korbion/Mantscheff/Vygen*, Honorarordnung für Architekten und Ingenieure, Kommentar, 7. Aufl. 2009
- *Locher/Koeble/Frik*, Kommentar zur HOAI, 10. Aufl. 2009

Anmerkung: Soweit zur aktuellen HOAI-Novelle noch keine eingehende Kommentierung vorliegt, werden die Kommentare zu den bisherigen preisrechtlichen Regelungen analog verwendet. Wo dies zu Unsicherheiten führt oder weitere Annahmen notwendig macht, wird an dortiger Stelle darauf hingewiesen.

6.4.3.3 Ortsbesichtigung (s. Kapitel 5.5.10)

Am 18.03.2010 fand ein Termin am streitgegenständlichen Objekt statt.

Teilnehmer: Beklagter (mit Rechtsbeistand), Kläger (mit Rechtsbeistand), Sachverständiger sowie Mitarbeiter des Sachverständigen.

(Im Originalgutachten sind die jeweiligen Namen mit angegeben.)

6.4.4 Angewandte Methode und Fakten aus Ortbesichtigung und Unterlagen einschl. Bewertung (s. Kapitel 5.6 und 5.7)

Bei der streitgegenständlichen Baumaßnahme handelt es sich um den Neubau von zwei Mehrfamilienhäusern mit 44 altengerechten Mietwohnungen.

6.4.4.1 Allgemeines (Honorarzone für Gebäude)

Gemäß § 6 (Grundlagen des Honorars) Abs. 1 HOAI richtet sich das Honorar für die Leistungen nach dieser Verordnung u. a. nach der Honorarzone, der das Objekt angehört. Hier gibt es (nach bisheriger vorherrschender Meinung) diesbezüglich keine Verhandlungsfreiheit der Parteien.

Die Bewertungsmerkmale für die Ermittlung der zutreffenden Honorarzone bei Gebäuden regelt § 34 HOAI (Honorare für Leistungen bei Gebäuden und raumbildenden Ausbauten) Abs. 2-5. Hier sind insgesamt 6 Kriterien zu bewerten, und je nach Ergebnis, die Einordnung in 1 von 5 Honorarzonen vorzunehmen.

Einen ersten Anhalt kann die Anlage 3 zu § 5 Abs. 4 Satz 2 HOAI (Punkt 3.1 Objektliste für Gebäude) bieten. Hier sind dem vorstehenden Gebäude entsprechende bzw. ähnliche Nutzungen wie folgt aufgelistet:

Honorarzone I:	keine Nennung
Honorarzone II:	keine Nennung
Honorarzone III:	Wohnhäuser, Wohnheime und Heime mit durchschnittlicher Ausstattung
Honorarzone IV:	Wohnhäuser mit überdurchschnittlicher Ausstattung
Honorarzone V:	keine Nennung.

Somit kommen die Honorarzonen I, II und V in der Regel schon einmal nicht in Betracht.

Es verbleiben also als mögliche Einordnungen die Honorarzonen III und IV. Hier hat nun eine Bewertung anhand der Kriterien des § 34 Abs. 2 HOAI zur Einordnung zu erfolgen.

6.4.4.2 Grobbewertung nach § 34 Abs. 2 HOAI

1. Einbindung in die Umgebung

„Maßgebliche Gesichtspunkte sind unterschiedliche Schwierigkeiten hinsichtlich der Einordnung der Bauherrenwünsche in bauordnungsrechtliche und natürliche Vorgaben; bezogen auf die Art der Bebauung, ortsteilbezogene, städtebauliche, landschaftsbezogene, topographische und verkehrsmäßige Gesichtspunkte sowie Landschafts- und Denkmalschutz" (*P/D/K/R*, §§ 11/12 Rz. 5).

Bewertung

Das Grundstück ist lang gestreckt, mit einem unregelmäßigen Verlauf bezüglich der rückwärtigen Grundstücksgrenze.

Das Grundstück fällt von Norden nach Süden hin ab.

Die umliegende Bebauung ist nicht einheitlich. Eine Orientierung findet nur sehr bedingt statt.

Die Baumasse ist sehr hoch; gleichzeitig müssen Maßstab und Erscheinungsbild der umliegenden Bebauung berücksichtigt werden.

Nimmt man einen etwa rechteckigen Baukörper auf einem regelmäßig geschnittenen, ebenen Grundstück, das im Bereich eines Bebauungsplans liegt, als Beispiel für durchschnittliche Anforderungen, so liegt die hier zu bewertende Baumaßnahme eindeutig darüber.

Die Anforderungen sind überdurchschnittlich **– Honorarzone IV –**.

2. Funktionsbereiche

„Sie betreffen die unterschiedlichen Nutzungsarten (Verwendungszwecke), für die das Objekt vorgesehen ist und deren funktionsgerechte Zuordnung zueinander, bezogen auf das Gebäude insgesamt, also auch auf Raumgruppen und einzelne Räume" (*P/D/K/R*, §§ 11/12 Rz. 5).

Bewertung

Die Gebäude umfassen folgende Funktionsbereiche:

Kellergeschoss:

Tiefgarage mit 12 Stellplätzen und Zufahrtsrampe, Treppenhaus mit Aufzug und Schleuse, Heizungsraum mit Brennstofflager, Hausschlussräume sowie Gemeinschaftsräume und Abstellräume zu den Wohnungen.

Erdgeschoss:

2 Erschließungseinheiten mit Geschosstreppen, davon eine mit Aufzug, insgesamt 11 Wohnungen in 2 Baukörpern, jeweils barrierefrei ausgestattet mit den Funktionsbereichen:

Schlafen, Wohnen, Küche, Bad, Flur und Terrasse.

Die Erschließung der Wohnungen erfolgt von der Rückseite her, über überdachte Gangbereiche.

6.0 Mustergutachten mit Erläuterungen

Obergeschoss:

2 Erschließungseinheiten mit Geschosstreppen, davon eine mit Aufzug, insgesamt 11 Wohnungen in 2 Baukörpern, jeweils barrierefrei ausgestattet mit den Funktionsbereichen:

Schlafen, Wohnen, Küche, Bad, Flur und Balkon.

Die Erschließung der Wohnungen erfolgt von der Rückseite her, über Laubengänge.

2. Obergeschoss:

2 Erschließungseinheiten mit Geschosstreppen, davon eine mit Aufzug, insgesamt 11 Wohnungen in 2 Baukörpern, jeweils barrierefrei ausgestattet mit den Funktionsbereichen:

Schlafen, Wohnen, Küche, Bad, Flur und Balkon.

Die Erschließung der Wohnungen erfolgt von der Rückseite her, über Laubengänge.

Staffelgeschoss:

2 Erschließungseinheiten mit Geschosstreppen, davon eine mit Aufzug, insgesamt 11 Wohnungen in 2 Baukörpern, jeweils barrierefrei ausgestattet mit den Funktionsbereichen:

Schlafen, Wohnen, Küche, Bad, Flur und Balkon.

Die Erschließung der Wohnungen erfolgt von der Rückseite her, über Laubengänge.

Die Anzahl und Zuordnung der Funktionsbereiche entsprechen in ihrer Komplexität etwa denen eines durchschnittlichen Mehrfamilien-Wohnhauses zuzüglich

- Tiefgarage
- Aufzug
- vorgesetzte Erschließungsbereiche (vertikal und horizontal)

und sind somit insgesamt als noch durchschnittlich anzusehen.

Anforderungen sind noch durchschnittlich – **Honorarzone III** –.

3. Gestalterische Anforderungen

„Hier geht es, auf der Grundlage von Bauherrenwünschen, weitgehend um subjektive Bewertungsmerkmale, die in der architektonisch-ästhetischen Formgebung zum Ausdruck kommen und deshalb recht unterschiedliche Schwierigkeitsgrade aufweisen können, weil hier vielfach gegenläufige Sachzwänge aus anderen Bewertungsbereichen zu koordinieren sind" (*P/D/K/R*, §§ 11/12 Rz. 5).

Bewertung

Folgende Merkmale sind hier prägend:

- Gliederung der Gesamtbaumasse in 2 Hauptbaukörper
- Transparenter Verbindungsbereich
- Durch das Staffelgeschoss und die flach geneigten Pultdächer wird die Höhe des Baukörpers optisch und tatsächlich reduziert.

- Die Rückfassade wird durch den Wechsel von transparenten und massiven Bauelementen gegliedert, ohne an notwendiger Schutzwirkung zu verlieren.

Die Architektursprache ist insgesamt schlüssig, klar und modern. Die Gliederung ist nachvollziehbar.

Verglichen mit einem durchschnittlichen Mehrfamilienhaus mit insgesamt glatter Fassade und Satteldach weicht das hier zu bewertende Gebäude positiv ab.

Dass es sich hierbei, nach Aktenlage, um kostengünstiges Bauen handelt, ist hierbei unerheblich.

Die Anforderungen sind überdurchschnittlich – **Honorarzone IV** –.

4. Konstruktive Anforderungen

„Sie betreffen die aus der gestellten Aufgabe sich ergebenden Planungsanforderungen in technischer Hinsicht: Gründung, Standsicherheit, Baustoff- und Materialauswahl, Bauweise (Stahl, Stahlbeton, Beton, Mauerwerk, Glas, Holz, Naturstein, Betonwerkstein), Beachtung der allgemein anerkannten Regeln der Bautechnik sowie der für die Ausführung maßgeblichen gesetzlichen und behördlichen Bestimmungen und Auflagen (Baugenehmigung)" (*P/D/K/R*, §§ 11/12 Rz.5).

Bewertung

Soweit aus den Unterlagen und den Erläuterungen während des Ortstermins bekannt, handelt es sich um ein massives Gebäude in Mauerwerksbau mit Betondecken, massiven Treppen und Podesten.

Folgende Besonderheiten:

Optisch freistehende Wandscheiben vor den Treppenbereichen

Trennung der Laubengangüberdachung durch transparente Bereiche

Kellergeschoss als Betonwanne

Barrierefreiheit innerhalb der Wohnungen und Erschließungen.

Bis auf die vorstehenden Besonderheiten, verfügt das Gebäude über eine insgesamt durchschnittliche Konstruktion.

Anforderungen sind noch durchschnittlich – **Honorarzone III** –.

5. Technische Ausrüstung

„Erfasst werden die unterschiedlichen Schwierigkeiten, die sich insbesondere in Abhängigkeit von den Nutzungsarten bei der Ausstattung mit Installation, betriebstechnischen Anlagen und betrieblichen Einbauten bei besonderen Bauausführungen im Sinne der Kostengruppe 3.2.1 bis 3.5.4 der DIN 276 (1981) ergeben" (*P/D/K/R*, §§ 11/12 Rz. 5).

Bewertung

Folgende Merkmale sind hier zu beachten:

Zentralheizung mit Warmwasserstandspeicher

Fußbodenheizung

Licht für allgemeine Bereiche über Bewegungsmelder

Zugang Tiefgarage über Schlüsselschalter

Rauchwarn- und Feuerlöschanlage

Aufzug.

Insgesamt weichen die vorgefundenen Anforderungen an die technische Ausrüstung nicht erheblich vom Durchschnitt eines modernen und zeitgemäßen Mehrfamilienhauses ab. Darüber hinausgehende Anforderungen liegen beim Aufzug, der Fußbodenheizung und der Feuerlöschanlage.

Anforderungen sind noch durchschnittlich – **Honorarzone III** –.

6. Ausbau

„… Erfasst werden … die Planungsanforderungen, die nach Fertigstellung des Rohbaus die „Ausbau"-Gewerke (außer der technischen Ausrüstung) betreffen, also etwa folgende Gewerke: Klempnerarbeiten, Putz- und Stuckarbeiten, Fliesen und Platten, Estrich, Tischlerarbeiten, Parkett, Schlosser, Glaser und Maler" (*P/D/K/R*, §§ 11/12 Rz. 5).

Bewertung

Aus den Erkenntnissen während der Ortsbesichtigung ergibt sich ein moderner und funktioneller Ausbau bezüglich Materialien und Standard.

Als Besonderheiten sind zu nennen:

Bäder raumhoch gefliest mit Heizkörper als Handtuchtrockner

Aufzug mit Edelstahlkabine

Bodengleiche Duschen

Großflächig verglaste Verbindungsbereiche.

Insgesamt erscheinen die Anforderungen noch im durchschnittlichen Bereich.

Die Anforderungen sind durchschnittlich – **Honorarzone III** –.

Ergebnis der Grobbewertung

Die Grobbewertung nach § 34 Abs. 2 HOAI ergibt keine eindeutige Zuordnung zu einer Honorarzone (2 Bewertungskriterien stehen für eine Einordnung in die Honorarzone IV und 4 Bewertungskriterien stehen für eine Einordnung in die Honorarzone III). Es ist daher gemäß § 34 Abs. 4 und 5 HOAI eine Punktebewertung der einzelnen Bewertungsmerkmale durchzuführen, um so eine eindeutige Zuordnung des zu bestimmenden Bauwerkes zu ermöglichen.

6.4.4.3 Punktebewertung nach § 34 Abs. 4 und HOAI

Nach § 34 Abs. 5 gibt es 2 verschiedene Bewertungsgruppen, die mit jeweils unterschiedlichen Höchstpunktzahlen zu belegen sind.

Die Bewertungsmerkmale: Funktionsbereiche und Gestalterische Anforderungen mit bis zu jeweils 9 Punkten.

Die Bewertungsmerkmale: Einbindung in die Umgebung, Konstruktive Anforderungen, Technische Ausrüstung und Ausbau mit bis zu jeweils 6 Punkten.

6.4 Beispiel eines Honorargutachtens nach aktueller HOAI (Fassung vom 11.09.2009)

Auf der Grundlage der Kommentarliteratur ergibt sich eine Verteilung der Punkte nach folgendem Schlüssel:

Für die Bewertungsmerkmale der Gruppe 1:

Honorarzone I:	1-2 Punkte
Honorarzone II:	3-4 Punkte
Honorarzone III:	5-6 Punkte
Honorarzone IV:	7-8 Punkte
Honorarzone V:	9 Punkte

Für die Bewertungsmerkmale der Gruppe 2:

Honorarzone I:	1 Punkte
Honorarzone II:	2 Punkte
Honorarzone III:	3-4 Punkte
Honorarzone IV:	5 Punkte
Honorarzone V:	6 Punkte

Bewertung

Einbindung in die Umgebung

Überdurchschnittliche Anforderungen – Honorarzone IV – **5 Punkte**.

Anzahl der Funktionsbereiche

Noch durchschnittliche Anforderungen – Honorarzone III – **6 Punkte**.

(Auf der Grundlage der diesbezüglichen, vorstehenden Ausführungen wird der obere Wert des durchschnittlichen Bereiches als angemessen erachtet.)

Gestalterische Anforderungen

Überdurchschnittliche Anforderungen – Honorarzone IV – **7 Punkte**.

(Auf der Grundlage der diesbezüglichen, vorstehenden Ausführungen wird der untere Wert des durchschnittlichen Bereiches als angemessen erachtet.)

Konstruktive Anforderungen

Durchschnittliche Anforderungen – Honorarzone III – **4 Punkte**.

(Auf der Grundlage der diesbezüglichen, vorstehenden Ausführungen wird der obere Wert des durchschnittlichen Bereiches als angemessen erachtet.)

Technische Ausrüstung

Durchschnittliche Anforderungen – Honorarzone III – **4 Punkte**.

(Auf der Grundlage der diesbezüglichen, vorstehenden Ausführungen wird der obere Wert des durchschnittlichen Bereiches als angemessen erachtet.)

Ausbau

Durchschnittliche Anforderungen – Honorarzone III – **3,5 Punkte**.

(Auf der Grundlage der diesbezüglichen, vorstehenden Ausführungen wird der mittlere Wert des durchschnittlichen Bereiches als angemessen erachtet.)

Gesamtpunktzahl   29,5 Punkte

Auf der Grundlage des § 34 Abs. 4 HOAI ergeben sich folgende Zuordnungen in Abhängigkeit von der erreichten Gesamtpunktzahl:

00-10 Punkte:	Honorarzone I
11-18 Punkte:	Honorarzone II
19-26 Punkte:	Honorarzone III
27-34 Punkte:	Honorarzone IV
35-42 Punkte:	Honorarzone V

Mit der errechneten Gesamtpunktzahl von 29,5 wird das Gebäude somit der **Honorarzone IV** zugeordnet.

6.4.5   Ausführungen zu den weiteren Teilfragen aus dem Beweisbeschluss (s. Kapitel 5.7)

Teilfrage 1

Sind die Anforderungen an die Einbindung in die Umgebung, insbesondere im Hinblick auf den Grundstückszuschnitt und die aus sehr unterschiedlichen Architekturformen bestehende Nachbarbebauung, überdurchschnittlich?

Antwort

Im Hinblick auf Baumasse, Grundstückszuschnitt und Einbindung in die Nachbarbebauung sind die Anforderungen an die Einbindung in die Umgebung überdurchschnittlich.

Teilfrage 2

Handelt sich um mehrere Funktionsbereiche mit mehreren einfachen Beziehungen zueinander und leicht über dem Durchschnitt liegenden Planungsanforderungen?

Antwort

Die Anzahl und Zuordnung der Funktionsbereiche entsprechen in ihrer Komplexität etwa denen eines durchschnittlichen Mehrfamilien-Wohnhauses zuzüglich der Tiefgarage, des Aufzuges und der vorgesetzten Erschließungsbereiche und sind somit insgesamt als noch durchschnittlich anzusehen.

Teilfrage 3

Sind die gestalterischen Anforderungen leicht überdurchschnittlich, und wirkt das Bauvorhaben durch die Gestaltung der Fassaden, insbesondere die angedeuteten Rücksprünge der Bauteile, trotz der erheblichen Baumasse aufgelockert?

Antwort

Die Architektursprache ist insgesamt schlüssig, klar und modern. Die Gliederung ist nachvollziehbar.

Verglichen mit einem durchschnittlichen Mehrfamilienhaus mit insgesamt glatter Fassade und Satteldach weicht das hier zu bewertende Gebäude positiv ab. Die Anforderungen sind somit überdurchschnittlich.

Teilfrage 4

Sind die konstruktiven Anforderungen leicht überdurchschnittlich, da das Kellergeschoss inklusive Tiefgarage wegen drückenden Grundwassers als Wanne ausgeführt werden musste?

Antwort

Die Besonderheiten der konstruktiven Anforderungen liegen nicht nur in der Ausführung der Tiefgarage als Betonwanne, sondern auch in den optisch freistehenden Wandscheiben vor den Treppenbereichen, der Trennung der Laubengangüberdachung durch transparente Bereiche sowie der Barrierefreiheit innerhalb der Wohnungen und Erschließungen. Bis auf die vorstehenden Besonderheiten verfügt das Gebäude über eine insgesamt durchschnittliche Konstruktion. Insgesamt sind die Anforderungen daher noch durchschnittlich.

Teilfrage 5

Liegt eine leicht überdurchschnittliche technische Gebäudeausrüstung vor, ist sie modern und verfügt teils über neueste Technologien?

Antwort

Die technische Gebäudeausrüstung ist modern und verfügt teils auch über neueste Technologien. Insgesamt weichen die vorgefundenen Anforderungen an die technische Ausrüstung aber nicht erheblich vom Durchschnitt eines modernen und zeitgemäßen Mehrfamilienhauses ab. Darüber hinausgehende Anforderungen liegen beim Aufzug, der Fußbodenheizung und der Feuerlöschanlage. Anforderungen sind daher noch durchschnittlich.

Teilfrage 6

Handelt es sich um einen leicht überdurchschnittlichen Ausbau, da er hinsichtlich der Unterhaltung den Anforderungen an ein viel genutztes Gebäude entspricht?

Antwort

Es handelt sich um einen modernen und funktionellen Ausbau bezüglich Materialien und Standard. Insgesamt liegen die Schwierigkeiten noch im durchschnittlichen Bereich. Die Anforderungen hinsichtlich der Unterhaltung eines viel genutzten Gebäudes sind zur Bestimmung der Honorarzone unerheblich.

6.4.6 Beantwortung der Beweisfragen (s. Kapitel 5.7.3)

Hauptfrage aus dem Beweisbeschluss vom ...

Ist das streitgegenständliche Bauvorhaben, ..., nach den maßgeblichen Bewertungskriterien des § 34 der Honorarordnung für Architekten und Ingenieure (HOAI) der Honorarzone IV zuzurechnen, da es sich um ein Wohngebäude mit überdurchschnittlichen Anforderungen handelt?

Antwort

Auf der Grundlage der Ausführungen unter Punkt 2 dieses Gutachtens ist das streitgegenständliche Bauvorhaben nach den maßgeblichen Bewertungskriterien des § 34 der Honorarordnung für Architekten und Ingenieure (HOAI) der Honorarzone IV zuzurechnen, da es sich um ein Wohngebäude mit überdurchschnittlichen Anforderungen handelt.

Einzelne Teilfragen aus dem Beweisbeschluss vom ...

Teilfrage 1

Sind die Anforderungen an die Einbindung in die Umgebung, insbesondere im Hinblick auf den Grundstückszuschnitt und die aus sehr unterschiedlichen Architekturformen bestehende Nachbarbebauung, überdurchschnittlich?

Antwort

Auf der Grundlage der Ausführungen unter Punkt 3 dieses Gutachtens sind die Anforderungen überdurchschnittlich.

Teilfrage 2

Handelt sich um mehrere Funktionsbereiche mit mehreren einfachen Beziehungen zueinander und leicht über dem Durchschnitt liegenden Planungsanforderungen?

Antwort

Auf der Grundlage der Ausführungen unter Punkt 3 dieses Gutachtens sind die Anforderungen noch durchschnittlich.

Teilfrage 3

Sind die gestalterischen Anforderungen leicht überdurchschnittlich, und wirkt das Bauvorhaben durch die Gestaltung der Fassaden, insbesondere die angedeuteten Rücksprünge der Bauteile, trotz der erheblichen Baumasse aufgelockert?

Antwort

Auf der Grundlage der Ausführungen unter Punkt 3 dieses Gutachtens sind die Anforderungen überdurchschnittlich.

Teilfrage 4

Sind die konstruktiven Anforderungen leicht überdurchschnittlich, da das Kellergeschoss inklusive Tiefgarage wegen drückenden Grundwassers als Wanne ausgeführt werden musste?

Antwort

Auf der Grundlage der Ausführungen unter Punkt 3 dieses Gutachtens sind die Anforderungen noch durchschnittlich.

Teilfrage 5

Liegt eine leicht überdurchschnittliche technische Gebäudeausrüstung vor, ist sie modern und verfügt teils über neueste Technologien?

Antwort

Auf der Grundlage der Ausführungen unter Punkt 3 dieses Gutachtens sind die Anforderungen noch durchschnittlich.

Teilfrage 6

Handelt es sich um einen leicht überdurchschnittlichen Ausbau, da er hinsichtlich der Unterhaltung den Anforderungen an ein viel genutztes Gebäude entspricht?

Antwort

Auf der Grundlage der Ausführungen unter Punkt 3 dieses Gutachtens sind die Anforderungen durchschnittlich.

6.4.7 Schlusswort (s. Kapitel 5.8)

Das vorstehende Gutachten wurde ausschließlich auf der Grundlage der vorgelegten Unterlagen, der gemachten Angaben sowie der Erkenntnisse aus der Ortsbesichtigung erstellt. Die Bearbeitung erfolgte nach dem derzeitigen Stand der Kenntnis.

Sollten sich aufgrund bisher nicht vorliegender Unterlagen oder nicht bekannter Fakten Änderungen oder Ergänzungen ergeben, bin ich zu weiteren Ausführungen gern bereit.

Ort/Datum

Der Sachverständige

6.5 Beispiel eines Bauschadensgutachtens

6.5.1 Deckblatt (s. Kapitel 5.3)
(Schriftkopf des Sachverständigen mit allen erforderlichen Angaben)

GUTACHTEN

Amtsgericht ...

– Aktenzeichen –

In dem Rechtsstreit ... ./. ...

GB 158/05

6. Ausfertigung

(6 Ausfertigungen)

Ort/Datum

6.5.2 Inhaltsverzeichnis (s. Kapitel 5.4)
(Hier nicht abgedruckt, wird von fast allen Standardprogrammen automatisch erzeugt.)

6.5.3 Allgemeine Angaben (s. Kapitel 5.5)
...

6.5.3.1 Beweisbeschluss des AG ... vom ... (s. Kapitel 5.5.1)

In der Wohnungseigentumssache

der Wohnanlage ..., ...

soll durch verfahrensleitende Verfügung ein Sachverständigengutachten darüber eingeholt werden, ob die im Gutachten des Sachverständigen (...) im Verfahren .../00 festgestellten Schäden soweit sie die beiden Wohnungen Nr. 7 und 8, im Dachgeschoss des Hauses ... betreffen noch vorhanden sind oder ob sie vollständig oder teilweise beseitigt sind.

Der Sachverständige soll für den Fall, dass noch Mängel vorhanden sind, ermitteln, welche Kosten zur Beseitigung erforderlich sind.

(Im Originaltext benannt.)

Hinweis zum Bestellungstenor (s. Kapitel 5.5.1.1):

Die zu beantwortende Beweisfrage fällt in mein Sachgebiet und ist vollumfänglich von meinem Bestellungstenor abgedeckt.

Auftraggeber (s. Kapitel 5.5.2):

Amtsgericht ...

... Straße ...

...

Gemäß Beweisbeschluss vom ...

6.5.3.2 Allgemeiner Hinweis (s. Kapitel 5.5.3)

Bei der Beantwortung der gestellten Beweisfragen, gerade im Bereich der Honorierung, ist es vielfach notwendig, rechtliche Annahmen zu treffen, auf deren Grundlage dann die technischen Ausführungen innerhalb dieses Gutachtens basieren.

Dies dient dem Verständnis und der Information, auf welcher Grundlage die sachverständigen Ausführungen getroffen wurden und unter welchen rechtlichen Rahmenbedingungen sie Gültigkeit haben.

Keinesfalls bedeutet dies eine Einlassung des Sachverständigen in die Beantwortung von Rechtsfragen. Die Würdigung der angenommenen rechtlichen Grundlagen obliegt dem Gericht und kann vom Sachverständigen nicht vorgenommen werden.

6.5.4 Verwendete überlassene Unterlagen (s. Kapitel 5.5.7)

- Gerichtsakte zur Wohnungseigentumssache 111 V 11/03 WEG, Blatt 1-73
- Gerichtsakte zur Wohnungseigentumssache 222 V12/03 WEG, Blatt 1-146.

6.5.5 Verwendete Literatur (s. Kapitel 5.5.8)

- *Frick/Knöll,* Baukonstruktionslehre, Bd. 2, 32. Aufl. 2003
- *Fix/Holzapfel/Klind*, Der schadenfreie Hochbau, Bd. 1, 6. Aufl. 2000
- *Schmitz/Krings/Dahlhaus/Meisel*, Baukosten 2010/2011, 20. Aufl. 2010
- *Schneider*, Bautabellen, 19. Aufl. 2010.

6.5.6 Ortstermin am 06.03.2003 (s. Kapitel 5.5.10)

Am 06.03.2003 um 11.00 Uhr fand der Ortstermin zur Objektbesichtigung am streitgegenständlichen Objekt statt. Hierzu waren zuvor die Parteien mit Schreiben vom 19.02.2003 geladen worden.

Anwesend

- Herr RA ... (Vertreter des Klägers)
- Herr ... (Beklagter)
- Herr ..., Bedachungsfirma ... (ausführender Handwerker)
- Herr ... (Sachverständiger).

Der Ortstermin konnte ordnungsgemäß in Anwesenheit aller Beteiligten durchgeführt werden und wurde um 12.45 Uhr geschlossen.

6.5.7 Feststellungen während des Ortstermins (s. Kapitel 5.6.2)

Im Zuge des Ortstermins wurde das Dach des Hauses begangen, der Beweisbeschluss des Amtsgerichts xxx verlesen und sodann die im Gutachten des Sachverständigen ... im Verfahren .../00 festgestellten Schäden und die entsprechenden Stellen besichtigt.

Es handelt sich hierbei hauptsächlich um die ab der S. 31 des Gutachtens SV ... aufgelisteten Mängel und Schäden sowie die dort aufgelisteten notwendigen Arbeiten zur Beseitigung. Die dort genannte Reihenfolge wird zum besseren Verständnis nachfolgend übernommen.

Die Ausführungen des SV ... wurden mit der vorgefundenen Situation verglichen.

Angaben zu Punkt 1:

Gaubenflächen, alte Dacheindeckung einschließlich Lattung und Folie sowie Ortgangbleche demontieren, in Container schaffen und entsorgen.

Situation während des Ortstermins:

Zum Zeitpunkt des Ortstermins waren die Gauben des Hauses ... mit Dachbahnen eingedichtet. Die Pfanneneindeckung war nicht mehr vorhanden.

Somit ist davon auszugehen, dass dieser Mangelpunkt erledigt wurde.

Angaben zu Punkt 2:

Gaubenflächen mit einer Vollschalung 24 mm stark belegen in fix und fertiger Arbeit.

Situation während des Ortstermins:

Die Gaubendächer waren zum Zeitpunkt des Ortstermins begehbar. Es ist von daher davon auszugehen, dass eine entsprechende Unterkonstruktion angebracht wurde. Inwiefern es sich hier um eine Vollschalung in einer Stärke von 24 mm handelt, konnte nicht festgestellt werden. Zerstörende Untersuchungen an der Dachfläche der Gauben wurden nicht vorgenommen.

Sofern das Gericht dies für erforderlich hält, kann die Konstruktion selbstverständlich geöffnet werden.

Angaben zu Punkt 3:

Gaubenflächen mit einer Bitumen-Dachbahn V 13 Sand liefern und verlegen in fix und fertiger Arbeit.

Situation während des Ortstermins:

Auch hier gelten die Ausführungen aus Punkt 2 dieser Auflistung.

Grundsätzlich schien die Dachfläche augenscheinlich dicht zu sein. Es erschien von daher zunächst nicht sachgerecht, diese Konstruktion im Zuge des Ortstermins wieder zu öffnen und somit diese Dichtigkeit zu gefährden.

Da im Anschlussbereich zwischen Gaubeneindichtung und Dachdeckung des Hauptdaches einige Dachpfannen verschoben werden konnten, ohne die Eindeckung als solche zu beschädigen, wurde in diesem Bereich versucht, den Aufbau der Dacheindichtung soweit wie möglich festzustellen.

Das Vorhandensein einer Dachbahn V13 (besandet) konnte allerdings nicht eindeutig bestätigt werden.

Angaben zu Punkt 4:

Gaubenflächen mit einer Lage Bitumen-Schweißbahn G 200 S4 mit Gewebeeinlage punkt- und streifenweise aufschweißen in fix und fertiger Arbeit.

Situation während des Ortstermins:

Auch hier gilt zunächst das zuvor Festgestellte.

Es konnte aber in dem bereits erwähnten Anschlussbereich zum Hauptdach hin zumindest festgestellt werden, dass eine Schweißbahn mit Gewebeeinlage wohl verarbeitet wurde. Inwieweit es sich hier um eine G 200 S4 handelt, ist ohne Öffnen der Dacheindichtungskonstruktion nicht feststellbar.

Aus bereits zuvor erwähnten Gründen ist hiervon allerdings zunächst Abstand genommen worden.

Angaben zu Punkt 5:

Gaubenflächen als 2-Lage mit einer Bitumen-Schweißbahn PYE PV 200 S 5 beschiefert vollflächig aufschweißen in fix und fertiger Arbeit.

Situation während des Ortstermins:

Da es sich hierbei um die obere und somit sichtbare Lage der Flachdacheindichtung handelt, konnte hier festgestellt werden, dass eine beschieferte Bitumen-Schweißbahn verwendet wurde.

Inwieweit es sich hierbei um eine PYE PV 200 S 5 handelt, kann ohne Untersuchung einer Materialprobe nicht eindeutig bestimmt werden. Auch hiervon wurde allerdings aufgrund des sehr hohen Aufwandes zunächst Abstand genommen, da die Dacheindichtung augenscheinlich intakt war.

Sofern das Gericht hier allerdings weitere Informationen benötigt, kann diese Untersuchung selbstverständlich nachgeholt werden.

Zu einer ordnungsgemäßen Dacheindichtung gehört hier allerdings auch die entsprechend fachgerechte Ausführung von Durchdringungen.

Hier wurde im Zuge des Ortstermin festgestellt, dass die Sanitärlüfter im Bereich der Gaubenflächen nicht ordnungsgemäß mit einem Dichtungsband/Flansch eingedichtet, sondern lediglich mit einer Bitumenmasse verspachtelt wurden. Von einer dauerhaften Dichtigkeit kann nicht ausgegangen werden. Dies ist nicht ausreichend.

Angaben zu Punkt 6:

Aluminium T-Profile Mehrteilung als Randanschluss liefern und montieren, Profilhöhe 12,5 cm.

Situation während des Ortstermins:

Diese Profile sind nur in Teilbereichen und dort auch nur unvollständig montiert worden.

Lediglich im Bereich der Rücksprünge der Gauben (siehe Fotos) ist jeweils das Grundteil dieser mehrteiligen Profile montiert worden. Hieran muss nun fachmännisch die Dacheindichtung hochgeführt und mit einem Klemmprofil gesichert werden.

Die Dacheindichtung ist nicht hochgeführt worden. Das obere Klemmprofil fehlt.

Angaben zu Punkt 7:

Toschi-Rohr mit einem Dichtungsband fachgerecht eindichten.

6.0 Mustergutachten mit Erläuterungen

Situation während des Ortstermins:

Dieses Toschi-Rohr (Quadratrohr) befindet sich auf einer der Gauben zur Straßenseite hin. Es liegt im Anschlussbereich zwischen Flachdach und Hauptdach des Hauses und dort im Bereich der ersten Pfannenlage (siehe Foto).

Ein Dichtungsband war nicht erkennbar. Die Walzbleiabdeckung war unfachmännisch und unzureichend.

Angaben zu Punkt 8:

Mineralfaserdämmmatten als Heftrandmatte zur Anpassung an die vorhandene Isolierung anarbeiten in fix und fertiger Arbeit.

Situation während des Ortstermins:

Wie bereits zuvor ausgeführt, wurde die eigentliche Eindichtung der Gaubendächer nicht geöffnet, da dies nicht verhältnismäßig zum evtl. hierdurch entstehenden Schaden stand.

Um diesen Punkt 8 abschließend beurteilen zu können, hätten die Dachbereiche der Gauben komplett geöffnet werden müssen. Erst dann kann in allen Einzelheiten festgestellt werden, inwieweit die Dämmung vollflächig verlegt und angearbeitet wurde.

Auch dies wurde aus vorstehenden Gründen nicht durchgeführt, kann allerdings, soweit das Gericht diese Information benötigt, jederzeit nachgeholt werden.

Stichprobenartig wurde hier im Bereich der rechten Gaube auf der Gartenseite (vom Garten aus gesehen), oberhalb der Eindichtung der Gaubendächer, ein Bereich von vier Dachpfannen schadensfrei geöffnet.

Hier konnte zumindest der obere Dämmanschluss teilweise besichtigt werden. Hierbei wurde festgestellt, dass dieser in dem sichtbaren Bereich nicht überall vollflächig gedämmt war. Wie auf dem Foto erkennbar, gibt es zumindest hier eine Fehlstelle, in der sich überhaupt keine Dämmung befindet.

Angaben zu Punkt 9:

Rinnenverlängerungen an den Giebelbereichen anarbeiten.

Situation während des Ortstermins:

Die Vorhangrinnen im Traufbereich der Gauben reichen von der Länge her nicht bis zum jeweiligen äußeren Rand des Daches.

Hierdurch besteht die Gefahr, dass anfallendes Niederschlagswasser von den jeweiligen Dachflächen der Gauben an den Rinnen vorbei auf die Dachfläche bzw. die Dachloggien abtropft.

Diese Rinnenverlängerungen waren zum Zeitpunkt des Ortstermin nicht ausgeführt.

Angaben zu Punkt 10:

Vorhandene Schieferverkleidung an den Dachgauben entfernen und entsorgen.

Situation während des Ortstermins:

Zum Zeitpunkt des Ortstermins waren die Gaubenwangen mit einer Schieferverkleidung belegt. Inwieweit es sich hier die ursprüngliche bzw. um eine bereits erneut aufgebrachte Schieferverkleidung handelt, kann diesseits nicht beurteilt werden.

Nach Angaben der Firma xxx während des Ortstermins handelt es sich hier allerdings um die ursprüngliche Schieferverkleidung.

Diese war teilweise in ihrem Erscheinungsbild wellig, wobei die Gefahr besteht, dass die notwendige Überdeckung hier nicht immer gegeben ist.

Zumindest an der rechten Wange der rechten Gaube zur Gartenseite hin war die Verkleidung auch in ihrem Erscheinungsbild defekt und einzelne Platten verrutscht.

Angaben zu Punkt 11:
Vorhandene Verkleidung demontieren und entsorgen.

Situation während des Ortstermins:

Hier ist nicht genau feststellbar, was unter diesem Punkt des Gutachtens zu verstehen ist. Da die Schieferverkleidung bereits unter Punkt 10 erwähnt ist, ist diese hier auszuschließen.

Das Entfernen der Schalung der Gaubenwangen kann nach diesseitigem Dafürhalten hier nicht gemeint sein, da dies für eine neue Verkleidung weder sinnvoll noch erforderlich ist.

Es wird daher davon ausgegangen, dass es sich hierbei um die Dichtungsbahn zwischen Schalung und Schieferverkleidung handelt, die selbstverständlich im Zuge einer Erneuerung entfernt werden muss, da hier eine notwendige Dichtigkeit nicht mehr gegeben ist.

Da mit letzter Sicherheit nicht gesagt werden kann, inwiefern es sich hier um die vorhandene bzw. eine erneuerte Schieferverkleidung handelt, kann auch dieser Punkt nicht endgültig geklärt werden.

Davon ausgehend, dass die Schieferverkleidung bisher nicht erneuert wurde, ist dieser Punkt allerdings zwangsläufig nicht erledigt worden.

Angaben zu Punkt 12:
Bereich zwischen den Gaubenwangen zu den Dachflächen mit Walzblei 1 mm einbleien.

Situation während des Ortstermins:

Im Bereich der Gauben auf der Gartenseite des Hauses ... war teilweise ein Walzbleistreifen zwischen Gaubenwange und Hauptdachfläche vorhanden. Dieser war allerdings nicht durchgängig und nicht weit genug auf die Dachpfanne des Hauptdaches verlegt, so dass hier keine Dichtigkeit gewährleistet wird.

An den Gauben zu Straßenseite hin wurde kein Walzbleistreifen festgestellt.

Angaben zu Punkt 13:
Vorhandene Gaubenschalung mit einer Bitumenbahn V 13 besandet aufbringen.

(Anmerkung: Es wurde der Text aus dem Gutachten ... teilweise etwas verändert, ohne dass dies nach diesseitigem Dafürhalten den Sinn beeinträchtigt. Es scheint sich hier innerhalb des Gutachtens ... um einen Schreibfehler zu handeln.)

Situation während des Ortstermins:

Dieser Punkt betrifft die seitliche Gaubenverkleidung und korrespondiert insofern mit Punkt 11 der Auflistung in dem Gutachten zum Haus ...

Hier soll augenscheinlich die im Zuge des Entfernens der alten Schieferverkleidung ebenfalls demontierte Abdichtungsbahn auf der seitlichen Gaubenverschalung erneuert werden.

Da, wie bereits ausgeführt, nicht eindeutig feststeht, inwieweit es sich hier um die bestehende oder bereits um eine erneuerte Gaubenverschieferung handelt, kann dieser Punkt letztendlich nicht beantwortet werden. Hierzu wird allerdings auch im Zuge dieses Gutachtens noch weiter Stellung genommen.

Angaben zu Punkt 14:

Dachgaubenflächen-Seitenwangen Ansichts- und Innenpfostenflächen mit Naturschieferplatten 20/20 cm verkleiden in fix und fertiger Arbeit einschließlich der PVC-Abdeckprofile.

Situation während des Ortstermins:

Dieser Punkt betrifft die neue Verschieferung der Dachgaubenwangen nach dem Entfernen der defekten Verkleidung.

Hierzu gilt das Vorstehende bezüglich der Feststellbarkeit, inwieweit hier erneuert wurde. Auch hierzu wird allerdings im Folgenden dieses Gutachtens noch ausgeführt.

Angaben zu Punkt 15:

Vorhandene Dachrinne einschließlich Traufbohle demontieren und entsorgen.

Situation während des Ortstermins:

Wie unter Punkt 1 ff. dieser Auflistung aufgeführt, waren die Dachflächen der Gauben des Hauses ... zum Zeitpunkt des Ortstermins mit Dachbahnen eingedichtet. Inwiefern hier in diesem Zuge auch die Vorhangrinne erneuert wurde, kann nicht festgestellt werden.

Diese schienen allerdings zum Zeitpunkt des Ortstermins in funktionsfähigem Zustand zu sein. Die Notwendigkeit der Entsorgung der vorhandenen Dachrinnen konnte nicht festgestellt werden.

Angaben zu Punkt 16:

Halbrunde Vorhangrinne 6-tlg. aus Titanzinkblei einem 333 mm Zuschnitt liefern und mit ausreichendem Gefälle montieren einschließlich aller Nebenteile wie Rinnhaken, Traufbleche, Kopfstücke und Ablaufbogen in fix und fertiger Arbeit.

Situation während des Ortstermins:

Wie vorstehend ausgeführt, befand sich zum Zeitpunkt des Ortstermins die Vorhangrinne im Bereich der Dachgauben in einem funktionsfähigen Zustand, so dass die Notwendigkeit des Auswechselns nach diesseitigem Dafürhalten nicht besteht.

Inwieweit dies bereits erneuert wurde, ist nicht feststellbar.

Sofern es sich hier allerdings bereits um erneuerte Dachrinnen handelt, sind diese zu kurz ausgefallen.

Angaben zu Punkt 17:

Gerüstkosten und Vorhaltezeiten für die Ausführung von Dachdecker- und Klempnerarbeiten.

Situation während des Ortstermins:

Diese Gerüstkosten gehören in den Bereich der Baustelleneinrichtung.

Sie sind von daher evtl. bereits bei der Neueindichtung bzw. der teilweisen Mängelbeseitigung an den Gaubendächern des Hauses … angefallen.

Da der Ortstermin allerdings nicht mit irgendwelchen Arbeiten an den Gauben zusammenfiel, kann insofern nicht festgestellt werden, inwieweit hier tatsächlich ein Gerüst gestellt wurde.

6.5.8 Beurteilung der vorgefundenen Situation bezüglich der Mängel und Schäden aus dem Gutachten (s. Kapitel 5.7.1)

Auf der Grundlage des Beweisbeschlusses des Amtsgerichts … vom … sowie des Gutachtens des Sachverständigen … vom … wurden im Zuge des Ortstermins am … die dort bezüglich des Hauses … (ab S. 31 des Gutachtens …) aufgelisteten Mängel und Schäden begutachtet.

Im Folgenden wird nun zunächst beurteilt, inwieweit die dort aufgelisteten Mängel und Schäden nach diesseitigem Dafürhalten als erledigt anzusehen sind.

Diese Punkte werden im Weiteren nicht mehr aufgeführt. Auch hier wird, zum besseren Verständnis, die Auflistung des SV … übernommen.

Angaben zu Punkt 1:

Gaubenflächen, alte Dacheindeckung einschließlich Lattung und Folie sowie Ortgangbleche demontieren, in Container schaffen und entsorgen.

Beurteilung:

Da, wie bereits ausgeführt, während des Ortstermins die Pfanneneindeckung nicht mehr vorhanden war, wird davon ausgegangen, dass dieser Punkt **erledigt** ist.

Angaben zu Punkt 2:

Gaubenflächen mit einer Vollschalung 24 mm stark belegen in fix und fertiger Arbeit.

Beurteilung:

Hier konnte zwar nicht eindeutig festgestellt werden, ob eine Vollschalung in einer Stärke von 24 mm vorliegt. Das Dach war allerdings zum Zeitpunkt des Ortstermins begehbar, es wird daher davon ausgegangen, dass auch dieser Punkt **erledigt** ist.

Angaben zu Punkt 3:

Gaubenflächen mit einer Bitumen-Dachbahn V 13 Sand liefern und verlegen in fix und fertiger Arbeit.

Beurteilung:

Auch hier wird zunächst davon ausgegangen, dass dieser Punkt **erledigt** ist. Es war allerdings, wie bereits ausgeführt, nicht eindeutig feststellbar, inwieweit eine Dachbahn V 13 besandet vorhanden ist.

Sofern das Gericht hier weitere Informationen benötigt, muss die Dachfläche entsprechend geöffnet werden.

Angaben zu Punkt 4:

Gaubenflächen mit einer Länge Bitumen-Schweißbahn G 200 S 4 mit Gewebeeinlagepunkt und streifenweise aufschweißen in fix und fertiger Arbeit.

Beurteilung:

Auf der Grundlage der Feststellungen während des Ortstermins sowie auf den vorstehenden Ausführungen, wird zunächst davon ausgegangen, dass auch dieser Punkt **erledigt** ist.

Angaben zu Punkt 5:

Gaubenflächen als 2-Lage mit einer Bitumen-Schweißbahn PYE PV 200 S 5 beschiefert vollflächig aufschweißen in fix und fertiger Arbeit.

Beurteilung:

Während des Ortstermines wurde hier eine beschieferte Schweißbahn vorgefunden. Es wird von daher auch hier davon ausgegangen, dass dieser Punkt zumindest **größtenteils erledigt** ist.

Wie bereits unter Punkt 3.0 dieses Gutachtens ausgeführt, sind die Sanitärlüfter innerhalb der Fläche nicht fachgerecht eingedichtet worden. Dies ist noch nachzuarbeiten. Insofern wird im Folgenden der entsprechende Aufwand hierfür noch ermittelt.

Angaben zu Punkt 6:

Aluminium T-Profile Mehrteilung als Randanschluss liefern und montieren, Profilhöhe 12,5 cm.

Beurteilung:

Wie unter Punkt 3.0 des Gutachtens ausgeführt, waren Teile dieser Randabschlussprofile lediglich im Bereich der Rücksprünge der Gauben vorhanden. Diese waren allerdings auch hier nicht vollständig.

Es wird daher im Folgenden davon ausgegangen, dass dieser Punkt noch **nicht erledigt** ist.

Angaben zu Punkt 7:

Toschi-Rohr mit einem Dichtungsband fachgerecht eindichten.

Beurteilung:

Aufgrund der vorstehenden Ausführungen unter Punkt 3.0 dieses Gutachtens wird davon ausgegangen, dass dieser Punkt noch **nicht erledigt** ist.

Angaben zu Punkt 8:

Mineralfaserdämmmatten als Heftrandmatte zur Anpassung an die vorhandene Isolierung anarbeiten in fix und fertiger Arbeit.

Beurteilung:

Hier konnte lediglich eine stichprobenhafte Überprüfung erfolgen, innerhalb derer sich allerdings ein gravierender Mangel im Bereich der Dämmung ergab. Es muss hier zumindest davon ausgegangen werden, dass die Dämmschicht, soweit noch möglich, überprüft und ggf. ergänzt und ausgebessert werden muss. Es wird daher **nicht** davon ausgegangen, dass dieser Punkt **erledigt** ist. Hier wird zumindest noch ein Aufwand für eine Überprüfung und Instandsetzung eingerechnet.

Angaben zu Punkt 9:

Rinnenverlängerungen an den Giebelbereichen anarbeiten.

Beurteilung:

Dieser Punkt wird auf der Grundlage der vorstehenden Ausführungen zum Ortstermin als noch **nicht erledigt** gewertet.

Angaben zu Punkt 10:

Vorhandene Schieferverkleidung an den Dachgauben entfernen und entsorgen.

Beurteilung:

Inwieweit hier entweder die mangelhafte vorhandene Schieferverkleidung noch besteht oder aber ein erneuter Versuch der Bekleidung der Gaubenwangen ebenfalls fehlschlug, um mängelbehaftet ist, kann hier nicht eindeutig geklärt werden.

Da allerdings, wie bereits ausgeführt, die Wangenverkleidungen der Gauben zum Zeitpunkt des Ortstermins nicht mangelfrei waren, wird zunächst davon ausgegangen, dass es sich hier um die streitgegenständliche Schieferverkleidung handelt und diese noch nicht erneuert wurde. Dieser Punkt wird daher als noch **nicht erledigt** angesehen.

Angaben zu Punkt 11:

Vorhandene Verkleidung demontieren und entsorgen.

Beurteilung:

Hierzu wird zunächst auf die vorstehenden Ausführungen zu Punkt 10 der Auflistung des Sachverständigen ... innerhalb seines Gutachtens verwiesen. Demzufolge wird auch dieser Punkt als **nicht erledigt** gewertet.

Angaben zu Punkt 12:

Bereich zwischen den Gaubenwangen zu den Dachflächen mit Walzblei 1 mm einbleien.

Beurteilung:

Auch hier konnte ein mangelfreier Zustand nicht festgestellt werden. Dieser Punkt wird daher als **nicht erledigt** gewertet.

Angaben zu Punkt 13:

Vorhandene Gaubenschalung mit einer Bitumenbahn V 13 besandet aufbringen.

Beurteilung:

Unter der bereits zuvor genannten Annahme (Punkte 10 und 11 der Auflistung des SV ... in seinem Gutachten), dass die Gaubenverschieferung noch nicht erneuert wurde, wird auch dieser Punkt als **nicht erbracht** gewertet.

Angaben zu Punkt 14:

Dachgaubenflächen-Seitenwangen Ansichts- und Innenpostenflächen mit Naturschieferplatten 20/20 cm verkleiden in fix und fertiger Arbeit – einschließlich der PVC-Abdeckprofile.

Beurteilung:

Auf die vorstehenden Ausführungen wird auch zu diesem Punkt verwiesen. Dieser Punkt wird als **nicht erbracht** gewertet.

Angaben zu Punkt 15:

Vorhandene Dachrinne einschließlich Traufbohle demontieren und entsorgen.

Beurteilung:

Zum Zeitpunkt des Ortstermins waren die Traufseiten der Gauben mit einer augenscheinlich funktionstüchtigen Vorhangrinne versehen. Die Notwendigkeit, diese zu demontieren, war nicht erkennbar. Es wird daher davon ausgegangen, dass dieser Punkt **erledigt** ist.

Angaben zu Punkt 16:

Halbrunde Vorhangrinne 6-tlg. aus Titanzinkblei einem 333 mm Zuschnitt liefern und mit ausreichendem Gefälle montieren einschließlich aller Nebenteile wie Rinnhaken, Traufbleche, Kopfstücke und Ablaufbogen in fix und fertiger Arbeit.

Beurteilung:

Dieser Punkt steht soweit in direktem Zusammenhang mit dem vorstehenden Punkt. Sofern hier ein Auswechseln und eine Demontage nicht notwendig sind, ist auch das Anbringen einer neuen Vorhangrinne nicht mehr notwendig. Es wird daher davon ausgegangen, dass dieser Punkt **erledigt** ist.

Angaben zu Punkt 17:

Gerüstkosten und Vorhaltezeiten für die Ausführung von Dachdecker- und Klempnerarbeiten.

Beurteilung:

Da sich aus den vorstehenden Ausführungen ergibt, dass die Mangelpunkte aus dem Gutachten des SV ... teilweise noch nicht erledigt sind, muss davon ausgegangen werden, dass bei der Fertigstellung bzw. Erledigung der noch verbliebenen Mängel und Schäden die erneute Einrüstung erforderlich ist.

Auch wenn diese Kosten bereits bei der Eindichtung der Dachflächen und der Gauben angefallen sein sollten, kann der Punkt daher **nicht** als **erledigt** betrachtet werden, sondern ist bei weiteren Arbeiten erneut erforderlich.

Anmerkung:

Die zuvor als erledigt bezeichneten Punkte aus der Auflistung des Gutachtens des SV ... (1, 2, 3, 4, 15 und 16) werden somit im Folgenden nicht mehr aufgeführt.

Die gemäß Beweisbeschluss des AG ... vom ... zu ermittelnden Kostenansätze werden daher lediglich für die Punkte 5, 6, 7, 8, 9, 10, 11, 12, 13, 14 und 17 ermittelt.

6.5.9 Schätzung der Kosten für noch ausstehende Mängelbeseitigung (s. Kapitel 5.7.1)

Hier werden die zuvor aufgelisteten Mängel aus dem Gutachten des SV ..., die noch nicht beseitigt wurden, in ihrem Aufwand der Höhe nach geschätzt. Dabei werden die Massenangaben des SV ... aus seinem Gutachten übernommen.

Bei den Kostenangaben werden, soweit möglich, ebenfalls die Angaben des SV ... zugrunde gelegt. Hier ist allerdings zu beachten, dass, soweit Punkte teilweise erledigt wurden, neue Schätzwerte ermittelt werden müssen. Weiterhin ist zu berücksichtigen, dass das Gutachten ... bereits ca. zwei Jahre alt ist. Auch insoweit müssen die Preisangaben überprüft und evtl. heutigen Verhältnissen angepasst werden.

Kosten aus Punkt 5:

Hier müssen, wie ausgeführt, noch die Sanitärlüfter angedichtet werden. Der Aufwand wird hier geschätzt auf

pauschal: ca. 200,00 €

Kosten aus Punkt 6:

Aluminium T-Profile Mehrteilung als Randanschluss liefern und montieren, Profilhöhe 12,5 cm einschließlich Anarbeiten an Dichtungsbahn und Demontage der vorhandenen Randleisten

ca. 20,00 lfm. x ca. 35,00 € = ca. 700,00 €

Kosten aus Punkt 7:

Toschi-Rohr mit einem Dichtungsband fachgerecht eindichten

(einschließlich Entfernen des vorhandenen Walzbleis)

pauschal: ca. 100,00 €

Kosten aus Punkt 8:

Dämmung überprüfen, soweit möglich, und ausbessern – einschließlich Material

pauschal: ca. 200,00 €

Kosten aus Punkt 9:

Rinnenverlängerungen an den Giebelbereichen anarbeiten

ca. 4 Stück x ca. 45,00 € = ca. 180,00 €

Kosten aus Punkt 10:

Vorhandene Schieferverkleidung an den Dachgauben entfernen und entsorgen

ca. 21,00 m$_2$ x ca. 7,00 € = ca. 147,00 €

Kosten aus Punkt 11:

Vorhandene Verkleidung demontieren und entsorgen

ca. 21,00 lfm. x ca. 3,00 € = ca. 63,00 €

Kosten aus Punkt 12:

Bereich zwischen den Gaubenwangen zu den Dachflächen mit Walzblei 1 mm einbleien

ca. 21,00 lfm. x ca. 15,00 € = ca. 315,00 €

Kosten aus Punkt 13:

Vorhandene Gaubenschalung mit einer Bitumenbahn V 13 besandet aufbringen

ca. 21,00 m² x ca. 5,00 € = ca. 105,00 €

Kosten aus Punkt 14:

Dachgaubenflächen-Seitenwangen Ansichts- und Innenpfostenflächen mit Naturschieferplatten 20/20 cm verkleiden in fix und fertiger Arbeit – einschließlich der PVC-Abdeckprofile

ca. 21,00 m² x ca. 60,00 € = ca. 1.260,00 €

Kosten aus Punkt 17:

Gerüstkosten und Vorhaltezeiten für die Ausführung von Dachdecker- und Klempnerarbeiten

pauschal:	ca. 1.000,00 €
Gesamtkosten:	ca. 4.270,00 €
zuzüglich 16 % Mehrwertsteuer:	ca. 683,20 €
Bruttokosten:	ca. 4.953,20 €

6.5.9.1 Zusätzliche Kosten für die linke Hälfte des Dachgeschosses

Wie auf Seite 36/37 des Gutachtens des SV ... vom ... angegeben, handelt es sich bei den zuvor ermittelten Flächen und Kosten lediglich um die rechte Seite des Dachgeschosses des Hauses ... Der SV ... ermittelt dann für die linke Hälfte des Dachgeschosses noch einmal die gleichen Kosten wie zuvor. Innerhalb der hier nun vorliegenden Auflistung der zu beseitigenden Restmängel scheint diese Übernahme nicht sachgerecht. Hier werden die Kosten für das Dachgeschoss links wie folgt herausgerechnet:

Kosten aus Punkt 7 (Toschi-Rohr):

Da sich auf dem Dach des Hauses ... lediglich ein Abzugsrohr befindet, werden die Kosten insgesamt nur einmal angesetzt.

Somit ergeben sich:

- Dachgeschoss rechts: ca. 4.953,20 €
- abzüglich Toschi-Rohr: ca. – 100,00 €
- Dachgeschoss links: ca. 4.853,20 €

6.5.9.2 Gesamtkosten

- Dachgeschoss rechts: ca. 4.953,20 €
- Dachgeschoss links: <u>ca. 4.853,20 €</u>
- gesamt: ca. 9.806,40 €
- gerundet: ca. 9.800,00 €

6.5.10 Beantwortung der Beweisfragen (s. Kapitel 3)

Frage

Es soll durch verfahrensleitende Verfügung ein Sachverständigengutachten darüber eingeholt werden, ob die im Gutachten des Sachverständigen ... im Verfahren .../00 festgestellten Schäden, soweit sie die beiden Wohnungen Nr. 7 und 8 im Dachgeschoss des Hauses ... betreffen, noch vorhanden oder ob sie vollständig oder teilweise beseitigt sind.

Antwort

Wie innerhalb dieses Gutachtens ausgeführt, sind die innerhalb des Gutachtens des Sachverständigen ... festgestellten Schäden, soweit sie die beiden Wohnungen Nr. 7 und 8 im Dachgeschoss des Hauses ... betreffen, lediglich teilweise beseitigt worden.

Frage

Welche Kosten sind zur Beseitigung erforderlich?

Antwort

Auf der Grundlage der Ausführungen innerhalb des vorliegenden Gutachtens ergeben sich Gesamtkosten in Höhe von

ca. 9.800,00 €.

Dieser Betrag wird für die Beseitigung der noch vorhandenen Mängel geschätzt.

6.5.11 Schlusswort (s. Kapitel 5.8)

Das vorstehende Gutachten wurde ausschließlich auf der Grundlage der vorgelegten Unterlagen, der gemachten Angaben sowie der Erkenntnisse aus der Ortsbesichtigung erstellt. Die Bearbeitung erfolgte nach dem derzeitigen Stand der Kenntnis.

Sollten sich aufgrund bisher nicht vorliegender Unterlagen oder nicht bekannter Fakten Änderungen oder Ergänzungen ergeben, bin ich zu weiteren Ausführungen gern bereit.

Ort/Datum

Der Sachverständige

Anlagen

- Bauzeichnungen (Dachgeschossgrundriss und Dachaufsicht)
- Fotos aus dem Ortstermin

7.0 Die Auftragsabwicklung

In diesem Kapitel soll der Alltag des Bausachverständigen, bezogen auf die Abwicklung eines Gutachtenauftrages (vom Auftragseingang bis zur Archivierung), ansatzweise durchleuchtet werden.

Wesentlich ist hierbei auch ein strukturierter und gut geordneter Büroablauf. In Zeiten des immer größer werdenden Termindrucks bei insgesamt eher sinkenden Honoraren sind eine „schlanke Bearbeitung" und eine straffe interne Organisation gute (langfristig unabdingbare) Voraussetzungen.

Als Beispiel wird hier der Wertermittlungsauftrag gewählt. Die grundsätzlichen Aussagen innerhalb dieses Kapitels sind aber für alle Bausachverständigen übertragbar.

7.1 Auftragseingang

Für den Eingang eines Gutachtenauftrages beim Sachverständigen gibt es zunächst grundsätzlich zwei Möglichkeiten:

7.1.1 Gerichtsauftrag

Das Gericht oder eine sonstige heranziehende Stelle übersendet dem Sachverständigen eine Akte/einen Auftrag mit der Bitte, ein entsprechendes Gutachten zu erstellen. Diese Aufträge werden der Einfachheit halber im Folgenden als „Gerichtsauftrag" bezeichnet.

In der Regel wird beim Gerichtsauftrag die entsprechende Verfahrensakte an den Sachverständigen versandt. In dem zugehörigen Anschreiben erhält er dann die notwendigen Informationen, um die Randbedingungen für das zu erstellende Gutachten zu prüfen.

7.1.1.1 Prüfung der fachlichen Zuständigkeit

Die erste Prüfung des Sachverständigen wird darin bestehen zu prüfen, inwieweit der Auftrag in sein Sachgebiet fällt und von ihm ohne Hinzuziehung weiterer Sachverständiger erledigt werden kann. Ist dies der Fall, so ist die größte Hürde genommen.

Fällt der Auftrag nur teilweise in das Sachgebiet des betroffenen Sachverständigen, so behält er in der Regel zunächst die Akte und informiert das Gericht darüber, dass der zwar einen Teil der gestellten Fragen beantworten kann, aber zu bestimmten Teilen auch ein weiterer Sachverständiger hinzugezogen werden muss. Das Gericht/die heranziehende Stelle wird dann entscheiden, ob der Gutachtenauftrag teilweise vom Sachverständigen erbracht werden soll und wer hier hinzuzuziehen ist.

Hier ist es sinnvoll, der heranziehenden Stelle innerhalb dieser Mitteilung Sachverständige zu benennen, die über die hier notwendige Sachkunde verfügen und im Idealfall aus vorhergehender Zusammenarbeit bekannt sind. Solche „Serviceleistungen" fördern eine dauerhaft gute Zusammenarbeit z. B. mit einem Richter oder Rechtspfleger und ersparen diesen die erneute Anfrage bei den bestellenden Kammern (siehe **Kapitel 9.0**: „Hinzuziehung eines weiteren Sachverständigen").

Stellt der SV fest, dass der Auftrag zur Erstellung eines Gutachtens gar nicht in sein Sachgebiet fällt, schickt er die Akte mit einem entsprechenden Schreiben an das Gericht/die heranziehende Stelle zurück und bittet um Entbindung von der Ernennung zum Sachverständigen.

> **PRAXISTIPP**
>
> *Obwohl beim Gerichtsauftrag grundsätzlich alle Zeit vergütet wird, die zur Erledigung des Auftrages aufgewendet wird, ist der Aufwand für die Prüfung der Zuständigkeit grundsätzlich nicht vergütungsfähig im Sinne des JVEG.*

7.1.1.2 Prüfung der Unbefangenheit

Ein wesentlicher und nicht zu unterschätzender Schritt ist die Prüfung der Unbefangenheit des Sachverständigen. Sofern auch nur der geringste Zweifel hieran besteht, sollte er dies dem Gericht/der heranziehenden Stelle umgehend mitteilen. Er gibt so allen Beteiligten die Möglichkeit zu entscheiden, ob die ggf. vorliegenden „Ablehnungsgründe" im vorliegenden Falle relevant sind oder nicht.

Hat der SV alle möglichen Gründe für die Besorgnis der Befangenheit aufgedeckt und keiner der Beteiligten hiergegen Einwände erhoben, so kann er wegen dieser Gründe im späteren Verlauf des Verfahrens nicht mehr abgelehnt werden.

Stellt der SV bei der Prüfung der Akte fest, dass er sich selbst für befangen hält oder dies de facto vorliegt, so sendet er die Unterlagen mit einem entsprechenden Vermerk an das Gericht zurück. Dies entscheidet dann nach Prüfung des Vorbringens des Sachverständigen und ggf. Anhörung der Parteien.

> **PRAXISTIPP**
>
> *Auch gegenüber Gerichten und sonstigen heranziehenden Stellen sollte der Sachverständige darauf achten, dass kleinere „Serviceleistungen" einer dauerhaften Zusammenarbeit in der Regel sehr förderlich sind.*

Muss er daher einen Auftrag gänzlich ablehnen oder benötigt er die Hinzuziehung eines weiteren Sachverständigen, so ist es für das Gericht/die heranziehende Stelle sehr hilfreich, wenn er einen oder besser noch mehrere entsprechend „zuständige" Kollegen benennen kann.

7.1.1.3 Prüfung des zeitlichen Rahmens

Erhält der Sachverständige einen Gerichtsauftrag, so enthält das Anschreiben häufig auch die Angabe eines Zeitpunktes bis zur Abgabe oder eines Zeitrahmens für die Erstellung. Auch hier hat der Sachverständige zu prüfen, inwieweit er diese Frist einhalten kann. Ist ihm dies problemlos möglich, so teilt er dies dem Gericht in seiner Eingangsbestätigung mit. Kann er die vorgegebene Frist voraussichtlich nicht einhalten, so teilt er dem Gericht mit, bis wann er, nach dem derzeitigen Kenntnisstand, den Gutachtenauftrag erledigen kann.

> **PRAXISTIPP**
>
> *Da das Gericht bzw. die heranziehende Stelle mit den angegebenen Fristen seine eigene Zeitplanung für den weiteren Verlauf der Sache plant, sollte der SV in jedem Fall versuchen diese Fristen einzuhalten. Ist dies absehbar nicht möglich, so muss das Gericht rechtzeitig entsprechend informiert werden. „Tot stellen" bei Fristüberschreitung ist der schlechteste Weg.*

Sofern man von einem Gericht oder einer heranziehenden Stelle zum ersten Mal einen Auftrag erhält, kann es sinnvoll sein, sich mit dem Auftraggeber telefonisch in Verbindung zu setzen und die „üblichen" Randbedingungen zu erfragen, die dort bei der Gutachtenbeauftragung gehandhabt werden.

7.1.1.4 Prüfung des Kostenvorschusses

Zumindest beim Zivilprozess werden regelmäßig die zu erwartenden Kosten für das Gutachten vom Gericht geschätzt und ein entsprechender Vorschuss eingezogen (es sei denn, eine der Parteien erhält Prozesskostenhilfe).

Der Sachverständige hat nun zu prüfen, inwieweit dieser Kostenvorschuss ausreichend ist. Ist das erkennbar nicht der Fall, so hat er dies dem Gericht einschließlich der zu erwartenden Höhe der Kosten für das Gutachten mitzuteilen.

Hierbei sollte der SV möglichst genau auflisten, welchen Zeitaufwand er für welche Tätigkeit schätzt, so dass das Gericht und die Parteien in die Lage versetzt werden, den Angaben zumindest ansatzweise zu folgen. Im Zivilprozess wird dann der Beweis belasteten Partei die Möglichkeit gegeben zu entscheiden, ob sie den erhöhten Vorschuss einzahlen will, oder auf das Beweismittel durch Sachverständigengutachten verzichtet.

Kommt das Gericht allerdings insgesamt zu der Auffassung, dass die Kostenansätze des SV unangemessen erscheinen, wird es zunächst versuchen, einen anderen „günstigeren" Sachverständigen zu finden.

Der Sachverständige beginnt mit der Bearbeitung nicht, bevor er die entsprechende Zustimmung des Gerichts erhalten hat und der angemessene Kostenvorschuss eingezahlt wurde.

Ist kein Kostenvorschuss eingezogen worden, entfällt diese Prüfung nicht komplett. Der SV hat dann zumindest zu prüfen, ob die Kosten für die Erstellung des Gutachtens erkennbar außer Verhältnis zum Streitwert des Rechtsstreits stehen, innerhalb dessen der Beweisantrag durch Sachverständigengutachten gestellt wurde.

Auch in diesem Fall hat er die zu erwartenden Kosten dem Gericht mitzuteilen und von einer Bearbeitung abzusehen, bis er eine entsprechende Freigabe erhält.

> **PRAXISTIPP**
>
> *Bei der Anforderung des Kostenvorschusses ist das Gericht häufig nicht in der Lage, den tatsächlichen Aufwand abzuschätzen. Insoweit kann die Höhe des Kostenvorschusses schon einmal „komplett daneben" liegen. Auch ein wesentlich zu hoher Kostenvorschuss muss nicht „unbedingt" aufgebraucht werden.*

7.0 Die Auftragsabwicklung

Ein offener und fairer Umgang im Bezug auf die Kosten eines Gutachtens und mit dem Kostenbeamten sind einer dauerhaften Zusammenarbeit mit dem Gericht bzw. der heranziehenden Stelle sehr förderlich.

7.1.1.5 Eingangsbestätigung

Nach erfolgter Eingangsprüfung (siehe **Kapitel 7.1.1.1 bis 7.1.1.4**) schreibt der Sachverständige eine entsprechende Eingangsbestätigung an die heranziehende Stelle. Diese sollte folgende Punkte enthalten:

- Genaue Bezeichnung des Auftragsgegenstands mit dortigem Aktenzeichen
- Auflistung der eingegangenen Unterlagen
- Aussage zur fachlichen Zuständigkeit
- Aussage zur Notwendigkeit der Hinzuziehung weiterer Sachverständiger
- Aussage zur Bearbeitungszeit
- Aussage zum Kostenvorschuss.

Sofern keine Besonderheiten auftreten, kann der Text wie folgt aussehen:

> **MUSTERTEXT**
>
> „Rechtsstreit: Mustermann./.Musterfrau
>
> Aktenzeichen: 111 A 111/11
>
> Sehr geehrte Damen und Herren,
>
> ich bedanke mich für den Auftrag zur Gutachtenerstellung zum o. a. Rechtsstreit. Hierzu wurden mir folgende Unterlagen auf dem Postwege übersandt:
>
> - 1 Band Verfahrensakte Blatt 1–298
> - 1 Band Anlagen zur Klageschrift vom ...
> - 1 Band Anlagen zur Klageerwiderung vom ... .
>
> Die Beantwortung der Fragen aus dem Beweisbeschluss vom ... fällt vollumfänglich in mein Sachgebiet und kann ohne Hinzuziehung weiterer Sachverständiger erledigt werden.
>
> Nach derzeitigem Kenntnisstand kann der angegebene Abgabetermin zum ... eingehalten werden und der eingezahlte Kostenvorschuss erscheint ausreichend.
>
> Für Rückfragen stehe ich Ihnen während der u. a. Geschäftszeiten gern zur Verfügung.
>
> Mit freundlichem Gruß"

7.1.2 Privatauftrag

Grundsätzlich entspricht die Vorgehensweise der beim Gerichtsauftrag. Die Besonderheit liegt hier darin, dass mit dem Auftraggeber vereinbart werden kann, welchen Umfang der Auftrag haben soll und ob z. B. bestimmte vorliegende Besonderheiten eine Befangenheit begründen.

7.1 Auftragseingang

Bezüglich der Befangenheit stellen allerdings die Anforderungen aus der Mustersachverständigenordnung sowie die Verhaltensgrundsätze für ö.b.u.v. sowie zertifizierte Sachverständige eine Schwelle dar, die nicht unterschritten werden darf.

So darf der Sachverständige z. B. niemals ein Gutachten in eigener Sache oder für nahe Angehörige erstellen. Hier ist die gebotene Unabhängigkeit und Unbefangenheit nicht darstellbar.

Alle anderen Parameter des Gutachtenauftrages können im Rahmen gesetzlicher und sonstiger Vorschriften verhandelt werden. Um Missverständnissen und Streitigkeiten vorzubeugen, sollten alle Vereinbarungen schriftlich festgehalten werden.

Auch beim Privatauftrag ist es im Interesse einer reibungslosen und „stressfreien" Auftragsabwicklung sinnvoll und eigentlich unerlässlich, die Fragen der zeitlichen Abwicklung und der Höhe des Honorars zuvor offen und verbindlich zu klären.

Einige Kollegen neigen dazu, zunächst einmal auf fast jede Terminvorstellung des potentiellen Auftraggebers einzugehen und die Frage des Honorars „eher unverbindlich" zu beantworten. Dies geschieht in der Regel aus Angst, den Auftrag eventuell durch zu lange Bearbeitungsfristen oder zu hohe Honorarforderungen wieder zu verlieren oder gar nicht erst zu bekommen.

Wird aber eine Bearbeitungsfrist genannt, die dann weit überschritten wird und eventuell auch daran gebundene Folgetermine des Nutzers des Gutachtens gefährden, so ist der anfänglich gute Eindruck von der „schnellen Bearbeitung" rasch verflogen und zurückbleibt beim Auftraggeber ein eher negativer Eindruck von der Zuverlässigkeit dieses Büros.

Gleiches gilt für die zu erwartende Höhe des Honorars. Auch wenn teilweise bei Auftragserteilung noch nicht exakt angegeben werden kann, welche Kosten entstehen werden, so sollte doch eine möglichst genaue und aussagekräftige Vereinbarung darüber getroffen werden.

Nichts ist unangenehmer, als wenn der Auftraggeber von der Rechnungshöhe überrascht wird.

Aus Prozessakten sind mir Aussagen zur Honorarhöhe im Rahmen der Geschäftsanbahnung bekannt wie z. B.: „da werden wir uns schon einig", oder: „einen günstigeren als mich werden sie kaum finden", oder: „wer günstiger ist als ich, arbeitet unseriös".

Abgesehen davon, dass der Auftraggeber hiermit nichts anfangen kann und häufig überhaupt nicht klar ist, was ein Gutachten überhaupt denn kosten könnte, suggeriert es ihm, dass er hier „irgendwie ein Schnäppchen" machen wird.

Weist die Rechnung des Sachverständigen dann einen (berechtigten) relativ hohen Betrag aus, mit dem der Auftraggeber nicht gerechnet hat, entsteht hier ein zusätzlicher Erklärungsbedarf, den es bei einer klaren Vereinbarung gar nicht erst gegeben hätte.

Abgesehen davon, wird der vielleicht sehr gute Eindruck des Gutachtens hiervon erheblich überschattet, was der längerfristigen Reputation des Sachverständigen nicht zuträglich sein wird.

7.2 Anlegen der Akte

Um einen geordneten Geschäftsablauf zu gewährleisten, ist es unumgänglich, eine gewisse „Bürokratie" im Büro aufrecht zu halten. Zu den grundlegenden Dingen gehört es hierbei, dass für jeden Vorgang (Gutachten) eine eigene Akte angelegt wird. Hier kann ggf. in einfachster Form (Schuhkarton) alles gesammelt werden, dass zu diesem Vorgang gehört. Es empfiehlt sich allerdings eine Mindestordnung innerhalb der Akte, z. B. im Hinblick auf:

- Laufzettel
- Schriftverkehr
- Auftrag
- Gutachten
- Nebenkosten
- angeforderte Unterlagen
- überlassene Unterlagen
- Ortstermin
- Zeiterfassung.

Die meisten dieser Punkte erklären sich von selbst. Etwas näher soll allerdings auf die Punkte „Laufzettel" und „Zeiterfassung" eingegangen werden.

7.2.1 Laufzettel

Jeder Akte sollte ein sog. „Laufzettel" oder auch „Aktivitätenliste" vorgeschaltet werden. Hier werden zunächst alle notwendigen Daten zum Auftrag eingetragen, z. B.:

- Auftraggeber mit Kontaktdaten
- Aktenzeichen
- Parteien und deren Vertreter mit Kontaktdaten
- Auftrags- und Abgabedatum
- vereinbartes Honorar und ggf. vereinbarte Nebenkosten
- alle notwendigen Aktivitäten zur Einholung benötigter Unterlagen, am besten mit Feldern für Datum der Anforderung, Art der Unterlagen, Datum des Eingangs und Kurzzeichen des Bearbeiters
- Ortstermin mit Datum, eingeladene Teilnehmer mit Datum der Einladung und ggf. Rückmeldung sowie Bestätigung, dass der Ortstermin stattgefunden hat, und Kurzzeichen des Bearbeiters
- Extrafeld für Bemerkungen und Besonderheiten.

Unabhängig von anderen Zeit- und Datenerfassungen innerhalb des Büros kann so auf einen Blick überprüft werden, ob z. B. alle Unterlagen eingegangen, wann der Ortstermin anberaumt ist, oder ob andere, für den Bearbeitungsablauf relevante, Besonderheiten vorliegen.

7.2.2 Zeiterfassung

Mit Ausnahme von fest vereinbarten Honoraren (Pauschalhonoraren) oder preisrechtlich vorgegebener Abrechnung (z. B. HOAI) ist es sinnvoll und notwendig, eine Zeiterfassung zu betreiben, um zur Abrechnung den entstandenen Aufwand nachweisen zu können. Sofern innerhalb des Büros kein Zeiterfassungssystem benutzt wird, ist es ausreichend, wenn der Bearbeiter auf einem Zettel innerhalb der Akte jeweils folgende Eintragungen vornimmt:

- Datum
- Anfangszeit der Bearbeitung
- Ende der Bearbeitung
- Gegenstand der Bearbeitung
- Kurzzeichen des Bearbeiters.

Diese Aufstellung kann im Bedarfsfall urschriftlich der Abrechnung beigefügt werden.

> **PRAXISTIPP**
>
> *Bei der Abrechnung nach dem JVEG kommt es in der Regel nicht auf den tatsächlichen Aufwand an, sondern auf den Aufwand des „durchschnittlichen" Sachverständigen. Insoweit wird die Zeiterfassung nur dann benötigt, wenn nachgewiesen werden muss, dass begründet von dem durchschnittlichen Aufwand abgewichen wurde.*

Wird der Zeitaufwand mittels einer solchen Erfassung nachgewiesen, ist die handschriftliche Aufstellung aussagekräftiger als eine maschinell angefertigte Aufstellung, die jederzeit nachträglich erstellt worden sein kann.

7.3 Anfordern von Unterlagen

Nachdem die Akte angelegt ist, wird, soweit noch nicht im Vorfeld geschehen, der Sachverständige die Akte bzw. die überlassenen Unterlagen in Bezug auf die gestellte Aufgabe hin überprüfen.

Er wird zunächst festlegen, welche Unterlagen er zur Erstellung des Gutachtens benötigt. Liegen diese komplett bereits vor, ist dieser Teil der Bearbeitung des Auftrages abgeschlossen und der Zeitaufwand wird ggf. vermerkt.

Liegen nicht alle benötigten Unterlagen vor, bestehen mehrere Möglichkeiten der Vorgehensweise:

a) Sofern es sich um einen Gerichtsauftrag handelt, wird der SV die benötigten Unterlagen über das Gericht anfordern. Dieses leitet seine Anforderung ggf. an die Parteien weiter. Manchmal wird dem Sachverständigen (z. B. im Zivilprozess oder in der Zwangsversteigerung) auch vom Gericht gestattet, benötigte Unterlagen direkt bei den Parteien anzufordern. Unterlagen, die von dritten Stellen und Ämtern besorgt werden müssen, holt der Sachverständige in der Regel eigenständig ein (z. B. Auskünfte der Stadterwaltung, Grundakten etc.). Sofern dem Sachverständigen gestattet ist, Unterlagen direkt von einer der Parteien anzufordern, hat er dies der anderen Partei zur Kenntnis zu geben. So hat bereits das OLG Köln entschieden: „Eine Besorgnis der Befangenheit des Sachverständigen ergibt sich nicht daraus, dass dieser vor dem Ortstermin von den Parteien unmittelbar Unterlagen anfordert, wenn dies der jeweils anderen Partei bekannt gemacht wird."[17]

b) Sofern es sich um einen Privatauftrag handelt, wird der Sachverständige die Liste der benötigten Unterlagen zunächst mit seinem Auftraggeber besprechen. Hier wird dann gemeinsam festgelegt, welche Unterlagen wie beschafft werden und auf welche verzichtet werden kann oder muss.

PRAXISTIPP

Im Gerichtsprozess nachgeforderte und überlassene Unterlagen nicht an die jeweilige Partei zurücksenden, sondern immer mit dem Gutachten an das Gericht schicken. Dort wird dann festgelegt, wie damit weiter verfahren wird. (In der Regel wird allen Prozessparteien Einsicht in die Unterlagen gewährt.) Von wesentlichen Unterlagen sollten Kopien für die eigene Akte angefertigt werden.

Beim Privatgutachten können überlassene oder angeforderte Unterlagen auch direkt zurückgegeben werden. Es empfiehlt sich aber, von wesentlichen Unterlagen Kopien für die eigene Akte anzufertigen, da dies der späteren Beweisbarkeit dient.

Sofern wesentliche Unterlagen für die Gutachtenerstellung nicht beigebracht werden können, muss der Sachverständige, schon im eigenen Interesse, im Gutachten deutlich kenntlich machen, welche Unterlagen nicht vorlagen und was daraus resultiert.

Entsteht das Ergebnis eines Gutachtens nur unter ganz bestimmten, eventuell unvollständigen Bedingungen und weist der Sachverständige hierauf im Gutachten nicht ausdrücklich hin, so haftet er für einen hieraus entstehenden Schaden.

7.4 Ortstermin

Sofern für die Erstellung eines Gutachtens eine Ortsbesichtigung erforderlich ist, hat der Sachverständige diese durchzuführen.

Beim Privatauftrag kann er den erforderlichen Besichtigungstermin mit dem Auftraggeber in der Regel direkt absprechen und auch durchführen.

Im Gegensatz dazu sind beim Gerichtsauftrag einige Formerfordernisse zu beachten:

- Alle an dem Rechtsstreit beteiligten Parteien müssen geladen werden.
- Sind die Parteien anwaltlich vertreten, so ist alle Korrespondenz über den Anwalt zu führen.
- Das Gericht wird ebenfalls eingeladen und von der Ladung der Parteien benachrichtigt.

---

17 OLG Köln, Beschl. v. 20.12.2001, BauR 2002, S. 1284.

- Die Ladung muss rechtzeitig (in der Regel mindestens 14 Tage vorher) und nachweislich erfolgen.

Im Vorfeld des Ortstermins müssen alle erforderlichen Unterlagen angefordert werden und auch vorliegen. Der Ortstermin ist gewissenhaft vorzubereiten. Nichts ist peinlicher als ein Sachverständiger, der sich im Termin ständig den Akteninhalt vergegenwärtigen muss.

Bei der Durchführung des Ortstermins ist dann darauf zu achten, dass dieser strukturiert und sachlich abläuft (hier sollte sich der Sachverständige keinesfalls von einer der Parteien aus dem Konzept bringen lassen) und dass alle Parteien eingebunden werden.

Ein denkbares Konzept kann wie folgt aussehen:

- Der Sachverständige wartet, bis alle Parteien anwesend sind oder der Termin erreicht ist (zuzüglich ca. 10–15 min., falls sich jemand verspätet). Dann begrüßt er die Anwesenden, hält deren Namen und Funktion fest und eröffnet den Ortstermin.
- Er verliest die Beweisfragen oder informiert alle Beteiligten noch einmal über Sinn und Zweck des Termins und bittet einen der Anwesenden (in der Regel jemanden, der ortskundig ist) um eine entsprechende Führung durch das Objekt, sofern ihm das geboten erscheint.
- Der Sachverständige fertigt ein Protokoll von der Ortsbesichtigung. Dies kann durch Notizen oder auch Diktat erfolgen. Er fertigt weiterhin Fotos von allen ihm wesentlich erscheinenden Teilen des Objektes.
- Er geht entweder in einer logischen Abfolge (z. B. von oben nach unten) oder nach den Fragen (z. B. innerhalb des Beweisbeschlusses) vor. Er erklärt, was er sehen möchte und besichtigt dies im Beisein aller Beteiligten.
- Werden dem SV von einer der Parteien innerhalb des Ortstermins Angaben gemacht, so achtet der SV darauf, dass alle Beteiligten diese Aussage mitbekommen. Möchte er die Aussage im Gutachten verwenden, fragt er sicherheitshalber die Anwesenden noch, ob sie der Aussage zustimmen oder ob dies streitig ist. Diskussionen hierüber führt der SV nicht. Er nimmt alles lediglich zur Kenntnis und hält die wesentlichen Aussagen im Protokoll fest.
- Hat er alles ihm wichtig Erscheinende gesehen und alle Fragen gestellt, so beendet er für alle Beteiligten erkennbar den Ortstermin und verlässt den Ort.
- Im Büro wird der Ortstermin so schnell wie möglich aufgearbeitet. Es besteht so die Möglichkeit zu überprüfen, ob Notizen und Fotos ausreichend und verwendbar sind. Wenn erst mehrere Wochen vergangen sind, kann man sich an Einzelheiten nur noch schwer erinnern.

> **PRAXISTIPP**
>
> *Im Vorfeld, während und nach dem Termin möglichst keinen einseitigen Kontakt zu einer Partei aufnehmen. Hier droht die Ablehnung wegen der Besorgnis der Befangenheit.*

Der SV selbst ist selbstverständlich pünktlich beim Ortstermin. Als Faustregel gilt: Je weiter die Anfahrt, desto größer der Zeitpuffer für eventuelle Verspätungen.

Beim Ortstermin niemals das „Heft" aus der Hand nehmen lassen. Der Sachverständige ist der Herr des Ortstermins.

Im Ortstermin keine Schlussfolgerungen äußern. Nur die Fakten aufnehmen und bei eventuellen Nachfragen auf das zu erstellende Gutachten verweisen. Eine einmal geäußerte Vermutung setzt sich in den Köpfen der Beteiligten fest und es macht keinen guten Eindruck, wenn der SV bei der Erstellung des Gutachtens später vielleicht zu einem ganz anderen Schluss kommt.

Bei der Anfertigung von Fotos vermeidet der Sachverständige es, Menschen zu fotografieren. Niemand möchte sich später im Gutachten wiederfinden (oder zumindest fast niemand).

Ist der Ortstermin beendet, so verabschiedet sich der Sachverständige von allen Anwesenden zur gleichen Zeit. Es ist unbedingt zu vermeiden, dass der SV sich nach dem Termin noch mit einer Partei unterhält oder gar mit einer Partei zum Ortstermin erscheint oder diesen verlässt.

7.5 Anfertigen des Gutachtens

Liegen alle Unterlagen vor und ist der Ortstermin durchgeführt, so wird das Gutachten möglichst zeitnah angefertigt.

Die Vorgehensweise ist hierbei sehr individuell verschieden, sollte aber immer einer gewissen Logik folgen und für den Sachverständigen in Ruhe erfolgen.

Ein Gutachten, das in Hektik, quasi „zwischen Tür und Angel" erstellt und womöglich noch mehrere Male unterbrochen wird, ist regelmäßig fehlerhaft oder unvollständig.

Ein weiterer wesentlicher Punkt bei der Anfertigung des Gutachtens ist die Pflicht zur persönlichen Gutachtenerstattung des Sachverständigen. Ein Beispiel aus dem medizinischen Bereich verdeutlicht dies wie folgt:

„Sachverständiger muss Gutachtenauftrag persönlich erledigen:

Im medizinischen Bereich kommt es immer wieder vor, dass der gerichtliche Gutachtenauftrag an den Klinikleiter ergeht und dieser den Auftrag ohne Rücksprache mit dem Gericht an einen seiner Oberärzte zur Untersuchung des Patienten und Erstattung des Gutachtens weitergibt. Diese Praxis ist nicht zulässig, weil darin ein Verstoß gegen § 407a Abs. 2 ZPO liegt. Der Sachverständige muss nun einmal das von ihm verlangte Gutachten in eigener Person erstatten und darf allenfalls bei der Vorbereitung des Gutachtens Hilfskräfte, also auch Oberärzte, heranziehen.

Einen solchen Fall hatte das OLG Zweibrücken zu entscheiden. Allerdings gab es im Sachverhalt einen kleinen, aber wesentlichen Unterschied zu den sonst üblichen Fällen. Beide Prozessparteien hatten den Verstoß gegen die ZPO nicht gerügt und nach Erstattung des Gutachtens zur Sache verhandelt. Dadurch, so das Gericht im Urteil vom 27.10.1998 (Az. 5 U 5/98), werde der aufgezeigte Verfahrensfehler gem. § 295 Abs. 1 ZPO geheilt. Mithin konnte sich die Klägerin später nicht mehr auf diesen Verfahrensfehler berufen." Der Wortlaut der Entscheidung:

„Zur Verwertbarkeit eines von einem anderen als dem gerichtlich beauftragten Sachverständigen erstatteten Gutachtens.

Zum Sachverhalt: Die Kl. begehrt Schadensersatz wegen angeblich fehlerhafter ärztlicher Behandlung. Das LG hat Beweis erhoben durch Einholung eines schriftlichen Sachverständigengutachtens. Mit der Erstattung des Gutachtens war der Direktor der Medizinischen Klinik und Poliklinik III des Klinikums G., Prof. Dr. med. Dr. h.c. W. beauftragt. Das internistische Gutachten vom 05.09.1997 ist unterzeichnet von dem Oberarzt der Klinik, Prof. Dr. J. und dem Assistenten K. Gestützt auf dieses Gutachten hat das LG die Klage abgewiesen. Die Berufung der Kl. hatte keinen Erfolg."[18]

PRAXISTIPP

Um sich die Arbeit zu erleichtern und auf ein bekanntes Grundgerüst zurückgreifen zu können, werden heute häufig bei der Gutachtenerstellung bereits bestehende Dateien überschrieben und entsprechend geändert. Hierbei ist ein ganz neuer Fehlertyp entstanden, der „Vergessen-zu-überschreiben-Fehler". Es werden Teile der zu überschreibenden Datei versehentlich nicht geändert und es entstehen Fehler oder Ungereimtheiten innerhalb des Gutachtens.

7.6 Versand

Ist das Gutachten erstellt, werden Rechnung und Anschreiben gefertigt und das Gutachten an den Auftraggeber versandt. Hierbei ist Folgendes zu beachten:

- Das Gutachten ist in der bestellten Anzahl zu versenden.
- Überlassene und angeforderte Unterlagen sind beizufügen, soweit nichts anderes vereinbart wurde.
- Innerhalb des Anschreibens sollte möglichst genau aufgelistet werden, was alles an den Auftraggeber versandt wird. Dies dient der späteren Nachweisbarkeit, wenn Unterlagen z. B. nicht mehr auffindbar sind.
- Der Versand sollte nachweisbar und ggf. versichert erfolgen.

Teilweise werden Gutachten vom Sachverständigen beim Privatauftrag zunächst in „Konzeptform" erstellt und dem Auftraggeber zur Prüfung überlassen.

Diese Prüfung umfasst nicht die gutachterlichen Feststellungen und Schlussfolgerungen des Sachverständigen. Vielmehr kann der Besteller sich vergewissern,

- dass die Fragestellungen richtig erfasst wurden;
- dass er mit den Einschränkungen, die sich aus eventuell nicht vorgelegten Unterlagen ergeben, einverstanden ist;
- dass er das Gutachten in der vorliegenden Form verwenden kann, oder weitere Fragen beantwortet werden müssen (Häufig kann sich ein Laie kaum vorstellen, wie die gutachterliche Bearbeitung einer Fragestellung aussieht.);
- ob z. B. im Gutachten wiedergegebene Fakten zum Objekt richtig verstanden wurden.

---

18 NJW-RR 1999, S. 1368; IFA-Informationen 5/2000.

Das Überlassen einer „konzeptionellen Vorversion" des Gutachtens kann (ausschließlich beim Privatauftrag) einen nachträglichen Klärungsbedarf oder die Änderung und Ergänzung fertiger Gutachten vermeiden helfen.

Es ist allerdings darauf zu achten, dass einerseits der Auftraggeber nicht in diesem Zusammenhang versucht, Einfluss auf das Ergebnis des Gutachtens zu nehmen, oder andererseits die Aufgabestellung durch Ergänzungswünsche „schleichend" erweitert wird, ohne das Honorar entsprechend anzupassen.

PRAXISTIPP

Sofern Gerichtsakten oder Originalunterlagen mitversandt werden, sollte unbedingt eine versicherte Variante gewählt werden. Wird hingegen „nur" das Gutachten verschickt, so kann hierauf verzichtet werden.

7.7 Abschließen der Akte und Archivierung

Ist der Auftrag abgeschlossen und das Gutachten versandt, kann die Akte zunächst abgeschlossen werden. Beim Privatauftrag sollte man hierfür zumindest eine Frist von ca. 2–4 Wochen verstreichen lassen, um dem Auftraggeber Gelegenheit zur Rücksprache zu geben (ohne dass man dafür die Akte wieder aus dem Archiv holen muss).

Beim Gerichtsauftrag besteht immer die Möglichkeit, dass der Sachverständige zur mündlichen Erläuterung geladen wird oder eine Partei ggf. den Rechtsstreit weiterverfolgt. Es ist hierbei durchaus möglich, dass der Sachverständige auch noch nach Jahren von der nächsten oder übernächsten Instanz um Erläuterung oder Ergänzung gebeten wird. Insoweit gilt für die Archivierung hier eine Frist von 4–6 Monaten.

Für die Aufbewahrung der Akten gelten die gesetzlichen Fristen.

PRAXISTIPP

Beim Abschließen und Archivieren der Akte muss der Sachverständige darauf achten, dass er die regelmäßig von den bestellenden oder zertifizierenden Stellen geforderten Tätigkeitsnachwiese in Form von Gutachtenlisten in diesem Zusammenhang miterstellt. Bei Führen der eigenen Auftragslisten über eine Datenbank ist dieser Nachweis quasi ein „Abfallprodukt".

Bei der Aufbewahrung der Akten ist es sinnvoll, ein Kurzzeitarchiv (ca. zwei Jahrgänge) im Büro und ein Langzeitarchiv (älter als die letzten zwei Jahrgänge) außerhalb des Büros aufzubewahren. Das Kurzzeitarchiv sollte dabei relativ problemlos zugänglich sein.

8.0 Honorierung des Bausachverständigen

Die Honorierung im Bereich des Bausachverständigen gibt es naturgemäß nicht. Dazu sind die Gutachten, Anforderungen und Bedingungen zu unterschiedlich.

Die wichtigste Unterscheidung betrifft aber zunächst die Einordnung in „Privatgutachten" (siehe **Kapitel 3.1**) und „Gerichtsgutachten" (siehe **Kapitel 3.2**). Sind beim Privatgutachten unterschiedlichste Regelungen und Vorschriften zu beachten, so werden Gerichtsgutachten (unabhängig vom Fachbereich) allesamt nach dem JVEG (Justizvergütungs- und Entschädigungsgesetz) honoriert bzw. entschädigt.

8.1 Honorierung von Wertermittlungen als Privatgutachten

Hier besteht seit August 2009 eine völlig neue Rechtslage. Waren bis dahin die Honorare für die „Ermittlung des Wertes von Grundstücken, Gebäuden und anderen Bauwerken oder von Rechten an Grundstücken" in § 34 der HOAI preisrechtlich geregelt und festgelegt, so ist diese Vorschrift in der Novellierung der HOAI im August 2009 ersatzlos entfallen.

Auch wenn immer wieder Beschwerden über die Nicht-Auskömmlichkeit der dortigen Honorarhöhen laut wurden, bestand doch hier eine gesetzliche Regelung zur Garantie von Mindesthonoraren. Dies ist nun entfallen.

Seitdem sieht sich der jeweilige Sachverständige genötigt, seine Honorarhöhen unter Berücksichtigung der jeweiligen Kostenstruktur des Büros zu kalkulieren. Hier stößt er zunächst auf zwei Problemstellungen:

1. Kalkuliert er seine Honorarsätze zu hoch, wird er zu viele Aufträge an die „günstigere" Konkurrenz verlieren.
2. Kalkuliert er seine Honorarsätze zu niedrig, also nicht auskömmlich, so wird er zwar viele Aufträge bekommen, letztendlich aber damit sein Büro nicht wirtschaftlich führen können.

Beide Problemstellungen sind für den Sachverständigen so neu wie existentiell.

Bereits vor Inkrafttreten der Novellierung der HOAI war klar, dass der „alte" § 34 entfallen würde. Somit haben sich bereits im Vorfeld Berufsverbände und Interessengruppen Gedanken über die „Zeit nach der HOAI" gemacht.

Fast alle Vorschläge und Empfehlungen orientierten sich im Wesentlichen an der Struktur des § 34 HOAI und der dortigen Honorartafel. Wobei die einfachste Methode darin bestand, die 10 %ige Erhöhung der Honorarsätze innerhalb der HOAI auf die alte Honorartafel des damaligen § 34 zu übertragen und somit die HOAI-Novelle „quasi zu adaptieren".

Diese „Fortschreibung" der Honorartafel des alten § 34 HOAI bedeutet aber auch, sämtliche Schwächen der dortigen Honorarstruktur zu übernehmen, z. B.:

- Das Eingangshonorar der Honorartafel des alten § 34 in Höhe von 225 € + 10 % = 247,50 € ist absolut nicht auskömmlich, um ein vollständiges und fachlich fundiertes Gutachten zu erstellen.

- Der Aufwand für ein zu erstellendes Wertermittlungsgutachten steigt nicht in dem Maße mit der Wertsteigerung an, wie es die Honorartafel berücksichtigt. Das führt insgesamt zu unauskömmlichen Honoraren im unteren Bereich der Tafel.
- Dahingegen sind die oberen Werte der alten Honorartafel in der Regel am Markt kaum durchsetzbar.

Von daher erscheint eine „Fortschreibung" der Honorartafel des alten § 34 HOAI wenig sinnvoll. Vielmehr bedeutet der Wegfall der preisrechtlichen Regelungen für Wertermittlungsgutachten auch die Chance, einige „alte Schwächen" im Honorarsystem zu beheben.

8.1.1 Die „Eckpfeiler" des Marktes

Zunächst einmal gilt es für den Sachverständigen, sich am Markt zu orientieren, um die Grenzen der Möglichkeiten der eigenen Kalkulation auszuloten. Hierzu muss er sich einige Eckpfeiler der „marktüblichen Honorare" bewusst machen.

8.1.1.1 Gesetzlicher Rahmen

Ein gesetzlicher Rahmen für die Höhe des Honorars besteht zunächst einmal grundsätzlich nicht. Im Rahmen ihrer Vertragsverhandlungen sind die Parteien frei, über ein zu zahlendes Honorar eine unabhängige Einigung zu erzielen (§ 138 BGB ist natürlich zu beachten).

Wird über die Höhe des zu zahlenden Honorars keine Vereinbarung getroffen und ist sie somit nicht bestimmt, gilt regelmäßig die Vorschrift des § 632 BGB:

> **§ 632 BGB Vergütung**
>
> (1) Eine Vergütung gilt als stillschweigend vereinbart, wenn die Herstellung des Werkes den Umständen nach nur gegen eine Vergütung zu erwarten ist.
>
> (2) Ist die Höhe der Vergütung nicht bestimmt, so ist bei dem Bestehen einer Taxe die taxmäßige Vergütung, in Ermangelung einer Taxe die übliche Vergütung als vereinbart anzusehen.
>
> (3) Ein Kostenanschlag ist im Zweifel nicht zu vergüten.

8.1.1.2 Richtlinien der Berufsverbände

Der Bundesverband öffentlich bestellter und vereidigter Sachverständiger e. V. (BVS) als wohl bedeutendster Zusammenschluss hat im Dezember 2010 eine Honorarempfehlung veröffentlicht. Diese kann unter www.bvs-ev.de/ heruntergeladen werden.

Andere Verbände haben zwar interne Empfehlungen ausgesprochen. Diese orientieren sich aber häufig zu sehr an der Honorartafel des alten § 34 HOAI oder beinhalten zumindest deren Schwächen bezüglich der Abstufung und der Eingangssätze.

Insoweit kann an dieser Stelle keine Honorarempfehlung eines Berufsverbandes veröffentlicht werden.

8.1.1.3 Weitere „Eckpfeiler"

Weitere „Eckpfeiler" bzw. Orientierungspunkte für die Höhe der eigenen Honorarkalkulation sind einerseits die Gutachterausschüsse und andererseits die Banken und Kreditinstitute bzw. deren Bewertungsgesellschaften.

Beide Gruppen verfügen in der Regel über eigene Honorartafeln bzw. Regelungen zur Honorarhöhe und sind als wesentliche Marktteilnehmer entsprechend zu beachten.

Die Gutachterausschüsse

Für die Erstellung eines Gutachtens durch einen Gutachterausschuss wird in der Regel eine Gebühr nach der entsprechenden Gebührenordnung (z. B. in NRW ist dies die Allgemeine Verwaltungsgebührenordnung [VerwGebO NRW] vom 3.7.2001, GV. NRW, S. 262 ff.).[19]

Die Gebührenregelungen der Gutachterausschüsse sind nicht einheitlich und insgesamt nur schwer vergleichbar.

Als Beispiel wird hier eine typische Gebührentabelle in groben Zügen aufgeführt. Die detaillierten Gebührentabellen des jeweiligen Gutachterausschusses sind dort zu erfragen.

Auszug Gebührentabelle:

- Grundgebühr für die Erstellung von Gutachten über bebaute und unbebaute Grundstücke sowie Rechten daran mit jeweils einem Berechnungsverfahren: 750,00 €
- zuzüglich bis zu einem Wert von 750.000,00 €   2/000 des Wertes
- zuzüglich bei einem Wert über 750.000,00 €   1/000 des Wertes + 750,00 €
- für jedes weitere Ermittlungsverfahren   zuzüglich 250,00 €
- Einholen von Unterlagen   zuzüglich 250,00-500,00 €
- Besondere Rechte und Belastungen (z. B. Erbbaurecht)   zuzüglich 300,00-600,00 €
- Aufwendige Ermittlung von Abbruch-, oder Schadenskosten   zuzüglich 250,00-500,00 €
- Nebenkosten sind nach Aufwand zu erstatten.

---

[19] Nach § 11 Gebührengesetz NRW entsteht die Gebührenschuld dem Grunde und der Höhe nach mit der Beendigung der gebührenpflichtigen Amtshandlung. Maßgebend ist der Wert des Gegenstandes zum Zeitpunkt der Beendigung der Amtshandlung (§ 9 Gebührengesetz NRW).

8.0 Honorierung des Bausachverständigen

Rechenbeispiel:

Das Gutachten für ein Gewerbeobjekt mit einem Verkehrswert von 1.000.000,00 € und der Wertermittlung auf der Basis von zwei Verfahren, ohne weitere Besonderheiten, jedoch mit Beschaffung von Unterlagen kostet demzufolge:

Grundgebühr	750,00 €
1/00 des Wertes	1.000,00 €
zuzüglich	750,00 €
2. Ermittlungsverfahren	250,00 €
Einholen von Unterlagen	250,00 €
insgesamt	3.000,00 €

Die Banken und Kreditinstitute

Die größeren Banken und Kreditinstitute haben in der Regel ihre eigenen Honorartabellen, wobei diese häufig von folgenden Besonderheiten ausgehen:

- Die Beauftragung des jeweiligen Gutachters soll über einen längeren Zeitraum und mit einer gewissen Regelmäßigkeit erfolgen. Hierdurch zumindest theoretisch ersparter Akquisitionsaufwand ist honorarmindernd eingerechnet.
- In der Regel müssen keine Unterlagen vom Sachverständigen beschafft werden.
- Die Gutachten sind bezüglich des beschreibenden Teils in der Regel kürzer gefasst und somit diesbezüglich weniger aufwendig als „normale" Gutachten im Privatbereich.

Unter diesen Prämissen lagen die Honorare der Banken und Kreditinstitute vor der HOAI-Novelle im August 2009 häufig etwa 30 % unter den Werten der Honorartafel des § 34 HOAI.

Auch unterscheiden die Honorare der Banken und Kreditinstitute teilweise zwischen Wohnungs- und Gewerbenutzung, wobei der Gewerbenutzung der höhere Aufwand und somit die höheren Honorare zugerechnet werden.

Ein Beispiel für eine Honorartafel kann wie folgt lauten:

Gewerbenutzung:

Marktwert bis	300.000,00 €	750,00 €
Marktwert bis	500.000,00 €	900,00 €
Marktwert bis	1.000.000,00 €	1.200,00 €
Marktwert bis	1.500.000,00 €	1.500,00 €
Marktwert bis	2.500.000,00 €	1.800,00 €
Marktwert bis	5.000.000,00 €	2.400,00 €
Marktwert bis	7.500.000,00 €	3.000,00 €
Marktwert bis	10.000.000,00 €	3.500,00 €
Marktwert bis	15.000.000,00 €	4.000,00 €
Marktwert über	15.000.000,00 €	5.000,00 €

Abschlag für Wohnnutzung	−5,0 v. H.
Zuschlag für Kundenausfertigung	10,0 v. H.
Überprüfung eines bestehenden Gutachtens unter Beibehaltung der Objektparameter	−25,0 v. H.
Unterlagenbeschaffung	100,00-200,00 €

Nebenkosten werden nach Aufwand vergütet.

Rechenbeispiel:

Das Gutachten für ein Gewerbeobjekt mit einem Verkehrswert von 1.000.000,00 € und der Wertermittlung auf der Basis von zwei Verfahren, mit Kundenausfertigung und mit Beschaffung von Unterlagen kostet demzufolge:

Grundhonorar	1.200,00 €
Zulage Kundenausfertigung	120,00 €
Einholen von Unterlagen	100,00 €
insgesamt	1.420,00 €

8.1.2 Eigene Honorarkalkulation

Die beiden vorstehenden Beispiele können in etwa die Eckpfeiler des Marktes darstellen. Die Gutachterausschüsse stehen dabei für ausführliche und in der Regel ausreichend kalkulierte Gutachten, die mit einem relativ hohen Einsatz an Manpower erstellt werden.

Die Gutachten der Kreditwirtschaft wiederum stehen für harte Kalkulation und „schlanke" Bearbeitung. Wobei keine der beiden Arten der Bearbeitung hiermit qualifiziert werden soll. Die Art der Erstellung richtet sich immer nach den Anforderungen des Marktsegmentes, innerhalb dessen man sein eigenes Büro etablieren möchte.

Für den Bereich der privaten Wertermittlungen innerhalb meines eigenen Büros stellen sich folgende Prämissen bezüglich der Honorierung:

- Ich stelle mich nicht in den Wettbewerb mit „Billiganbietern", möchte also nicht „jeden Auftrag um jeden Preis" haben.
- Das Bemühen um eine hohe Qualität der Gutachten bedingt einen entsprechenden Arbeits- und Kosteneinsatz.
- Nur eine auskömmliche Honorierung kann den Bestand meines Büros mittel- und langfristig sichern.
- Allerdings schaden überhöhte Honorare ebenso der Auftragsbeschaffung und damit der Existenz des Büros wie „Dumpingpreise".
- Nicht jeder Auftrag wird in der Gewinnzone zu realisieren sein. Insgesamt muss die Honorarsituation als Mischkalkulation auskömmlich sein.
- Der Auftraggeber muss möglichst frühzeitig, idealerweise bei Auftragserteilung über das zu erwartende Honorar informiert werden.

8.0 Honorierung des Bausachverständigen

- Der Zeit- und Kostenaufwand für jedes Gutachten wird mit einer Zeiterfassung exakt protokolliert, um so eine Basis für eine realistische Kalkulation zu erhalten.

Hieraus ist dann der Wunsch entstanden, mit einer Liste an Pauschalansätzen möglichst jeden Auftrag frühzeitig kalkulieren zu können.

Ein eigener Vorschlag für eine Honorarliste:

Wohngebäude (Bezugsgröße ist der Marktwert)

Eigentumswohnung bis 100.000,00 €	800,00 €
Eigentumswohnungen über 100.000,00 €	1.000,00 €
• Ein- und Zweifamilienhäuser bis 250.000,00 €	1.200,00 €
• Ein- und Zweifamilienhäuser bis 500.000,00 €	1.500,00 €
• Mehrfamilienhäuser bis 6 Wohnungen	2.200,00 €
• Mehrfamilienhäuser bis 20 Wohnungen	3.400,00 €
• Mehrfamilienhäuser über 20 Wohnungen	4.000,00 €

Gewerblich genutzte Objekte (> 50 % gewerbliche Nutzung)

Marktwert bis 250.000,00 €	1.500,00 €
Marktwert bis 500.000,00 €	2.200,00 €
Marktwert bis 1.000.000,00 €	2.800,00 €
Marktwert bis 2.500.000,00 €	3.500,00 €
Marktwert bis 5.000.000,00 €	5.000,00 €
Marktwert bis 7.500.000,00 €	6.500,00 €
Marktwert bis 10.000.000,00 €	8.000,00 €
Marktwert bis 15.000.000,00 €	10.000,00 €
Marktwert über 15.000.000,00 €	13.000,00 €

Weitere Parameter

- Die vorstehenden Honorare verstehen sich für jeweils zwei Ermittlungsverfahren.
- Wertermittlung auf der Basis nur eines Verfahrens –10 %.
- Zuschlag für die Bewertung erheblicher Rechte und Belastungen (Wohnrecht, Nießbrauch, Baulasten, Herrschvermerke) + 25 %.
- Zuschlag Erbbaurecht oder Bergschäden + 30 %.
- Mehrere gleiche Objekte in einem Gutachten – 20 %.
- Nebenkosten auf Nachweis oder pauschal.
- Nettopreise zzgl. Umsatzsteuer.

Mit den vorstehenden Honoraren und bei meiner Bürostruktur kann ich insgesamt auskömmlich kalkulieren. Selbstverständlich muss jeder Sachverständige hier seine eigenen Berechnungen anstellen und seine eigene Situation berücksichtigen.

Zeithonorar

Für „Sonderfälle" zusätzliche Leistungen, Stellungnahmen etc. bietet sich die Abrechnung im Zeithonorar entsprechend dem tatsächlich entstandenen Aufwand an.

Den Aktuellen Erhebungen des Bundesjustizministeriums zur „JVEG-Umfrage" zufolge[20] liegen die außergerichtlichen Stundensätze von Bewertungssachverständigen durchschnittlich bei ca. 100 €/Std.

8.2 Honorierung des Bauschadensgutachtens als Privatgutachten

Wie kaum ein anderer Bereich umfasst das Sachgebiet des Bauschadenssachverständigen eine enorme Fülle verschiedener Problemfelder. Es wird ein hohes Maß an Fachwissen auf den verschiedensten Gebieten der Bauplanung und Ausführung verlangt.

Typische Auftragsinhalte für den Sachverständigen können sein:

- Analyse und Beurteilung von reinen Handwerkerleistungen im Baubereich mit der Feststellung eventuell vorhandener Mängel und Schäden;
- Erteilung einer Fertigstellungsbescheinigung nach § 641a BGB;
- Analyse und Beurteilung von Planungsleitungen in Bezug auf Planungsfehler und deren Ursächlichkeit für eventuelle Mängel und Schäden am Bauwerk;
- Veranlassung und Überwachung der Beseitigung von Mängeln und Schäden;
- baubegleitende Qualitätskontrolle;
- diese Aufzählung ist nicht abschließend; daneben sind außerdem verschiedene Kombinationen bzw. Häufungen der einzelnen Fragestellungen innerhalb eines Auftrages denkbar.

Um eine angemessene und wirksame Honorarvereinbarung zu treffen, hat der Bauschadenssachverständige nun im eigenen Interesse genauestens zu beachten, welche Anforderungen und somit welchen Aufwand die jeweilige Fragestellung erfordert.

Anders als z. B. der Bewertungssachverständige lassen sich die Honorare für Leistungen des Bauschadenssachverständigen kaum pauschalieren. Hier wird kaum ein Weg an einer jeweiligen Kalkulation des Einzelfalls vorbeigehen.

Eine Ausnahme stellen z. B. Begutachtungen von Schimmelbildung in Wohnungen dar. Diese werden auch schon einmal zu Pauschalbeträgen angeboten. Dies geschieht hauptsächlich, wenn der Sachverständige häufig z. B. durch Interessenvereinen der Mieter oder Vermieter beauftragt wird. Hier sind mir Pauschalen von ca. 250 € bis ca. 600 €, je nach Aufwand und Ansehen des Sachverständigen, bekannt.

Ansonsten werden die Leistungen des Bauschadens-SV regelmäßig im Zeithonorar entsprechend dem tatsächlich entstandenen Aufwand abgerechnet.

---

20 Justizvergütungs- und Entschädigungsgesetz – Evaluation und Marktanalyse (Verf.: Hommerich/Reiß), 2010 (auszugsweise veröffentlicht und kommentiert in IfS Informationen 5/2010, S. 4 ff.).

8.0 Honorierung des Bausachverständigen

Den Aktuellen Erhebungen des Bundesjustizministeriums zur „JVEG-Umfrage" zufolge[21] liegen die außergerichtlichen Stundensätze von Bausachverständigen für „Schadensfeststellung, -ursachenermittlung und -bewertung" durchschnittlich bei ca. 95 €/Std.

8.2.1 Veranlassen und Überwachen der Beseitigung von Mängeln und Schäden

Teilweise erfolgt auf die Erstellung eines Gutachtens der Auftrag, die Beseitigung der festgestellten Schäden zu veranlassen und auch die entsprechende Durchführung zu überwachen. Soweit hier noch ein Architekt involviert ist, wird sich die Aufgabe des Sachverständigen regelmäßig darauf beschränken aufzuzeigen, wie die festgestellten Schäden fachgerecht zu beseitigen sind und die durch den Architekten veranlassten Maßnahmen zu kontrollieren.

Anders liegt der Fall, wenn ein solcher weiterer Fachmann (Architekt) nicht in die zu ergreifenden Maßnahmen eingebunden ist. Soll der Sachverständige die notwendige Mängelbeseitigung eigenständig veranlassen und überwachen, wird er ab diesem Zeitpunkt Architektenleistungen nach Teil 3 der HOAI erbringen. In der Regel sind hierzu folgende Leistungen zu erbringen:

Es müssen die zu erbringenden Arbeiten gewerkeweise festgelegt und in Leistungsverzeichnissen eingehend beschrieben werden. Dies entspricht Leistungen aus der Leistungsphase 6 (Vorbereitung der Vergabe) des § 33 HOAI.

Es müssen sodann Verdingungsunterlagen zusammengestellt und versandt werden. Die eingehenden Angebote müssen geprüft und die Beauftragung vorbereitet werden. Es muss ein Kostenanschlag gefertigt werden. Dies entspricht Leistungen aus der Leistungsphase 7 (Mitwirkung bei der Vergabe) des § 33 HOAI.

Die auszuführenden Arbeiten müssen schließlich überwacht und die Rechnungen der Firmen geprüft werden. Abnahmen müssen durchgeführt werden. Es ist eine Kostenfeststellung zu fertigen. Dies entspricht Leistungen aus der Leistungsphase 8 (Objektüberwachung) des § 33 HOAI.

Hinzukommen können alle weiteren Grundleistungen aus den Leistungsphasen 6-8 sowie zusätzlich Leistungen aus den Leistungsphasen 5 (Ausführungsplanung) und 9 (Objektbetreuung und Dokumentation).

Des Weiteren können besondere Leistungen hinzutreten.

Wie bereits zuvor erwähnt, erbringt der Sachverständige hier reine Architektenleistungen und unterliegt somit auch den entsprechenden Abrechnungsvorschriften der HOAI. Unerheblich ist es hierbei, ob der Sachverständige Architekt oder Ingenieur ist, da die HOAI rein tätigkeitsbezogen anzuwenden ist.

Es sind daher im Vorfeld und während der Ausführung der Leistungen einige wichtige Punkte zu beachten, um eine sachgerechte und rechtssichere Abrechnung zu gewährleisten, denn eine prüffähige Schlussrechnung ist hier unabdingbare Anspruchsvoraussetzung (§ 15 Abs. 1 HOAI).

---

21 Ebenda.

8.2 Honorierung des Bauschadensgutachtens als Privatgutachten

Schriftliche Vereinbarung (Honorarsatz)

Bei der Erbringung von Architektenleistungen ist die Form und der Zeitpunkt der Honorarvereinbarung von Bedeutung. So gilt auch hier, dass, wenn nichts anderes schriftlich bei Auftragserteilung vereinbart wurde, die Mindestsätze der jeweiligen Honorartafel als vereinbart gelten.

Anrechenbare Kosten

Das Honorar ist gemäß § 6 HOAI nach den anrechenbaren Kosten des Objektes zu ermitteln.

§ 6 HOAI Grundlagen des Honorars

(1) Das Honorar für Leistungen nach dieser Verordnung richtet sich

1. für die Leistungsbilder der Teile 3 und 4 nach den anrechenbaren Kosten des Objekts auf der Grundlage der Kostenberechnung oder, soweit diese nicht vorliegt, auf der Grundlage der Kostenschätzung und für die Leistungsbilder des Teils 2, nach Flächengrößen oder Verrechnungseinheiten,

2. nach dem Leistungsbild,

3. nach der Honorarzone,

4. nach der dazugehörigen Honorartafel,

5. bei Leistungen im Bestand zusätzlich nach den §§ 35 und 36.

(2) Wenn zum Zeitpunkt der Beauftragung noch keine Planungen als Voraussetzung für eine Kostenschätzung oder Kostenberechnung vorliegen, können die Vertragsparteien abweichend von Absatz 1 schriftlich vereinbaren, dass das Honorar auf der Grundlage der anrechenbaren Kosten einer Baukostenvereinbarung nach den Vorschriften dieser Verordnung berechnet wird. Dabei werden nachprüfbare Baukosten einvernehmlich festgelegt.

Sofern im Vorfeld (z. B. im Rahmen des Gutachtens) eine Kostenberechnung erstellt wurde, kann diese zur Grundlage der Honorarvereinbarung genommen werden.

Liegt eine solche nicht vor, ist es ratsam, auf der Grundlage von § 6 Abs. 2 HOAI eine Baukostenvereinbarung zu treffen.

Honorarzone

Gemäß § 6 HOAI ist das Objekt der Honorarzone zuzuordnen, der es angehört. Auch hier lässt die Verordnung keinen Spielraum für anderslautende Vereinbarungen. Die zutreffende Honorarzone ist zu ermitteln.

Erbrachte Teilleistungen

Es ist hier gegenüber dem Auftraggeber genau darzustellen, welche Teilleistungen erbracht wurden. Hierbei ist zu berücksichtigen, dass der Architektenvertrag in der Regel ein Werkvertrag ist und somit der eingetretene Erfolg maßgeblich für den Honoraranspruch ist. Bei abgebrochenen Leistungsphasen ist der Stand der erbrachten/nicht erbrachten Leistungen nachvollziehbar zu ermitteln.

8.3 Die Honorierung der baubegleitenden Qualitätsüberwachung

Vorweg kann hier schon einmal festgehalten werden, dass die Leistungen bei der baubegleitenden Qualitätsüberwachung (BQÜ) nicht unter die Regelungen der HOAI fallen, auch wenn immer wieder versucht wird, den Sachverständigen, der mit derartigen Aufgaben betraut ist, diesen preisrechtlichen Vorschriften zu unterwerfen.

Es ist unzweifelhaft, dass der Sachverständige, der mit der baubegleitenden Qualitätsüberwachung beauftragt ist, regelmäßig als weitere, übergeordnete Kontrollinstanz fungiert und *nicht* die Leistungen der am Bau beteiligten Objektplaner oder Fachingenieure ersetzt.

Hieran ändert auch der Umstand nichts, dass, gerade bei kleineren Bauvorhaben, teilweise versucht wird, den relativ teuren Objektüberwacher (31 v. H. des Gesamthonorars) „einzusparen" und diese Aufgabe vom baubegleitenden Qualitätsüberwacher quasi „miterledigen zu lassen".

Der Sachverständige erbringt auch hier *keine* Grundleistungen gemäß HOAI, sondern der Sachverständige wird *zusätzlich* mit diesen Grundleistungen beauftragt. Dies ist sowohl honorar- als auch haftungstechnisch eindeutig zu trennen.

Da diese Konstellation, soweit mir bekannt, aber noch nicht Gegenstand eines obergerichtlichen Urteils war, verbleibt das Risiko, dass die Leistungen der BQÜ als „besondere Leistungen, die zu Grundleistungen hinzutreten", anzusehen sind.

Seit der Novellierung der HOAI im August 2009 ist dieser Umstand aber insoweit unschädlich, als dass das Honorar für besondere Leistungen nicht mehr von der HOAI geregelt wird, sondern frei vereinbart werden kann.

8.3.1 Grundsätze der Honorierung

Wie zuvor ausgeführt, fallen die Leistungen der baubegleitenden Qualitätskontrolle grundsätzlich nicht unter die preisrechtlichen Vorschriften der HOAI, und zwar aus folgenden Gründen:

Der Sachverständige erbringt keine Grundleistungen im Sinne der HOAI, sondern diese Leistungen werden von ihm überprüft.

Es kann dahingestellt bleiben, inwieweit es sich um besondere Leistungen im Sinne der HOAI handelt, da „besondere Leistungen" von den preisrechtlichen Vorschriften nicht erfasst sind.

Das Honorar für Leistungen der BQÜ kann also regelmäßig frei vereinbart werden und fällt nicht unter die preisrechtlichen Vorschriften der HOAI.

8.3.2 Empfehlung

Zur Vermeidung späterer Streitigkeiten und zur eigenen Absicherung wird dringend der Abschluss einer schriftlichen Honorarvereinbarung empfohlen.

8.4 Honorierung des Honorarsachverständigen

Es handelt sich hier eindeutig *nicht* um Leistungen, wie sie in der HOAI beschrieben sind.

Die Honorierung des Honorarsachverständigen unterliegt somit nicht den preisrechtlichen Bindungen der HOAI und kann frei vereinbart werden.

Da auch diese Leistungen, ähnlich denen des Bauschadenssachverständigen, im Vorfeld regelmäßig schwer zu pauschalieren sind, werden sie regelmäßig im Zeithonorar entsprechend dem tatsächlich entstandenen Aufwand abgerechnet.

Den Aktuellen Erhebungen des Bundesjustizministeriums zur „JVEG-Umfrage" zufolge[22] liegen die außergerichtlichen Stundensätze von Honorargutachtern durchschnittlich bei ca. 115 €/Std.

8.5 Honorierung des Gerichtsgutachtens

Ab dem 01.07.2004 hat das Justizvergütungs- und Entschädigungsgesetz (JVEG) das bis dahin geltende Zeugen- und Sachverständigenentschädigungsgesetz (ZSEG) abgelöst.

Sofern ein Sachverständiger von einer der in § 1 Abs. 1 Satz 1 JVEG genannten „heranziehenden Stellen" beauftragt wird, muss er seinen Honoraranspruch zwingend auf der Grundlage des JVEG abrechnen. Heranziehende Stellen können Gerichte, Staatsanwaltschaft, Finanzbehörden, Verwaltungsbehörden, die Polizei oder der Gerichtsvollzieher sein.

Im Gegensatz zum Privatauftrag sind die Grundsätze der Honorierung bzw. Entschädigung hier unabhängig von Sachgebiet und Tätigkeit.

8.5.1 Zu vergütende Zeit

Bei der Bemessung des zu vergütenden Zeitraums ergeben sich drei erhebliche Unterschiede zur Honorierung im Privatbereich:

1. Der zu vergütende Zeitraum orientiert sich gemäß § 8 Abs. 2 JVEG an der erforderlichen Zeit, also an der durchschnittlichen, üblichen Zeit, die für einen durchschnittlich arbeitenden Sachverständigen erforderlich ist. Dies hat auch der BGH in seiner Entscheidung vom 16.12.2003 ausgeführt: „Der Sachverständige hat nicht Anspruch auf Vergütung für seinen tatsächlichen Zeitaufwand, sondern nur für den erforderlichen Zeitaufwand. Das ist die Zeit, die ein mit der Materie Vertrauter mit durchschnittlichen Fähigkeiten und Kenntnissen bei sachgemäßer Auftragserledigung mit durchschnittlicher Arbeitsintensität zur Beantwortung der Beweisfrage benötigt."[23]

2. Im Gegensatz zum Privatauftrag ist es bei der Honorierung nach dem JVEG unerheblich, welche Tätigkeiten in der jeweils erforderlichen Zeit erbracht werden. Der Stundensatz ist für die gesamte Zeit einheitlich zu bemessen, egal, ob es sich z. B. um Wartezeiten oder die Erstellung des Gutachtens handelte.[24]

---
22 Ebenda.
23 BGH, Urt. v. 16. 12. 2003 – X ZR 206/98 – Der Sachverständige 5/2004, S. 144 f.
24 Röhrich/Krell, Vergütung für Bausachverständige nach JVEG, 2005, Rz. 5.9.

3. Weiterhin wird jede erforderliche Zeit vergütet, also auch Nebenarbeiten wie z. B. Fahrtzeiten, Wartezeiten, Literaturrecherche, Kopieren etc. Ausnahmen bilden z. B. das Erstellen der Rechnung oder das Prüfen der eigenen Zuständigkeit.

Da die letztendlich benötigte bzw. abgerechnete Zeit ggf. belegt werden muss, ist es ratsam, eine Zeiterfassung zu führen. Dies kann eine handgeschriebene Liste sein, die einfach in die Akte geheftet wird. Diese kann im Falle des Nachweises urschriftlich an das Gericht gehen.

8.5.2 Höhe des Stundensatzes

Die Höhe des Stundensatzes richtet sich nach § 9 JVEG. Findet der Sachverständige seine Leistungen nicht innerhalb der Tabelle zu § 9 Abs. 1 JVEG, so ist die Höhe des Stundensatzes nach billigem Ermessen festzulegen.

Wesentlich ist hierbei weiterhin, dass es bei der Zuordnung zu einer Honorargruppe auf die tatsächlich zur Erstellung des Gutachtens notwendigen Tätigkeiten ankommt. Welchem Sachgebiet der Sachverständige „normalerweise" angehört, ist hier unerheblich. So ist z. B. ein Honorargutachter üblicherweise der Honorargruppe 7 zuzuordnen. Äußert er sich aber zu Fragen der Wertermittlung, fällt er unter die Honorargruppe 6 (Bewertung von Immobilien).

Erbringt ein Sachverständiger innerhalb eines Auftrages Leistungen, die verschiedenen Honorargruppen zuzuordnen sind, so ist der gesamte Zeitaufwand nach der höchsten der in Frage kommenden Honorargruppen abzurechnen, es sei denn, dass dies zu unbilligen Ergebnissen führt.

Erhält z. B. ein Sachverständiger für Schäden an Gebäuden ein Gutachtenauftrag, in dem er sich zu Fragen aus seinem Sachgebiet (Honorargruppe 6), Spezialfragen des Abbruchs (Honorargruppe 5) und Spezialfragen des Holzbaus (Honorargruppe 4) äußern soll, so ist der gesamte Zeitaufwand regelmäßig nach der Honorargruppe 6 (der höchsten der möglichen Honorargruppen) abzurechnen.

Eine Ausnahme liegt vor, wenn der Anteil der innerhalb der höchsten Honorargruppe zu erbringenden Leistungen so gering ist, dass die Abrechnung hiernach zu einem unbilligen, weil überhöhten Ergebnis führen würde. Hier ist der Schwerpunkt der Gesamtleistung zu berücksichtigen und auf dieser Grundlage die Gesamthonorierung einer Honorargruppe zuzuordnen.[25]

Gemäß § 13 JVEG kann der Sachverständige auch einen höheren Stundensatz oder ein Pauschalhonorar vereinbaren, wenn „ein ausreichender Betrag an die Staatskasse gezahlt ist".

Hieraus resultiert, dass ein höherer Stundesatz als in § 9 JVEG vorgesehen, nur bei Zivilprozessen in Betracht kommt, wo die beweisbelasteten Parteien einen entsprechenden Auslagenvorschuss eingezahlt haben. Sobald die Staatskasse der Kostenträger ist, verbleibt es bei den Stundensätzen nach § 9 JVEG.

8.5.3 Vorschuss

Der von einer heranziehenden Stelle im Sinne des § 1 JVEG beauftragte Sachverständige hat Anspruch auf eine Vorschusszahlung, wenn erhebliche Fahrtkosten oder sonstige

---
25 Röhrich/Krell, Vergütung für Bausachverständige nach JVEG, 2005, Rz. 5.10.

Aufwendungen entstanden sind oder voraussichtlich entstehen werden oder wenn die zu erwartende Vergütung für bereits erbrachte Teilleistungen einen Betrag von 2.000 € übersteigt (§ 3 JVEG).

Der Sachverständige hat somit einen Anspruch auf Vorschusszahlung, wenn seine zu erwartende Vergütung bzw. die ihm entstehenden Kosten mindestens 2.001 € betragen. Dies ist unabhängig vom Zeitraum der Heranziehung, wie es noch das ZSEG als Anspruchsvoraussetzung kannte.

8.5.4 Fahrtkosten

Für notwendige Fahrten werden dem Sachverständigen 0,30 € bei Benutzung des PKWs erstattet. Für Bahnfahrten wird die erste Wagenklasse anerkannt. Bei Flugreisen wird nach billigem Ermessen zu urteilen sein (§ 5 JVEG)

Alle notwendigen Nebenkosten wie z. B. Parkgebühren oder Gepäcktransport werden ebenfalls erstattet.

Wesentlich ist hierbei allerdings, dass Fahrtkosten lediglich erstattet und nicht grundsätzlich gezahlt werden. Es kommt also darauf an, dass die geltend gemachten Kosten auch tatsächlich entstanden sind. Fahren z. B. zwei Sachverständige gemeinsam mit einem PKW, so können die entsprechenden Fahrtkosten nur einmal geltend gemacht werden.

8.5.5 Übernachtung und Verpflegung

Kosten notwendiger Übernachtungen werden gemäß § 6 JVEG nach dem Bundesreisekostengesetz (BRKG) gewährt.

Gemäß § 10 BRKG werden Übernachtungskosten ohne Beleg bis zu einer Höhe von 20,00 € gewährt. Darüber hinausgehende Kosten werden lediglich zu 50 v. H. des vorgenannten Erstattungsbetrages anerkannt.

Dies bedeutet, dass der Gerichtssachverständige für notwendige Übernachtungen grundsätzlich lediglich 30 €/Nacht erstattet bekommt. Hierbei sind die Kosten des Frühstücks noch herauszurechnen. Sofern höhere Übernachtungskosten unvermeidbar sind, so ist dies begründet nachzuweisen (z. B. kein günstigeres Hotel in der Stadt).

An Verpflegungskosten werden dem Sachverständigen folgende Pauschalbeträge gewährt:

- mindestens 8 Stunden abwesend: 6,00 €
- mindestens 14 Stunden abwesend: 12,00 €
- mindestens 24 Stunden abwesend: 24,00 €.

8.5.6 Ersatz von Aufwendungen

Gemäß §§ 7 und 12 JVEG werden sonstige Aufwendungen wie folgt entschädigt:

Ablichtungen werden mit je 0,50 €/Seite für die ersten 50 Seiten und je 0,15 € für jede weitere Seite entschädigt.

Für die Überlassung elektronisch gespeicherter Daten werden 2,50 €/Datei ersetzt.

8.0 Honorierung des Bausachverständigen

Für die zur Vorbereitung und Erstattung des Gutachtens erforderlichen Lichtbilder oder an deren Stelle tretenden Farbausdrucke werden 2,00 € für den ersten Abzug und 0,50 € €ür jeden weiteren Abzug oder Ausdruck erstattet.

Für die Erstattung des schriftlichen Gutachtens werden 0,75 €/1.000 Anschläge erstattet.

Alle zur Vorbereitung und Erstattung des Gutachtens erforderlichen Kosten werden grundsätzlich ebenfalls erstattet. Es ist jeweils der Beleg über die tatsächlich entstandenen Kosten vorzulegen. Ggf. ist die Notwendigkeit dieser Kosten zu begründen. Der Sachverständige tut allerdings gut daran, die Notwendigkeit solcher Kosten vorher anzuzeigen und sich deren Erstattungsfähigkeit bestätigen zu lassen, wenn sie nicht von untergeordneter Höhe sind.

9.0 Hinzuziehung eines weiteren Sachverständigen

Ein häufiges Problem gerade im Bau- und Immobilienbereich besteht darin, dass die Fragestellung eines Gutachtenauftrages sich nicht auf ein Sachgebiet beschränkt. Hier ist ein sensibler Umgang mit den Grenzen der eigenen Sachkunde gefragt.

Man sollte sich immer vor Augen halten, dass sich ein Sachverständiger durch besondere Sachkunde, die über das Normalmaß z. B. eines mit dieser Thematik befassten Architekten oder Ingenieurs hinausgeht, hervorhebt. Es ist nicht ausreichend, damit „schon einmal zu tun gehabt zu haben". Auch wenn sich jemand tagtäglich mit dem entsprechenden Themengebiet befasst und ein guter Praktiker ist, heißt das nicht automatisch, dass er über eine besondere Sachkunde verfügt und einen Sachverhalt für die Erstellung eines Gutachtens entsprechend aufbereiten kann.

Ein allzu forsches „Über-den-Tellerrand-sehen" und ein unerschütterlicher Glaube in die eigenen uneingeschränkten Fähigkeiten nützen weder der Sache noch dem Auftraggeber und führen ggf. zu Haftungsproblemen und eigener Rufschädigung.

Es ist sicherlich kein Zeichen von Schwäche, wenn man darauf hinweist, dass zu bestimmten Fragestellungen ein weiterer Sachverständiger eines anderen Sachgebietes hinzugezogen werden muss. Vielmehr ist dies uneingeschränkt positiv zu bewerten, wenn die eigenen Grenzen der besonderen Sachkunde erkannt und eingehalten werden. Durch dieses Verhalten sorgt der Sachverständige für eine durchweg hohe Qualität der beauftragten Gutachtenerstellung.

9.1 Beim Privatauftrag

Hier ist es zunächst eine Frage der vertraglichen Regelungen, inwieweit der Sachverständige selbst einen weiteren Sachverständigen („Untersachverständigen") im Bedarfsfall beauftragen darf. Ist dieser Punkt nicht eindeutig geregelt (auch bezüglich der Honorierung des weiteren Sachverständigen durch den Auftraggeber und nicht durch den Sachverständigen), sollte dieses Vorgehen auf jeden Fall vermieden werden.

Kommt es zum Streit über das Honorar des weiteren Sachverständigen, kann er bei nicht eindeutiger diesbezüglicher Regelung auf den Kosten sitzen bleiben. Denn im Zweifelsfall gilt noch immer die alte Regel: „Wer die Musik bestellt, der muss sie auch bezahlen."

Folgende Vorgehensweise wird empfohlen:

- Erkennt der Sachverständige, dass er Teilbereiche der gestellten Fragen nicht beantworten kann, teilt er dies seinem Auftraggeber zunächst einmal mit.

- Sofern ihm ein diesbezüglich kompetenter Kollege bekannt ist, teilt er dies ebenfalls mit. Es empfiehlt sich hier, zwei oder drei Kollegen zur Auswahl zu stellen, damit der Auftraggeber ein Wahlrecht behält und nicht der Eindruck entsteht, es solle hier einem Kollegen ein Auftrag „verschafft" werden.

9.0 Hinzuziehung eines weiteren Sachverständigen

- Sofern ein weiterer Sachverständiger beauftragt wurde, entscheidet man sinnvollerweise gemeinsam mit dem Auftraggeber, welcher Teil der Fragestellungen von diesem weiteren Sachverständigen bearbeitet werden soll.

- Auch wenn es für den Auftrageber in einigen Fällen einfacher zu handhaben ist, die Erkenntnisse beider Sachverständiger in einem Gutachten zusammenzufassen, so verbietet es sich aus Haftungsgründen geradezu, die Ausführungen des weiteren Sachverständigen in das eigene Gutachten zu übernehmen und eventuell gar noch zu interpretieren, obwohl dieser ja eingeschaltet wurde, weil die eigene Sachkunde dort eben nicht ausreicht.

- Nachdem geklärt wurde, welcher Sachverständige welche Fragestellungen zu beantworten hat, erstellt jeder ein eigenes Gutachten, für das er sein Honorar erhält und für das er auch ruhigen Gewissens haften kann.

9.2 Beim Gerichtsauftrag

Die Vorgehensweise ist grundsätzlich vergleichbar. Wird ein Sachverständiger von einer heranziehenden Stelle (in der Regel dem Richter, Rechtspfleger oder Staatsanwalt) mit der Erstellung eines Gutachtens beauftragt, so prüft er zunächst u. a., ob die zu beantwortenden Beweisfragen in sein Sachgebiet fallen und er sie ohne Hinzuziehung weiterer Sachverständiger beantworten kann. Ist dies in Gänze oder zum weitaus überwiegenden Teil nicht der Fall, so wird er in der Regel den Auftrag mit einem entsprechenden Hinweis zurückgeben. Sofern zumindest ein Teil der Fragen in das eigene Sachgebiet fallen, wird folgende Vorgehensweise empfohlen:

- Finden sich im Beweisbeschluss Fragen, die mit der eigenen Sachkunde nicht beantwortet werden können, so teilt man dies zunächst der heranziehenden Stelle mit und bittet darum, von der Beantwortung dieser Fragen entbunden zu werden und einen weiteren Sachverständigen zu bestellen.

- Auch hier ist es sinnvoll, der heranziehenden Stelle innerhalb dieser Mitteilung Sachverständige zu benennen, die über die hier notwendige Sachkunde verfügen und im Idealfall aus vorhergehender Zusammenarbeit bekannt sind. Es empfiehlt sich auch hier, zwei oder drei Kollegen zur Auswahl zu stellen, damit nicht der Eindruck entsteht, es solle hier einem Kollegen ein Auftrag „verschafft" werden. In der Regel werden diese Hinweise dankbar aufgenommen. (Solche „Serviceleistungen" fördern eine dauerhaft gute Zusammenarbeit z. B. mit einem Richter oder Rechtspfleger.)

- Häufig wird in diesem Zusammenhang dem Sachverständigen dann aufgegeben, einen weiteren Sachverständigen hinzuzuziehen. (Diese Vorgehensweise erspart z. B. dem Gericht die Mühe, den Beweisbeschluss zu ändern.) Hierauf sollte sich der Sachverständige keinesfalls einlassen. Der weitere Sachverständige muss unbedingt von der heranziehenden Stelle ernannt werden.

- Der Beweisbeschluss als Grundlage der Heranziehung bzw. Ernennung wird dann entsprechend geändert und jeder Sachverständige wird für die Beantwortung der Beweisfragen ernannt, die in sein Sachgebiet fallen.

- Es werden getrennte Gutachten erstellt. Diese werden getrennt abgerechnet. Zur ggf. notwendigen mündlichen Erläuterung wird der jeweilige Sachverständige geladen.

9.2.1 Besonderheiten bei der Hinzuziehung eines weiteren Sachverständigen

Bei der Hinzuziehung eines weiteren Sachverständigen sind grundsätzlich folgende Besonderheiten zu beachten:

- Wird der weitere Sachverständige durch den Auftragnehmer (SV) beauftragt, so besteht ausschließlich zwischen diesen beiden ein Vertragsverhältnis. Dies kann nicht nur zu Haftungsproblemen des Auftragnehmers (SV) gegenüber seinem Auftraggeber für die Leistungen des weiteren Sachverständigen führen, sondern auch für das Honorar des weiteren Sachverständigen haftet ausschließlich der Auftragnehmer (SV).
- Wird der weitere Sachverständige durch den gerichtlich bestellten Sachverständigen beauftragt, so gilt zunächst das vorstehend Ausgeführte entsprechend. Hinzu kommen aber weitere Besonderheiten:
  - Wird der gerichtlich bestellte Sachverständige zur mündlichen Erläuterung seines Gutachtens geladen, erstreckt sich dies regelmäßig nicht auf den durch ihn hinzugezogenen weiteren Sachverständigen.
  - Da es sich bei dem Vertrag zwischen dem gerichtlich bestellten und dem weiteren Sachverständigen um eine rein privatrechtliche Vereinbarung handelt, ist der weitere Sachverständige nicht an das JVEG gebunden. Dies kann dazu führen, dass der weitere Sachverständige mehr Honorar verlangen kann, als der gerichtlich bestellte SV erstattet bekommt.
  - Da der weitere Sachverständige, wie bereits ausgeführt, eine rein privatrechtliche Vereinbarung mit dem gerichtlich bestellten SV eingeht, ist er z. B. gegenüber dem Gericht kein Berechtigter im Sinne des § 3 JVEG (z. B. bei längerer Bearbeitungszeit). Er hat keinen diesbezüglichen Anspruch auf Vorschuss.

Aus dem Vorstehenden ergibt sich, dass der herangezogene Sachverständige strikt darauf achten sollte, dass sich Beauftragung, Ausführungen, Honorierung und letztendlich auch Haftung ausschließlich auf den Teil der Fragestellung beschränken, den er auch eigenverantwortlich bearbeitet hat.

10.0 Rechtsprechung

Im Folgenden werden ausgewählte Gerichtsentscheidungen angeführt, die für den Sachverständigen in seiner täglichen Arbeit bedeutungsvoll sein können.

Es soll hier weder eine Kommentierung oder ausführliche Verhaltesanleitung erfolgen noch werden die Entscheidungen im Volltext abgedruckt. Der Anwender kann innerhalb der nachfolgenden Auflistung erste Anhaltspunkte für wesentliche Entscheidungen finden, die dann ggf. eine Grundlage für das weitere juristische Vorgehen darstellen.

Über die Datenbanken der einzelnen Gerichte bzw. einschlägiger Portale können die Entscheidungen regelmäßig auch im Volltext beschafft werden.

10.1 Gesetzlicher Rahmen des Honorars

Gemäß § 632 Abs. 2 BGB ist für die Bemessung der Vergütung des Sachverständigen der Inhalt der zwischen den Parteien getroffenen Vereinbarung maßgeblich.

Nur wenn sich eine vertraglich festgelegte Vergütung nicht ermitteln lässt, kann zur Ergänzung des Vertrages auf die Vorschriften der §§ 315, 316 BGB zurückgegriffen werden.

Ein Sachverständiger, der für Routinegutachten eine angemessene Pauschalierung seiner Honorare vornimmt, überschreitet die Grenzen des ihm vom Gesetz eingeräumten Gestaltungsspielraums grundsätzlich nicht.[26]

10.2 Haftung des Gutachters im Zwangsversteigerungsverfahren

Auch der in einem Zwangsversteigerungsverfahren vom Gericht mit der Wertermittlung beauftragte Sachverständige haftet dem Ersteigerer für ein fehlerhaftes Gutachten nach § 839a BGB.[27]

10.3 Urheberrecht des Sachverständigen an den Fotos im Gutachten

„Erstattet ein Sachverständiger im Auftrag eines Unfallgeschädigten ein Gutachten über den Schaden an einem Unfallfahrzeug, das dem Haftpflichtversicherer des Unfallgegners vorgelegt werden soll, ist der Haftpflichtversicherer grundsätzlich nicht berechtigt, im Gutachten enthaltene Lichtbilder ohne Einwilligung des Sachverständigen in eine Restwertbörse im Internet einzustellen, um den vom Sachverständigen ermittelten Restwert zu überprüfen".[28]

---

[26] BGH, Urt. v. 04.04.2006, Az.: X ZR 122/05.
[27] BGH, Urt. v. 09.03. 2006, Az.: III ZR 143/05.
[28] BGH, Urt. v. 29.04.2010, Az.: I ZR 68/08.

10.4 Im Prozess eingeholtes Privatgutachten erkennbar würdigen

Das Gericht ist verpflichtet, ein Privatgutachten erkennbar zu verwerten, das von einer Partei auf ein Gerichtsgutachten hin eingeholt wurde und den Ausführungen des Gerichtsgutachters widerspricht.[29]

10.5 Vergleichsmiete als Bandbreite

Das Gutachten eines Sachverständigen zur Miethöhe ist nicht deshalb fehlerhaft, weil es als ortsübliche Vergleichsmiete eine Bandbreite und nicht einen festen Betrag nennt. Bei der ortsüblichen Vergleichsmiete handelt es sich regelmäßig nicht um einen punktgenauen Wert. Vielmehr bewegt sich diese innerhalb einer gewissen Bandbreite. Der BGH hat hiermit seine bisherige Rechtsprechung bestätigt.[30]

10.6 Bewertungsobjekt nicht besichtigt

Ein unrichtiges Gutachten liegt vor, wenn der Sachverständige fehlerhaft oder unvollständig maßgebliche Befunde erhebt und somit in seiner schriftlichen oder mündlichen Gutachterstellungnahme von einem unzutreffenden Sachverhalt ausgeht. Gleiches gilt selbstverständlich für den Fall, dass der Sachverständige aus einem grundsätzlich zutreffenden Sachverhalt falsche Schlüsse zieht. Der gerichtlich bestellte Sachverständige hat also den Gegenstand seiner Begutachtung genauestens und fachlich mit der erforderlichen Sorgfalt eines ordentlichen Sachverständigen zu untersuchen. Im Umkehrschluss bedeutet dies, dass für den Fall, dass der Sachverständige nicht sämtlichen Einzelheiten seines Auftrages nachgeht und Feststellungen trifft, sein Gutachten u. U. wesentliche Sachverhaltsumstände nicht berücksichtigt und die Gefahr groß ist, dass falsche Rückschlüsse gezogen und im Gutachten verwertet werden.

Das Oberlandesgericht Celle hat in seinem Beschluss vom 07.05.2004 allerdings entschieden, dass der Sachverständige nicht haftet, wenn er z. B. bei der Bewertung des Versteigerungsobjektes in seinem Gutachten ausdrücklich darauf hinweist, dass seine Bewertung auf schriftlichen Unterlagen und dem äußeren Eindruck beruht, da ihm ein Zutritt nicht gestattet worden ist und damit eine Besichtigung des Objektes nicht möglich war.[31]

10.7 Zuverlässigkeit des Sachverständigen

1. Die öffentliche Bestellung als Sachverständiger erfordert eine uneingeschränkte Zuverlässigkeit und Vertrauenswürdigkeit der Person.
2. Beide Voraussetzungen sind nicht mehr gegeben, wenn der Sachverständige bei

---
29 BGH, Beschl. v. 18.05.2009, Az.: IV ZR 57/08.
30 BGH, Urt. v. 21.10.2009, Az.: VIII ZR 30/09.
31 OLG Celle, Beschl. v. 07.05.2004, Az.: 4 U 30/04.

Gerichtsaufträgen auf Sachstandsanfragen nicht antwortet, das Gutachten trotz nachhaltiger Aufforderung sowie eines Ordnungsgeldbeschlusses nicht erstattet und die Gerichtsakten nicht zurückgibt, so dass ein Aktenersetzungsverfahren durchgeführt werden muss.[32]

10.8 Vergütung des gerichtlich bestellten Sachverständigen

1. Die Angaben des vom Sachverständigen in Ansatz gebrachten Zeitaufwands unterliegen grundsätzlich der Nachprüfung durch das Gericht, wobei für die erforderliche Zeit i. S. d. § 3 Abs. 2 Satz 1 ZSEG ein objektiver Maßstab anzulegen ist.

2. Die Nachprüfung der Zeitangaben das Sachverständigen darf aber nicht dazu führen, dass das Gericht die Stundenzahl nach freiem Ermessen festsetzt. Vielmehr bedarf es sorgfältiger Erwägungen, wie weit und aus welchen Gründen im Einzelfall entweder den Angaben des Sachverständigen über die tatsächlich aufgewendete Zeit nicht gefolgt werden kann oder inwieweit etwa die als tatsächlich verbrauchte Zeit das Maß des bei Berücksichtigung aller Umstände objektiv erforderlichen Zeitaufwands übersteigt.

3. Von Extremfällen abgesehen, in denen die vom Sachverständigen berechnete Zeit nicht mehr innerhalb der Toleranzgrenzen liegt, ist regelmäßig davon auszugehen, dass die vom Sachverständigen berechnete Zeit auch erforderlich war, da im Allgemeinen nur schwer nachgeprüft werden kann, welche Zeit ein Sachverständiger mit durchschnittlicher Befähigung und Erfahrung bei sachgemäßer Auftragserledigung und durchschnittlicher Arbeitsintensität benötigt hätte.[33]

10.9 Typengutachten zur Mieterhöhung

„Grundsätzlich muss ein Sachverständiger das Objekt, das er fachlich beurteilen soll, auch in eigener Person besichtigen, soweit nichts anderes vereinbart worden ist. Will also beispielsweise ein Vermieter die Miete erhöhen, kann er dies u. a. mit dem Gutachten eines Mietsachverständigen begründen. Grundsätzlich müsste in einem solchen Fall der Sachverständige die Mietwohnung kennen, um sie mit ähnlichen Wohnungen vergleichen zu können. Der Sachverständige braucht aber zur Fertigung seines Gutachtens die konkrete Wohnung des betreffenden Mieters dann nicht zu besichtigen, wenn in einer Wohnanlage Wohnungen gleichen Typs, also von gleicher oder nahezu gleicher Art, Größe, Beschaffenheit und Ausstattung vorhanden sind und der Sachverständige diesen Typ Wohnung kennt. Nach Auffassung des BGH (Urteil vom 19.05.2010, Az.: VIII ZR 122/09) genügt es in solchen Fällen, wenn er ein sog. „Typengutachten" fertigt. Ein solches Gutachten bezieht sich nicht unmittelbar auf die vermietete Wohnung, sondern auf andere, nach Größe und Ausstattung vergleichbare Wohnungen".[34]

---

32 OVG Münster, Urt. v. 25.11.1986, Az.: 4 A 1673/85, EzGuG Nr. 11.162a.
33 OLG Hamm, Beschl. v. 23.12.1986, Az.: 23 W 213/85, EzGuG Nr. 11.163.
34 Institut für Sachverständigenwesen e. V., IfS Informationen 5/10, S. 10.

Anhang

A1 Muster – Sachverständigenordnung des DIHK

neugefasst aufgrund des Beschlusses des Arbeitskreises Sachverständigenwesen vom 30.11.2009 (Stand 15.02.2010)

Die Vollversammlung der Industrie- und Handelskammer ..... (IHK) hat am ...... gemäß § 4 des Gesetzes zur vorläufigen Regelung des Rechts der Industrie- und Handelskammern (IHKG) in der im Bundesgesetzblatt Teil III, Gliederungsnummer 701-1, veröffentlichten bereinigten Fassung, zuletzt geändert durch Artikel 7 des Vierten Gesetzes zur Änderung verwaltungsverfahrensrechtlicher Vorschriften (4. VwVfÄndG) vom 11.12.2008 (BGBl. I, S. 2418), und § 36 Abs. 3 und 4 der Gewerbeordnung, neugefasst durch Bekanntmachung vom 22.2.1999 (BGBl. I 202), zuletzt geändert durch Art. 4 Abs. 14 Gesetz vom 29.7.2009 (BGBl. I 2258), in Verbindung mit § ... (Landesregelung zur Zuständigkeit der IHK) folgende Sachverständigenordnung beschlossen:

I. Voraussetzungen für die öffentliche Bestellung und Vereidigung

§ 1 Bestellungsgrundlage
Die Industrie- und Handelskammer bestellt gemäß § 36 Gewerbeordnung auf Antrag Sachverständige für bestimmte Sachgebiete nach Maßgabe der folgenden Bestimmungen.

§ 2 Öffentliche Bestellung
(1) Die öffentliche Bestellung hat den Zweck, Gerichten, Behörden und der Öffentlichkeit besonders sachkundige und persönlich geeignete Sachverständige zur Verfügung zu stellen, deren Aussagen besonders glaubhaft sind.

(2) Die öffentliche Bestellung umfasst die Erstattung von Gutachten und andere Sachverständigenleistungen wie Beratungen, Überwachungen, Prüfungen, Erteilung von Bescheinigungen sowie schiedsgutachterliche und schiedsrichterliche Tätigkeiten.

(3) Die öffentliche Bestellung kann inhaltlich beschränkt und mit Auflagen verbunden werden. Auflagen können auch nachträglich erteilt werden.

(4) Die öffentliche Bestellung wird auf 5 Jahre befristet. Vorbehaltlich des Erlöschens wegen der Vollendung des 68. Lebensjahres (§ 22 Absatz 1 Buchstabe d)) kann der Sachverständige auf Antrag für weitere 5 Jahre erneut bestellt werden. Bei einer erstmaligen Bestellung und in begründeten Ausnahmefällen kann die Frist von 5 Jahren unterschritten werden.

(5) Die öffentliche Bestellung erfolgt durch Aushändigung der Bestellungsurkunde.

(6) Die Tätigkeit des öffentlich bestellten Sachverständigen ist nicht auf den Bezirk der bestellenden Industrie- und Handelskammer beschränkt.

§ 3 Bestellungsvoraussetzungen

(1) Ein Sachverständiger ist auf Antrag öffentlich zu bestellen, wenn die nachfolgenden Voraussetzungen vorliegen. Für das beantragte Sachgebiet muss ein Bedarf an Sachverständigenleistungen bestehen. Die Sachgebiete und die Bestellungsvoraussetzungen für das einzelne Sachgebiet werden durch die Industrie- und Handelskammer bestimmt.

(2) Voraussetzung für die öffentliche Bestellung des Antragstellers ist, dass

a) er eine Niederlassung als Sachverständiger im Geltungsbereich des Grundgesetzes unterhält;

b) er das 30. Lebensjahr vollendet und zum Zeitpunkt der Stellung des vollständigen Antrags auf erstmalige Bestellung das 62. Lebensjahr noch nicht vollendet hat;

c) keine Bedenken gegen seine Eignung bestehen;

d) er erheblich über dem Durchschnitt liegende Fachkenntnisse, praktische Erfahrungen und die Fähigkeit, sowohl Gutachten zu erstatten als auch die in § 2 Abs. 2 genannten Leistungen zu erbringen, nachweist;

e) er über die zur Ausübung der Tätigkeit als öffentlich bestellter Sachverständiger erforderlichen Einrichtungen verfügt;

f) er in geordneten wirtschaftlichen Verhältnissen lebt;

g) er die Gewähr für Unparteilichkeit und Unabhängigkeit sowie für die Einhaltung der Pflichten eines öffentlich bestellten Sachverständigen bietet;

h) er nachweist, dass er über einschlägige Kenntnisse des deutschen Rechts und die Fähigkeit zur verständlichen Erläuterung fachlicher Feststellungen und Bewertungen verfügt.

(3) Ein Sachverständiger, der in einem Arbeits- oder Dienstverhältnis steht, kann nur öffentlich bestellt werden, wenn er die Voraussetzungen des Abs. 2 erfüllt und zusätzlich nachweist, dass

a) sein Anstellungsvertrag den Erfordernissen des Abs. 2 Buchst. g) nicht entgegensteht, und dass er seine Sachverständigentätigkeit persönlich ausüben kann;

b) er bei seiner Sachverständigentätigkeit im Einzelfall keinen fachlichen Weisungen unterliegt und seine Leistungen gemäß § 12 als von ihm selbst erstellt kennzeichnen kann;

c) ihn sein Arbeitgeber im erforderlichen Umfang für die Sachverständigentätigkeit freistellt.

(4) *(entfallen)*

§ 3a Bestellungsvoraussetzungen für Anträge nach § 36a GewO

(1) Für die Anerkennung von Qualifikationen des Antragstellers aus einem anderen Mitgliedstaat der Europäischen Union oder einem anderen Vertragsstaat des Abkommens über den Europäischen Wirtschaftsraum gelten die Voraussetzungen von § 36a Abs. 1 und 2 GewO.

(2) Im Übrigen gelten § 3 Abs. 2 und 3.

II. Verfahren der öffentlichen Bestellung und Vereidigung

§ 4 Zuständigkeit und Verfahren

(1) Die Industrie- und Handelskammer … ist zuständig, wenn die Niederlassung des Sachverständigen, die den Mittelpunkt seiner Sachverständigentätigkeit im Geltungsbereich des Grundgesetzes bildet, im Kammerbezirk liegt. Die Zuständigkeit der Industrie- und Handelskammer … endet, wenn der Sachverständige die Niederlassung nach Satz 1 nicht mehr im Kammerbezirk unterhält.

(2) Über die öffentliche Bestellung entscheidet die Industrie- und Handelskammer nach Anhörung der dafür bestehenden Ausschüsse und Gremien. Zur Überprüfung der gesetzlichen Voraussetzungen kann sie Referenzen einholen, sich vom Antragsteller erstattete Gutachten vorlegen lassen, Stellungnahmen fachkundiger Dritter abfragen, die Einschaltung eines Fachgremiums veranlassen und weitere Erkenntnisquellen nutzen.

§ 4a Zuständigkeit und Verfahren für Anträge nach § 36a GewO

(1) Abweichend von § 4 Abs. 1 besteht für den Antrag eines Sachverständigen aus einem anderen Mitgliedsstaat der Europäischen Union oder einem anderen Vertragsstaat des Abkommens über den Europäischen Wirtschaftsraum, der noch keine Niederlassung im Geltungsbereich des Grundgesetzes unterhält, die Zuständigkeit der Industrie- und Handelskammer … bereits dann, wenn der Sachverständige beabsichtigt, die Niederlassung nach § 4 Abs. 1 S. 1 im Kammerbezirk zu begründen.

(2) Für Verfahren von Antragstellern mit Qualifikationen aus einem anderen Mitgliedsstaat der Europäischen Union oder einem anderen Vertragsstaat des Abkommens über den Europäischen Wirtschaftsraum gelten die Regelungen in § 36a Abs. 3 und 4 GewO.

§ 5 Vereidigung

(1) Der Sachverständige wird in der Weise vereidigt, dass der Präsident oder ein Beauftragter der Industrie- und Handelskammer an ihn die Worte richtet: „Sie schwören, dass Sie die Aufgaben eines öffentlich bestellten und vereidigten Sachverständigen unabhängig, weisungsfrei, persönlich, gewissenhaft und unparteiisch erfüllen und die von Ihnen angeforderten Gutachten entsprechend nach bestem Wissen und Gewissen erstatten werden", und der Sachverständige hierauf die Worte spricht: „Ich schwöre es, so wahr mir Gott helfe". Der Sachverständige soll bei der Eidesleistung die rechte Hand erheben.

(2) Der Eid kann auch ohne religiöse Beteuerung geleistet werden.

(3) Gibt der Sachverständige an, dass er aus Glaubens- oder Gewissensgründen keinen Eid leisten wolle, so hat er eine Bekräftigung abzugeben. Diese Bekräftigung steht dem Eid gleich; hierauf ist der Verpflichtete hinzuweisen. Die Bekräftigung wird in der Weise abgegeben, dass der Präsident oder ein Beauftragter der Industrie- und Handelskammer die Worte vorspricht: „Sie bekräftigen im Bewusstsein ihrer Verantwortung, dass Sie die Aufgaben eines öffentlich bestellten und vereidigten Sachverständigen unabhängig, weisungsfrei, persönlich, gewissenhaft und unparteiisch erfüllen und die von Ihnen angeforderten Gutachten entsprechend nach bestem Wissen und Gewissen erstatten werden" und der Sachverständige hierauf die Worte spricht: „Ich bekräftige es".

(4) Im Falle einer erneuten Bestellung oder einer Änderung oder Erweiterung des Sachgebiets einer bestehenden Bestellung genügt statt der Eidesleistung oder Bekräftigung die Bezugnahme auf den früher geleisteten Eid oder die früher geleistete Bekräftigung.

(5) Die Vereidigung durch die Industrie- und Handelskammer ist eine allgemeine Vereidigung im Sinne von § 79 Abs. 3 Strafprozessordnung, § 410 Abs. 2 Zivilprozessordnung.

§ 6 Aushändigung von Bestellungsurkunde, Rundstempel, Ausweis und Sachverständigenordnung

(1) Die Industrie- und Handelskammer händigt dem Sachverständigen bei der öffentlichen Bestellung und Vereidigung die Bestellungsurkunde, den Ausweis, den Rundstempel, die Sachverständigenordnung und die dazu ergangenen Richtlinien aus. Ausweis, Bestellungsurkunde und Rundstempel bleiben Eigentum der Industrie- und Handelskammer.

(2) Über die öffentliche Bestellung und Vereidigung und die Aushändigung der in Abs. 1 genannten Gegenstände ist eine Niederschrift zu fertigen, die auch vom Sachverständigen zu unterschreiben ist.

§ 7 Bekanntmachung

Die Industrie- und Handelskammer macht die öffentliche Bestellung und Vereidigung des Sachverständigen in …… (Mitteilungsorgan) bekannt. Name, Adresse, Kommunikationsmittel und Sachgebietsbezeichnung des Sachverständigen können durch die Industrie- und Handelskammer oder einen von ihr beauftragten Dritten gespeichert und in Listen oder auf sonstigen Datenträgern veröffentlicht und auf Anfrage jedermann zur Verfügung gestellt werden. Eine Bekanntmachung im Internet kann erfolgen, wenn der Sachverständige zugestimmt hat.

III. Pflichten des öffentlich bestellten und vereidigten Sachverständigen

§ 8 Unabhängige, weisungsfreie, gewissenhafte und unparteiische Aufgabenerfüllung

(1) Der Sachverständige darf sich bei der Erbringung seiner Leistungen keiner Einflussnahme aussetzen, die seine Vertrauenswürdigkeit und die Glaubhaftigkeit seiner Aussagen gefährdet (Unabhängigkeit).

(2) Der Sachverständige darf keine Verpflichtungen eingehen, die geeignet sind, seine tatsächlichen Feststellungen und Beurteilungen zu verfälschen (Weisungsfreiheit).

(3) Der Sachverständige hat seine Aufträge unter Berücksichtigung des aktuellen Standes von Wissenschaft, Technik und Erfahrung mit der Sorgfalt eines ordentlichen Sachverständigen zu erledigen. Die tatsächlichen Grundlagen seiner fachlichen Beurteilungen sind sorgfältig zu ermitteln und die Ergebnisse nachvollziehbar zu begründen. Er hat in der Regel die von den Industrie- und Handelskammern herausgegebenen Mindestanforderungen an Gutachten und sonstigen von den Industrie- und Handelskammern herausgegebenen Richtlinien zu beachten (Gewissenhaftigkeit).

(4) Der Sachverständige hat bei der Erbringung seiner Leistung stets darauf zu achten, dass er sich nicht der Besorgnis der Befangenheit aussetzt. Er hat bei der Vorbereitung und Erarbeitung seines Gutachtens strikte Neutralität zu wahren, muss die gestellten Fragen objektiv und unvoreingenommen beantworten (Unparteilichkeit).

Insbesondere darf der Sachverständige nicht

- Gutachten in eigener Sache oder für Objekte und Leistungen seines Dienstherren oder Arbeitgebers erstatten.
- Gegenstände erwerben oder zum Erwerb vermitteln, eine Sanierung oder Regulierung der Objekte durchführen, über die er ein Gutachten erstellt hat, es sei denn, er erhält den entsprechenden Folgeauftrag nach Beendigung des Gutachtenauftrags und seine Glaubwürdigkeit wird durch die Übernahme dieser Tätigkeiten nicht infrage gestellt.

§ 9 Persönliche Aufgabenerfüllung und Beschäftigung von Hilfskräften

(1) Der Sachverständige hat die von ihm angeforderten Leistungen unter Anwendung der ihm zuerkannten Sachkunde in eigener Person zu erbringen (persönliche Aufgabenerfüllung).

(2) Der Sachverständige darf Hilfskräfte nur zur Vorbereitung seiner Leistung und nur insoweit beschäftigen, als er ihre Mitarbeit ordnungsgemäß überwachen kann; der Umfang der Tätigkeit der Hilfskraft ist kenntlich zu machen.

(3) Bei außergerichtlichen Leistungen darf der Sachverständige Hilfskräfte über Vorbereitungsarbeiten hinaus einsetzen, wenn der Auftraggeber zustimmt und Art und Umfang der Mitwirkung offengelegt werden.

(4) Hilfskraft ist, wer den Sachverständigen bei der Erbringung seiner Leistung nach dessen Weisungen auf dem Sachgebiet unterstützt.

§ 10 Verpflichtung zur Gutachtenerstattung

(1) Der Sachverständige ist zur Erstattung von Gutachten für Gerichte und Verwaltungsbehörden nach Maßgabe der gesetzlichen Vorschriften verpflichtet.

(2) Der Sachverständige ist zur Erstattung von Gutachten und zur Erbringung sonstiger Leistungen i.S.v. § 2 Absatz 2 auch gegenüber anderen Auftraggebern verpflichtet. Er kann jedoch die Übernahme eines Auftrags verweigern, wenn ein wichtiger Grund vorliegt; die Ablehnung des Auftrags ist dem Auftraggeber unverzüglich zu erklären.

§ 11 Form der Gutachtenerstattung; gemeinschaftliche Leistungen

(1) Soweit der Sachverständige mit seinem Auftraggeber keine andere Form vereinbart hat, erbringt er seine Leistungen in Schriftform oder in elektronischer Form. Erbringt er sie in elektronischer Form, trägt er für eine der Schriftform gleichwertige Fälschungssicherheit Sorge.

(2) Erbringen Sachverständige eine Leistung gemeinsam, muss zweifelsfrei erkennbar sein, welcher Sachverständige für welche Teile verantwortlich ist. Leistungen in schriftlicher oder elektronischer Form müssen von allen beteiligten Sachverständigen unterschrieben oder elektronisch gekennzeichnet werden. § 12 gilt entsprechend.

(3) Übernimmt ein Sachverständiger Leistungen Dritter, muss er darauf hinweisen.

§ 12 Bezeichnung als „öffentlich bestellter und vereidigter Sachverständiger"

(1) Der Sachverständige hat bei Leistungen im Sinne von § 2 Abs. 2 in schriftlicher oder elektronischer Form auf dem Sachgebiet, für das er öffentlich bestellt ist, die Bezeichnung „von der Industrie- und Handelskammer öffentlich bestellter und vereidigter Sachverständiger für …" zu führen und seinen Rundstempel zu verwenden. Gleichzeitig hat er auf die Zuständigkeit der Industrie- und Handelskammer … hinzuweisen.

(2) Unter die in Absatz 1 genannten Leistungen darf der Sachverständige nur seine Unterschrift und seinen Rundstempel setzen. Im Fall der elektronischen Übermittlung ist die qualifizierte elektronische Signatur zu verwenden.

(3) Bei Sachverständigenleistungen auf anderen Sachgebieten darf der Sachverständige nicht in wettbewerbswidriger Weise auf seine öffentliche Bestellung hinweisen oder hinweisen lassen.

§ 13 Aufzeichnungs- und Aufbewahrungspflichten

(1) Der Sachverständige hat über jede von ihm angeforderte Leistung Aufzeichnungen zu machen. Aus diesen müssen ersichtlich sein:

a) der Name des Auftraggebers,
b) der Tag, an dem der Auftrag erteilt worden ist,
c) der Gegenstand des Auftrags und
d) der Tag, an dem die Leistung erbracht oder die Gründe, aus denen sie nicht erbracht worden ist.

(2) Der Sachverständige ist verpflichtet,

a) die Aufzeichnungen nach Abs.1
b) ein vollständiges Exemplar des Gutachtens oder eines entspechenden Ergebnisnachweises einer sonstigen Leistung nach § 2 Abs. 2 und
c) die sonstigen schriftlichen Unterlagen, die sich auf seine Tätigkeit als Sachverständiger beziehen,

mindestens 10 Jahre lang aufzubewahren.

Die Aufbewahrungsfrist beginnt mit dem Schluss des Kalenderjahres, in dem die Aufzeichnungen zu machen oder die Unterlagen entstanden sind.

(3) Werden die Dokumente gemäß Abs. 2 auf Datenträgern gespeichert, muss der Sachverständige sicherstellen, dass die Daten während der Dauer der Aufbewahrungsfrist verfügbar sind und jederzeit innerhalb angemessener Frist lesbar gemacht werden können. Er muss weiterhin sicherstellen, dass die Daten sämtlicher Unterlagen nach Abs. 2 nicht nachträglich geändert werden können.

§ 14 Haftungsausschluss; Haftpflichtversicherung

(1) Der Sachverständige darf seine Haftung für Vorsatz und grobe Fahrlässigkeit nicht ausschließen oder der Höhe nach beschränken.

(2) Der Sachverständige soll eine Haftpflichtversicherung in angemessener Höhe abschließen und während der Zeit der Bestellung aufrecht erhalten. Er soll sie in regelmäßigen Abständen auf Angemessenheit überprüfen.

§ 15 Schweigepflicht

(1) Dem Sachverständigen ist untersagt, bei der Ausübung seiner Tätigkeit erlangte Kenntnisse Dritten unbefugt mitzuteilen oder zum Schaden anderer oder zu seinem oder zum Nutzen anderer unbefugt zu verwerten.

(2) Der Sachverständige hat seine Mitarbeiter zur Beachtung der Schweigepflicht zu verpflichten.

(3) Die Schweigepflicht des Sachverständigen erstreckt sich nicht auf die Anzeige- und Auskunftspflichten nach §§ 19 und 20.

(4) Die Schweigepflicht des Sachverständigen besteht über die Beendigung des Auftragsverhältnisses hinaus. Sie gilt auch für die Zeit nach dem Erlöschen der öffentlichen Bestellung.

§ 16 Fortbildungspflicht und Erfahrungsaustausch

Der Sachverständige hat sich auf dem Sachgebiet, für das er öffentlich bestellt und vereidigt ist, im erforderlichen Umfang fortzubilden und den notwendigen Erfahrungsaustausch zu pflegen.

§ 17

(entfallen)

§ 18 Werbung

Die Werbung des öffentlich bestellten und vereidigten Sachverständigen muss seiner besonderen Stellung und Verantwortung gerecht werden.

§ 19 Anzeigepflichten

Der Sachverständige hat der Industrie- und Handelskammer unverzüglich anzuzeigen:

a) die Änderung seiner nach § 4 Abs. 1 S. 1 die örtliche Zuständigkeit begründenden Niederlassung und die Änderung seines Wohnsitzes;

b) die Errichtung und tatsächliche Inbetriebnahme oder Schließung einer Niederlassung;

c) die Änderung seiner oder die Aufnahme einer weiteren beruflichen oder gewerblichen Tätigkeit, insbesondere den Eintritt in ein Arbeits- oder Dienstverhältnis;

d) die voraussichtlich länger als drei Monate dauernde Verhinderung an der Ausübung seiner Tätigkeit als Sachverständiger;

e) den Verlust der Bestellungsurkunde, des Ausweises oder des Rundstempels;

f) die Leistung der Eidesstattlichen Versicherung gemäß § 807 Zivilprozessordnung und den Erlass eines Haftbefehls zur Erzwingung der Eidesstattlichen Versicherung gemäß § 901 Zivilprozessordnung;

g) die Stellung des Antrages auf Eröffnung eines Insolvenzverfahrens über sein Vermögen oder das Vermögen einer Gesellschaft, deren Vorstand, Geschäftsführer oder Gesellschafter er ist, die Eröffnung eines solchen Verfahrens und die Abweisung der Eröffnung des Insolvenzverfahrens mangels Masse;

h) den Erlass eines Haft- oder Unterbringungsbefehls, die Erhebung der öffentlichen Klage und den Ausgang des Verfahrens in Strafverfahren, wenn der Tatvorwurf auf eine Verletzung von Pflichten schließen lässt, die bei der Ausübung der Sachverständigentätigkeit zu beachten sind, oder er in anderer Weise geeignet ist, Zweifel an der persönlichen Eignung oder besonderen Sachkunde des Sachverständigen hervorzurufen;

i) die Gründung von Zusammenschlüssen nach § 21 oder den Eintritt in einen solchen Zusammenschluss.

§ 20 Auskunftspflichten, Überlassung von Unterlagen

(1) Der Sachverständige hat auf Verlangen der Industrie- und Handelskammer die zur Überwachung seiner Tätigkeit und der Einhaltung seiner Pflichten erforderlichen mündlichen oder schriftlichen Auskünfte innerhalb der gesetzten Frist und unentgeltlich zu erteilen und angeforderte Unterlagen vorzulegen. Er kann die Auskunft auf solche Fragen verweigern, deren Beantwortung ihn selbst oder einen seiner Angehörigen (§ 52 Strafprozessordnung) der Gefahr strafrechtlicher Verfolgung oder eines Verfahrens nach dem Gesetz über Ordnungswidrigkeiten aussetzen würde.

(2) Der Sachverständige hat auf Verlangen der Industrie- und Handelskammer die aufbewahrungspflichtigen Unterlagen (§13) in deren Räumen vorzulegen und angemessene Zeit zu überlassen.

§ 21 Zusammenschlüsse

Der Sachverständige darf sich zur Ausübung seiner Sachverständigentätigkeit mit anderen Personen in jeder Rechtsform zusammenschließen. Dabei hat er darauf zu achten, dass seine Glaubwürdigkeit, sein Ansehen in der Öffentlichkeit und die Einhaltung seiner Pflichten nach dieser Sachverständigenordnung gewährleistet sind.

IV. Erlöschen der öffentlichen Bestellung

§ 22 Erlöschen der öffentlichen Bestellung

(1) Die öffentliche Bestellung erlischt, wenn

a) der Sachverständige gegenüber der Industrie- und Handelskammer erklärt, dass er nicht mehr als öffentlich bestellter und vereidigter Sachverständiger tätig sein will;

b) der Sachverständige keine Niederlassung mehr im Geltungsbereich des Grundgesetzes unterhält;

c) die Zeit, für die der Sachverständige öffentlich bestellt ist, abläuft;

d) der Sachverständige das 68. Lebensjahr vollendet hat,
e) die Industrie- und Handelskammer die öffentliche Bestellung zurücknimmt oder widerruft.

(2) Die Industrie- und Handelskammer kann in dem Fall des Abs. 1 Buchst. d) in begründeten Ausnahmefällen auf Antrag einmalig erneut bestellen, höchstens jedoch bis zur Vollendung des 71. Lebensjahres; § 2 Abs. 4 bleibt dabei außer Betracht.

(3) Die Industrie- und Handelskammer macht das Erlöschen der Bestellung in ....(Mitteilungsorgan) bekannt.

§ 23   Rücknahme; Widerruf

Rücknahme und Widerruf der öffentlichen Bestellung richten sich nach den Bestimmungen des Verwaltungsverfahrensgesetzes des jeweiligen Landes.

§ 24   Rückgabepflicht von Bestellungsurkunde, Ausweis und Rundstempel

Der Sachverständige hat nach Erlöschen der öffentlichen Bestellung der Industrie- und Handelskammer Bestellungsurkunde, Ausweis und Rundstempel zurückzugeben.

V.   Vorschriften über die öffentliche Bestellung und Vereidigung sonstiger Personen

§ 25   Entsprechende Anwendung

Diese Vorschriften sind entsprechend auf die öffentliche Bestellung und Vereidigung von besonders geeigneten Personen anzuwenden, die auf den Gebieten der Wirtschaft

a) bestimmte Tatsachen in Bezug auf Sachen, insbesondere die Beschaffenheit, Menge, Gewicht oder richtige Verpackung von Waren feststellen oder
b) die ordnungsmäßige Vornahme bestimmter Tätigkeiten überprüfen,

soweit hierfür nicht besondere Vorschriften erlassen worden sind.

§ 26   Inkrafttreten und Überleitungsvorschrift

(1) Diese Sachverständigenordnung tritt am ...... in Kraft. Die Sachverständigenordnung vom ... tritt damit außer Kraft.

(2) § 2 Abs. 4 gilt nicht für unbefristete öffentliche Bestellungen, die vor diesem Zeitpunkt erfolgt sind.

A2 Die Richtlinien zur Mustersachverständigenordnung

(Stand 24.01.2008)

§ 1 Bestellungsgrundlage

1.1 Rechtsgrundlage

1.1.1 Materiell-rechtliche Grundlage für die öffentliche Bestellung ist § 36 GewO. Die Industrie- und Handelskammern sind nach § 36 Abs. 4 GewO befugt, Sachverständigenordnungen zu erlassen, soweit die Landesregierungen von ihrer Befugnis, Durchführungsvorschriften zu erlassen, keinen Gebrauch gemacht haben (§ 36 Abs. 3 GewO). Die Sachverständigenordnungen sind Satzungen der zuständigen Industrie- und Handelskammern. Den zulässigen Inhalt der Satzung regelt § 36 Abs. 3 GewO.

1.1.2 Auf die öffentliche Bestellung besteht ein Anspruch, wenn die Bestellungsvoraussetzungen (§ 3 MSVO) erfüllt werden.

1.1.3 Die öffentliche Bestellung kann nur auf Antrag erfolgen.

1.2 Zuständigkeit

1.2.1 Die Industrie- und Handelskammern sind sachlich für die öffentliche Bestellung von Sachverständigen auf allen wirtschaftlichen und technischen Sachgebieten zuständig mit Ausnahme der Hochsee- und Küstenfischerei, der Land und Forstwirtschaft, des Garten- und Weinbaus. Für einige Sachgebiete gibt es darüber hinaus in den Bundesländern unterschiedliche sachliche Zuständigkeiten von Bestellungskörperschaften und Behörden. Soweit sonstige Vorschriften des Bundes oder der Länder über die öffentliche Bestellung oder Vereidigung von Personen bestehen, findet § 36 GewO keine Anwendung (vgl. § 36 Abs. 5 GewO).

1.2.2 Die örtliche Zuständigkeit richtet sich nach der beruflichen oder gewerblichen (Haupt-) Niederlassung als Sachverständiger (vgl. 17.1).

1.3 Sachgebiete

1.3.1 Die öffentliche Bestellung kann nur für ein bestimmtes Sachgebiet erfolgen. „Bestimmt" bedeutet, dass das Sachgebiet, für das der Sachverständige bestellt werden soll, möglichst genau zu beschreiben und abzugrenzen ist. Die Industrie- und Handelskammern haben bei der Auswahl und Abgrenzung der Sachgebiete einen weiten Ermessensspielraum, der die Bedürfnisse der Praxis, insbesondere die Nachfrage nach bestimmten Sachgebieten berücksichtigt (vgl. 3.1 und 3.2). Sachgebiete, die vom Publikum nicht oder nur selten nachgefragt werden, sind nicht bestellungsfähig.

1.3.2 Das einzelne Sachgebiet sollte möglichst eng gefasst werden. In bestimmten Bereichen (z. B. Bauschäden) kann es jedoch zur Vermeidung von Kosten und der Einschaltung einer Vielzahl von Sachverständigen erforderlich sein, auch Sachverständige für ein breitgefächertes Sachgebiet zu bestellen (vgl. 3.1).

1.3.3 Die vom Arbeitskreis „Sachverständigenwesen" beim DIHK erarbeiteten Sachgebietseinteilungen sind im Interesse einer bundeseinheitlichen Bestellungspraxis anzuwenden (vgl. 3.1).

1.4 Bestellungsfähiger Personenkreis

1.4.1 Die Industrie- und Handelskammern können sowohl Gewerbetreibende als auch Freiberufler, sowohl Selbständige als auch Angestellte öffentlich bestellen und vereidigen, sofern im Einzelfall die Voraussetzungen für die öffentliche Bestellung gegeben sind (vgl. § 3 MSVO).

1.4.2 Es können nur natürliche Personen, nicht aber Personengesellschaften oder juristische Personen öffentlich bestellt werden.

§ 2 Öffentliche Bestellung

2.1 Rechtsnatur und Zweck

2.1.1 Die öffentliche Bestellung ist keine Berufszulassung, sondern die Zuerkennung einer besonderen Qualifikation, die der Aussage des Sachverständigen einen erhöhten Wert verleiht. Durch die öffentliche Bestellung erhält der Sachverständige keine hoheitlichen Befugnisse. Die öffentliche Bestellung dient ausschließlich dem Zweck, Gerichten, Behörden und privaten Auftraggebern Sachverständige zur Verfügung zu stellen, die persönlich integer sind und eine fachlich richtige sowie unparteiische und glaubhafte Sachverständigenleistung gewährleisten.

2.1.2 Die öffentliche Bestellung ist darüber hinaus ein Hilfsmittel bei der Suche nach Sachverständigen, die durch eine öffentlich-rechtliche Einrichtung wie die Industrie- und Handelskammer persönlich und fachlich überprüft worden sind und überwacht werden. Die von öffentlich bestellten Sachverständigen erbrachten Leistungen genießen aus diesem Grund besonderes Vertrauen.

2.2 Umfang der öffentlichen Bestellung

2.2.1 Die Aufgaben eines Sachverständigen können sowohl die Erstattung von Gutachten als auch weitere Sachverständigentätigkeiten sein, wie Beratungen, Überwachungen, Überprüfungen, Erteilung von Bescheinigungen sowie schiedsgutachterliche und schiedsgerichtliche Tätigkeiten.

2.2.2 Die Aufzählung ist nicht abschließend, wie sich aus § 36 GewO ergibt.

2.3 Beschränkungen, Befristungen, Auflagen

2.3.1 Beschränkung

Inhaltliche Beschränkung bedeutet, dass der Sachverständige z. B. bestimmte Tätigkeiten nicht ausüben oder in bestimmten Regionen oder für bestimmte Auftraggeber nicht als Sachverständiger tätig sein darf, weil sonst seine Objektivität und Glaubwürdigkeit nicht gewährleistet wären.

2.3.2 Befristung

Die öffentliche Bestellung wird jeweils auf 5 Jahre befristet. Dies gilt nicht für Sachverständige, die aufgrund einer früheren MSVO unbefristet bestellt wurden (§ 26 Abs. 1 S. 2 MSVO). Läuft die auf der Grundlage einer bisherigen MSVO erfolgte Bestellung mit kürzerer oder längerer Befristung aus, gilt für die Verlängerung der öffentlichen Bestellung die neue fünfjährige Befristung. Bei einer Erstbestellung kann die Frist von 5 Jahren unterschritten werden. Mit Ablauf der Frist erlischt die Bestellung. Der Sachverständige kann jedoch vor Ablauf der Frist einen Verlängerungsantrag stellen. Die IHK muss dann erneut prüfen, ob sämtliche Bestellungsvoraussetzungen, insbesondere die besondere Sachkunde und die persönliche Eignung, vorliegen (vgl. 4.4).

2.3.3 Auflagen

Die öffentliche Bestellung kann jederzeit mit Auflagen verbunden werden (§ 2 Abs. 3 MSVO).

Beispiele:

- Einem Angestellten einer Behörde oder eines privaten Arbeitgebers kann die Auflage erteilt werden, am Beginn jedes Gutachtens das Arbeits- bzw. Dienstverhältnis offen zu legen (vgl. § 3 Abs. 3 MSVO).
- Einem Sachverständigen kann die Auflage erteilt werden, an Fortbildungsveranstaltungen oder an einem Erfahrungsaustausch teilzunehmen (vgl. § 16 MSVO).

Auflagen können im Zusammenhang mit Aufsichtsverfahren gegen öffentlich bestellte Sachverständige von Bedeutung sein, wenn sie unter Berücksichtigung des Verhältnismäßigkeitsgrundsatzes als milderes Mittel gegenüber dem Widerruf der öffentlichen Bestellung in Betracht kommen (vgl. 23.3.3).

Kommt der Sachverständige solchen Auflagen nicht nach, kann seine Bestellung widerrufen werden (vgl. 23.3).

2.4. Bestellungsakt

2.4.1. Der Sachverständige wird in der Weise öffentlich bestellt und vereidigt, dass ihm die Bestellungsurkunde ausgehändigt und ihm erklärt wird,

- er sei als Sachverständiger für das in der Bestellungsurkunde genannte Sachgebiet nach Maßgabe der Vorschriften der Sachverständigenordnung öffentlich bestellt,
- er müsse von nun an die darin zum Ausdruck kommenden Pflichten einhalten.

Daraufhin ist er gemäß § 5 MSVO zu vereidigen.

Mit der öffentlichen Bestellung ist die Verpflichtung des Sachverständigen verbunden, den Eid bzw. die Bekräftigung nach § 5 MSVO zu leisten.

2.4.2 Öffentliche Bestellung und Vereidigung bilden einen einheitlichen Vorgang und haben in rechtlicher Hinsicht dieselbe Funktion, nämlich das Vertrauen der Öffentlichkeit in die Glaubwürdigkeit und Objektivität des Sachverständigen zu begründen und zu bekräftigen.

2.4.3 Anlässlich seiner öffentlichen Bestellung ist der Sachverständige außerdem nach § 1 Abs. 1 Nr. 3 des Verpflichtungsgesetzes vom 2.3.1974 (BGBl I Seite 469/547) auf die gewissenhafte Einhaltung seiner Obliegenheiten zu verpflichten und auf die strafrechtlichen Folgen einer Verletzung dieser Pflichten hinzuweisen.

2.5 Rechtsfolgen der Bestellung

2.5.1 Durch die öffentliche Bestellung entsteht ein besonderes öffentlichrechtliches Rechtsverhältnis. Der Sachverständige muss von nun an seine Sachverständigentätigkeiten auf dem Bestellungsgebiet als von der Industrie- und Handelskammer öffentlich bestellter Sachverständiger erbringen. Der Sachverständige unterliegt der Aufsicht der Industrie- und Handelskammer, die die Einhaltung der Pflichten des Sachverständigen aus der Sachverständigenordnung überwacht und bei Pflichtverstößen Auflagen erteilen oder die öffentliche Bestellung widerrufen kann.

2.5.2 Durch die Aushändigung der Sachverständigenordnung und der Richtlinien erhält der Sachverständige einen Überblick über sämtliche ihm obliegenden Rechte und Pflichten (vgl. 6.4).

2.5.3 Der Gesetzgeber hat folgende Sonderbestimmungen für die öffentlich bestellten Sachverständigen erlassen:

- Sie sind in Zivil- und Strafverfahren bevorzugt zur Gutachtenerstattung heranzuziehen (vgl. §§ 404 Abs. 2 ZPO, 73 Abs. 2 StPO).
- Sie sind grundsätzlich verpflichtet, die von ihnen verlangten Gutachten zu erstatten (z. B. §§ 407 Abs. 1 ZPO, 75 Abs. 1 StPO).
- Sie unterliegen einer mit Strafe bewehrten Schweigepflicht (vgl. § 203 Abs. 2 Nr. 5 StGB).
- Sie haben in einigen Sachbereichen besondere Prüfzuständigkeiten und in einigen Rechtsbereichen (z. B. § 558 a Abs. 2 Nr.3 BGB) besondere Gutachtenzuständigkeiten.
- Ihre Bezeichnung „öffentlich bestellter Sachverständiger" ist durch § 132 a StGB gesetzlich geschützt.
- Sie haben zunehmend eine Prüfung von Sachverhalten mit anschließender Ausstellung einer positiven oder negativen Bescheinigung vorzunehmen (z. B. § 641 a BGB).

2.6 Überregionale Geltung

2.6.1 Die Tätigkeit des öffentlich bestellten Sachverständigen ist nicht auf den Bezirk der Industrie- und Handelskammer beschränkt, von der er öffentlich bestellt worden ist, sondern er kann im gesamten Bundesgebiet sowohl für Gerichte, Behörden als auch private Auftraggeber tätig werden.

2.6.2 Der Sachverständige darf sich auch im Ausland als öffentlich bestellter Sachverständiger bezeichnen, wenn dies dort erlaubt ist und er die Vorschriften der Sachverständigenordnung einhält.

§ 3 Bestellungsvoraussetzungen

3.1. Das abstrakte Bedürfnis

3.1.1. Eine öffentliche Bestellung ist nur möglich, wenn das abstrakte Bedürfnis für das beantragte Sachgebiet gegeben ist.

3.1.2. Das abstrakte Bedürfnis liegt vor, wenn eine häufige, nachhaltige oder verbreitete, nicht unbedeutende oder nur gelegentliche Nachfrage nach Sachverständigenleistungen auf dem beantragten Sachgebiet besteht.

3.1.3. Ein wichtiges Indiz für das Vorliegen des abstrakten Bedürfnisses ist gegeben, wenn der Antragsteller eine größere Anzahl bereits gefertigter Gutachten vorlegen kann. Das abstrakte Bedürfnis ist auch dann gegeben, wenn es sich um Sachgebiete handelt, für die z.B. fachliche Bestellungsvoraussetzungen vorliegen oder eine größere Anzahl von öffentlichen Bestellungen bei anderen IHKs gegeben ist. Es empfiehlt sich eine Recherche im GfI-Verzeichnis oder den Sachverständigenverzeichnissen der IHKs.

3.1.4. Bei Sachgebieten, für die bisher keine öffentlichen Bestellungen vorliegen oder festgestellt werden können, ist das abstrakte Bedürfnis zu prüfen. Dabei sollte zunächst geklärt werden, ob das beantragte Sachgebiet ein Teilbereich eines bereits bestellfähigen Sachgebietes ist oder ein völlig neues Sachgebiet (vgl. auch 3.2.2). Im ersten Fall sollte unter Beteiligung von Fachleuten (z.B. öffentlich bestellen Sachverständigen, Fachausschüssen) abgeklärt werden, ob das Teilsachgebiet wirklich als eigenständiges neues Bestellungsgebiet sinnvoll ist. Im zweiten Fall sollte durch Umfrage über den DIHK bei allen IHKs, ggf. auch einschlägigen Verbänden, anderen sachkundigen Stellen oder auch auf verwandten Sachgebieten öffentlich bestellten Sachverständigen ggf. auch Gerichten überprüft werden, ob eine ausreichende Nachfrage nach Sachverständigenleistungen auf diesem Sachgebiet besteht.

Wegen der präjudizierenden Wirkung von öffentlichen Bestellungen auf neuen Sachgebieten gegenüber anderen IHKs sollte davon abgesehen werden, ohne eingehende Überprüfung und Beteiligung des DIHK bzw. des Arbeitskreises Sachverständigenwesen öffentliche Bestellungen auf bisher nicht bestellfähigen Sachgebieten vorzunehmen.

3.1.5 Die konkrete Bedürfnisprüfung ist wegen des Rechtsanspruches auf öffentliche Bestellung und Vereidigung unzulässig. Konkrete Bedürfnisprüfung bedeutet, die öffentliche Bestellung davon abhängig zu machen, ob auf einem bestimmten Sachgebiet bereits eine ausreichende Zahl von Sachverständigen vorhanden ist.

3.2. Bestimmung der Sachgebiete

3.2.1. Die IHK bestimmt den Sachgebietstenor auf der Grundlage des gestellten Antrags. Dabei soll sie sich an die vom Arbeitskreis verabschiedete Übersicht der Sachgebiete halten. Dies ist erforderlich, um die Verständlichkeit und Vergleichbarkeit der Sachgebiete der einzelnen Sachverständigen für die Öffentlichkeit zu gewährleisten. Die einheitliche Tenorierung ist auch Grundlage für die Aufstellung von fachlichen Bestellungsvoraussetzungen, die der Prüfung der besonderen Sachkunde zugrunde gelegt werden (vgl. 3.7.2).

3.2.2. Im Interesse der Einheitlichkeit sollen weitere Sachgebietsbezeichnungen mit dem DIHK abgestimmt werden. Teilgebiete von definierten Sachgebieten sind nur ausnahmsweise bestellungsfähig. Dabei darf weder das abstrakte Bedürfnis entfallen noch die Verständlichkeit für potentielle Auftraggeber leiden.

3.3. Maßgeblicher Sitz

3.3.1. Über den Antrag auf öffentliche Bestellung kann nur dann entschieden werden, wenn der Bewerber seine berufliche (Haupt-) Niederlassung (vgl. 17.1) im IHK-Bezirk hat.

3.3.2. Der Bewerber hat mit dem Antrag eine Erklärung darüber abzugeben, ob und ggf. wann und wo er bereits früher einen Antrag auf öffentliche Bestellung als Sachverständiger gestellt hat.

3.4. Altersgrenzen

3.4.1. Von den in § 3 Abs. 2 Buchst b MSVO festgelegten Altersgrenzen kann nicht abgewichen werden; sie sind zwingender Natur.

3.4.2. Für die Einhaltung der Altershöchstgrenze kommt es auf die Einreichung des vollständigen Antrages bei der IHK an. Die Vollständigkeit richtet sich nach dem Antragsformular der IHK. Andererseits reicht ein lediglich „fristwahrend" gestellter Antrag nicht aus. Fehlen im Antragsformular aufgeführte Unterlagen, liegt kein vollständiger Antrag vor. Werden jedoch im Verfahren weitere oder neue Gutachten nachgefordert, berührt dies die Rechtzeitigkeit des Antrages nicht.

3.5. Persönliche Eignung

3.5.1. Persönliche Eignung liegt nur dann vor, wenn der Sachverständige die Gewähr für Unabhängigkeit, Unparteilichkeit, Glaubwürdigkeit und für die Einhaltung der Pflichten eines öffentlich bestellten Sachverständigen bei der Gutachtenerstellung oder Erbringung der sonstigen Sachverständigenleistungen bietet. Begründete Zweifel am Vorliegen dieser Eigenschaften rechtfertigen bereits die Ablehnung der öffentlichen Bestellung.

3.5.2. Folgende Voraussetzungen sind in diesem Zusammenhang insbesondere zu prüfen:

- Der Sachverständige muss bei der Gutachtenerstattung oder der Erbringung sonstiger Sachverständigenleistungen persönlich und beruflich unabhängig sein. Er muss seine Gutachten in eigener Verantwortung erstatten können und darf nicht der Gefahr einseitiger Beeinflussung oder fachlicher Weisung bei der Erstattung seiner Gutachten beziehungsweise der Erbringung seiner Sachverständigenleistungen ausgesetzt sein (vgl. § 8 Abs. 1, 2 MSVO).

- Der Sachverständige muss in geordneten wirtschaftlichen Verhältnissen leben. Das bedeutet insbesondere, dass der Sachverständige keine eidesstattliche Versicherung nach § 807 ZPO für sich oder einen Dritten abgegeben haben darf und weder persönlich noch für einen Dritten im Schuldnerverzeichnis nach § 915 ZPO eingetragen sein darf. Dies bedeutet weiter, dass über das Vermögen des Sachverständigen kein Insolvenzverfahren beantragt oder eröffnet oder mangels Masse abgelehnt sein darf. Dies bedeutet schließlich, dass über das Vermögen einer Handelsgesellschaft, dessen Geschäftsführer oder Gesellschafter er ist, nicht das Insolvenzverfahren beantragt oder eröffnet oder die Eröffnung eines Insolvenzverfahrens mangels Masse abgelehnt sein darf. Eine Bestellung kann in solchen Fällen nur dann ausnahmsweise in Betracht kommen, wenn ausgeschlossen ist, dass das Ansehen des

Sachverständigen in der Öffentlichkeit Schaden genommen hat und die Gefahr der Erstattung von Gefälligkeitsgutachten nicht besteht.

- Der Sachverständige muss zuverlässig sein. Es darf deshalb über ihn keine einschlägige Eintragung im Bundeszentralregister oder Gewerbezentralregister vorliegen.
- Der Sachverständige muss in der Lage sein, die im Zusammenhang mit der Erstellung der Gutachten auftretenden physischen und psychischen Belastungen auszuhalten.

3.6. Arbeits- oder Dienstverhältnis

3.6.1. Sachverständige, die in einem Arbeits-, Dienst- oder Beamtenverhältnis stehen, können öffentlich bestellt werden, wenn

- der Arbeits- bzw. Anstellungsvertrag so ausgestaltet ist, dass die Gewähr für Unparteilichkeit und Unabhängigkeit gegeben und die Einhaltung der sonstigen Pflichten eines öffentlich bestellten Sachverständigen gewährleistet ist,
- die Sachverständigentätigkeit persönlich ausgeübt werden kann,
- der Sachverständige bei seiner Tätigkeit im Einzelfall keinen fachlichen Weisungen unterliegt,
- er seine Leistungen gemäß § 12 als von ihm selbst erstellt kennzeichnen kann und
- der Arbeitgeber ihn in dem erforderlichen Umfang freistellt.

3.6.2. Der Nachweis ist durch eine entsprechende schriftliche Erklärung des Arbeitgebers oder Dienstherrn zu erbringen. In Zweifelsfällen kann die IHK die Vorlage des Arbeits- oder Dienstvertrages oder dessen einschlägiger Teile verlangen.

3.6.3. Die Freistellungserklärung muss mindestens folgenden Inhalt haben:

„Herr/Frau ... ist befugt, als öffentlich bestellte(r) Sachverständige(r) auf dem Sachgebiet ... tätig zu werden und wird hierfür in dem erforderlichen Umfang freigestellt (Begrenzung auf eine bestimmte Zeitspanne ist zulässig). Ich/Wir bestätige(n) als Arbeitgeber/Dienstherr, dass Herr/Frau die Tätigkeit als öffentlich bestellte(r) Sachverständiger) unter Einhaltung der Pflichten aus der Sachverständigenordnung der IHK ...... also insbesondere unabhängig, frei von fachlichen Weisungen und persönlich ausüben kann. Er/Sie kann schriftliche Leistungen selbst unterschreiben und mit dem Sachverständigenrundstempel versehen. Der Widerruf dieser Freistellung kann nur gegenüber der IHK erklärt werden."

Soweit die Freistellung nicht unmittelbar gegenüber der IHK widerrufen wird, ist der Sachverständige verpflichtet, die IHK über den Widerruf unverzüglich zu unterrichten.

3.7. Besondere Sachkunde und fachliche Bestellungsvoraussetzungen

3.7.1. Der Sachverständige muss auf dem Sachgebiet, für das er öffentlich bestellt werden möchte, überdurchschnittliche Fachkenntnisse, praktische Erfahrung und die Fähigkeit, sowohl Gutachten zu erstatten als auch die in § 2 Abs. 2 genannten Leistungen zu erbringen, nachweisen.

3.7.2. Maßgebend für die Überprüfung dieser Kriterien sind der berufliche Werdegang, die fachlichen Prüfungsabschlüsse und die durch langjährige Berufspraxis erworbenen Erfahrungen. Die Überprüfung erfolgt soweit vorhanden – anhand von besonderen fachlichen Bestellungsvoraussetzungen, die für das jeweilige Sachgebiet bundeseinheitlich durch den Arbeitskreis beschlossen werden.

3.7.3. Der Nachweis der besonderen Sachkunde ist durch den Sachverständigen zu führen. Er ist nicht schon dadurch erbracht, dass er seinen Beruf in fachlicher Hinsicht bisher ordnungsgemäß ausgeübt und/oder einen einschlägigen Studienabschluss erworben hat. Schriftliche Unterlagen allein reichen zum Nachweis der besonderen Sachkunde in aller Regel nicht aus (vgl. 4.3).

3.7.4. Zum Inhalt der besonderen Sachkunde gehört weiter, dass der Sachverständige in der Lage ist, auch schwierige fachliche Zusammenhänge mündlich oder schriftlich so darzustellen, dass seine gutachterlichen Äußerungen für den jeweiligen Auftraggeber, der in aller Regel Laie sein wird, verständlich sind. Hierzu gehört auch, dass die vom Sachverständigen dargestellten Ergebnisse so begründet werden müssen, dass sie für einen Laien verständlich und nachvollziehbar und für einen Fachmann in allen Einzelheiten nachprüfbar sind (vgl. 11.1, 11.6).

3.8. Technische Einrichtungen

Der Sachverständige muss über die zur Ausübung seiner Sachverständigentätigkeit erforderlichen Einrichtungen verfügen. Dies bedeutet nicht, dass er alle technischen Einrichtungen selbst zu Eigentum erwerben muss; es reicht vielmehr aus, dass ihm die erforderlichen Einrichtungen in einer Weise zur Verfügung stehen, dass der Zugriff, soweit erforderlich, jederzeit möglich ist und seine Unabhängigkeit und Unparteilichkeit nicht gefährdet werden.

3.9. Verlegung der Hauptniederlassung in einen anderen IHK-Bezirk

3.9.1. Die Regelung in § 3 Abs. 4 dient dazu, im Regelfall einen fließenden Übergang in der Zuständigkeit von der einen auf die andere IHK zu gewährleisten. Da die Rechtsgrundlagen der öffentlichen Bestellung bundesweit einheitlich bestimmt sind, kann der Verwaltungsaufwand im Interesse des Sachverständigen und der IHK auf das unabdingbar Notwendige reduziert werden. Eine erneute Überprüfung der persönlichen Eignung und der besonderen Sachkunde kommt nur ausnahmsweise in Betracht, etwa wenn zeitgleich mit dem Niederlassungswechsel des Sachverständigen massive Beschwerden eingehen oder andere Gründe auftauchen, die Anlass zu einer Überprüfung geben. Oder es könnte ein laufendes Verfahren fortzusetzen sein. Die Beurteilungsparameter, die die neu zuständige IHK anlegt, sind denen in einem Widerrufsverfahren unmittelbar vergleichbar. Daraus folgt, dass diese Überprüfung nicht aus Anlass des Niederlassungswechsels, sondern nur deshalb erfolgt, weil die neuen Tatsachen zufällig im Zeitraum des Niederlassungswechsels auftauchen. Der Sachverständige soll in einer solchen Situation durch den Niederlassungswechsel weder besser noch schlechter gestellt werden

3.9.2. Verlegt ein Sachverständiger, dessen öffentliche Bestellung unbefristet ist, seine Niederlassung in den Bezirk einer anderen IHK, so wird sie dort nach den Maßgaben der geltenden Sachverständigenordnung befristet werden, da die unbefristete Bestellung mit dem Niederlassungswechsel erlischt (§ 22 Abs. 1b MSVO); die Übergangsvorschrift in § 26 MSVO gilt insoweit nicht.

§ 4 Verfahren

4.1. Entscheidungsfindung

Über den Antrag auf öffentliche Bestellung entscheidet die örtlich zuständige IHK (vgl. 1.2.2 und 3.3.1). Sie ist verpflichtet, sich zum Vorliegen der Bestellungsvoraussetzungen, insbesondere zur persönlichen Eignung und besonderen Sachkunde, eine eigene Überzeugung zu bilden, wobei Zweifel am Vorliegen der Bestellungsvoraussetzungen zu Lasten des Bewerbers gehen.

Die Überzeugungsbildung beruht auf den vom Bewerber vorgelegten Nachweisen und Unterlagen sowie eigenen Ermittlungen der IHK.

4.2. Anhörung

Vor der Entscheidung müssen die Ausschüsse und Gremien zu dem Antrag gehört werden, die nach der SVO der zuständigen IHK zu beteiligen sind. Die IHK ist an deren Stellungnahme nicht gebunden.

4.3. Vorgehen bei der Überprüfung

Zur Überprüfung der besonderen Sachkunde werden in der Regel Informationen, insbesondere Referenzen von früheren Auftraggebern, Kollegen oder sonstigen Bekannten des Sachverständigen eingeholt und bereits erstattete Gutachten und sonst vorgelegte fachliche Unterlagen (z. B. eine bereits erfolgte Zertifizierung) überprüft. Für die Berücksichtigung von Zertifizierungen wird auf die dazu geltenden Grundsätze (DIHK-Rundschreiben vom 04. Juli 2000 einschließlich des Fragebogens an die Zertifizierungsstelle) verwiesen (siehe Anlage zu den Richtlinien).

Da die IHK Gewissheit haben muss, ob der Bewerber über die besondere Sachkunde verfügt, kann sie authentische Nachweise des Bewerbers verlangen. Der Sachverständige hat die Zustimmung des Auftraggebers zur Verwendung der Gutachten im Bestellungsverfahren einzuholen. Erteilt der Auftraggeber die Zustimmung nicht, kann der Sachverständige das Gutachten auch in anonymisierter Form vorlegen, soweit dadurch die Nachprüfbarkeit nicht beeinträchtigt wird. Der Bewerber hat in aller Regel seine besondere Sachkunde, die insbesondere die Fähigkeit beinhaltet, auch schwierige fachliche Problemstellungen schriftlich und mündlich in verständlicher und nachvollziehbarer Weise darzustellen, vor einem einschlägigen Fachgremium unter Beweis zu stellen.

Besteht für das in Frage kommende Sachgebiet kein festinstalliertes Fachgremium, soll der Bewerber seine besondere Sachkunde vor einem „ad-hoc-Fachgremium" oder einer neutralen sachkundigen Person nachweisen. Bei einer solchen Überprüfung, die rechtlich eine Begutachtung der besonderen Sachkunde ist, sollte immer ein Vertreter der für den Bewerber örtlich zuständigen IHK anwesend sein. Der DIHK leistet bei der Suche nach solchen Fachgremien und Personen Hilfestellung. In diesem Zusammenhang wird auch auf die Veröffentlichungen des IfS zu den fachlichen Bestellungsvoraussetzungen und die darin enthaltene Zusammenstellung aller Fachgremien der IHKs im Bundesgebiet hingewiesen.

Anhang

4.4. Wiederbestellung

Der öffentlich bestellte Sachverständige unterliegt einer regelmäßigen Überwachung durch die bestellende IHK. Bei der Wiederbestellung i.S. von § 2 Abs. 4 MSVO kann die IHK deshalb einen Nachweis fordern, dass der Sachverständige weiterhin über die notwendige Qualifikation verfügt. Dazu kann stichprobenweise die Vorlage von Gutachten und/oder der Nachweis verlangt werden, dass sich der Sachverständige in der erforderlichen Weise weitergebildet hat.

Sind die Voraussetzungen für die Wiederbestellung gegeben, besteht ein Anspruch auf Verlängerung. Der Sachverständige wird dann für fünf Jahre wiederbestellt, es sei denn, er hat bei der Wiederbestellung bereits das 63. Lebensjahr überschritten. In diesem Fall erfolgt die Wiederbestellung wegen § 22 Abs. 1 Buchstabe d) nur für den bis zur Vollendung des 68. Lebensjahres verbleibenden Zeitraum.

§ 5 Vereidigung

5.1. Der Eid

Der Sachverständigeneid ist die ernsthafte und feierliche Versicherung des Sachverständigen, nach der eigenen Überzeugung, unparteiisch und gewissenhaft Gutachten zu erstatten und Sachverständigenleistungen zu erbringen. Gleichzeitig verspricht er damit, die Pflichten nach der Sachverständigenordnung einzuhalten.

5.2. Erstreckung auf die Prozessordnungen

Die Vereidigung im Rahmen der öffentlichen Bestellung ist eine allgemeine Vereidigung im Sinne der Strafprozess- und Zivilprozessordnung sowie anderer Prozessordnungen.

5.3. Rechtsfolgen einer Eidesverletzung

5.3.1. Verstößt der Sachverständige gegen die durch den Eid besonders bekräftigten Pflichten nach der Sachverständigenordnung, kann seine öffentliche Bestellung widerrufen werden. Durch den Widerruf der Bestellung wird der Eid gegenstandslos; es bedarf daher keiner besonderen Rücknahme des Eides. Ein Sachverständiger darf sich nach dem Widerruf der Bestellung nicht mehr als „vereidigter Sachverständiger" oder „ehemals öffentlich bestellter und vereidigter Sachverständiger" o.ä. bezeichnen (vgl. 22.6).

5.3.2. Bezieht sich der Sachverständige im Rahmen eines Zivil- oder Strafprozesses ausdrücklich auf den geleisteten Eid, treffen ihn die strafrechtlichen Folgen, die sich aus den §§ 154 ff. StGB ergeben, wenn er eine falsche Aussage machen würde. Die Bezugnahme auf den Eid kann in einem Zivilprozess auch durch schriftliche Erklärung erfolgen.

5.3.3. Wird der Sachverständige in einem Gerichtsverfahren vereidigt oder bezieht er sich in einer entsprechenden Formel unter dem Gutachten auf den vor der IHK geleisteten Eid und leistet er dabei einen Falscheid, entstehen insoweit besondere Schadensersatzpflichten (vgl. 14.11).

§ 6 Aushändigung von Bestellungsurkunde, Rundstempel, Ausweis und Sachverständigenordnung

6.1 Bestellungsurkunde, Ausweis und Rundstempel haben den Zweck, jedem potentiellen Nachfrager dokumentieren zu können, dass der Sachverständige öffentlich bestellt und vereidigt und wer die zuständige Bestellungsbehörde ist.

6.2 Bestellungsurkunde, Ausweis und Rundstempel bleiben Eigentum der IHK, so dass sie nach Rechtskraft eines Widerrufs oder einer Rücknahme (§ 23 MSVO) oder nach Eintritt eines Erlöschensgrundes (§ 22 MSVO) auf Grund des Eigentumsrechts der IHK wieder zurückzugeben sind. Ein öffentlich-rechtlicher Rückgabeanspruch ergibt sich daneben aus § 24 MSVO.

6.3 Die Bestimmungen der Sachverständigenordnung gelten als Satzungsrecht für jeden öffentlich bestellten Sachverständigen (vgl. 2.1.1). Es bedarf zu ihrer Wirksamkeit damit nicht zusätzlich einer Unterwerfungserklärung des Sachverständigen (z. B. durch eine vom Sachverständigen unterschriebene Verpflichtungserklärung). Die Aushändigung soll dazu dienen, dem Sachverständigen nachdrücklich auf seine Rechte und Pflichten aufmerksam zu machen.

6.4. Mit der Aushändigung der Richtlinien erhält der Sachverständige eine ausführliche Information über diese Rechte und Pflichten, so dass er sich bei einem Pflichtenverstoß oder in einem Widerrufsverfahren nicht auf Unkenntnis berufen kann.

§ 7 Bekanntmachung

7.1 Die öffentliche Bekanntmachung der Bestellung und Vereidigung eines Sachverständigen ist in dem jeweiligen Veröffentlichungsorgan (Presseorgan) der betreffenden IHK vorzunehmen. Des Weiteren sollte nach Möglichkeit auch eine Bekanntmachung in anderen Medien erfolgen, um die Bestellung und Vereidigung einer breiten Öffentlichkeit und damit allen Nachfragern unverzüglich zugänglich zu machen. In gleicher Weise sind wesentliche Sachgebietsänderungen und das Erlöschen von Bestellungen (§ 22 Abs. 3 MSVO) bekannt zu machen. Eine Bekanntmachung im Internet kann erfolgen, wenn der Sachverständige zugestimmt hat. Eine Zustimmung des Sachverständigen ist wegen des öffentlichen Interesses anzustreben.

7.2 Daten der Bekanntmachung können Name, Adresse, Kommunikationsmittel, Bestellungstenor, Tag der Bestellung und Bestellungskörperschaft des öffentlich bestellten und vereidigten Sachverständigen sein. Sie sind von der zuständigen IHK aufzuzeichnen. Dabei ist zu beachten, dass der Sachverständige für potentielle Auftraggeber erreichbar sein muss. Zu den üblichen Kommunikationsmitteln zählen derzeit Telefon, Mobiltelefon, Fax, E-Mail- und Internetanschrift. Weitere Kommunikationsmittel, durch die der Sachverständige zu erreichen ist, sollten gleichfalls aufgenommen werden.

Diese Daten werden in die von den IHKs regional oder überregional herausgegebenen Sachverständigenverzeichnissen aufgenommen und verbreitet. Die Verzeichnisse werden nach Sachgebieten gegliedert und innerhalb eines Sachgebiets alphabetisch geordnet.

7.3 Die IHK kann zum Zwecke der Erstellung eines bundes- und/oder landesweiten Verzeichnisses die Daten auch speichern oder einem von ihr beauftragten Dritten gespeichert oder in anderer Form zur Verfügung stellen.

7.4 Die öffentliche Bestellung erfolgt ausschließlich im öffentlichen Interesse. Die IHK kann deshalb jedermann auf Anfrage Name, Adresse, Bestellungstenor, Kommunikationsmittel und Bestellungskörperschaft eines öffentlich bestellten Sachverständigen mitteilen. Sie kann darüber hinaus diese Angaben Interessenten wie Gerichten, Behörden, Rechtsanwälten und sonstigen Nachfragern in Listenform zur Verfügung stellen.

§ 8 Unabhängige, weisungsfreie, gewissenhafte und unparteiische Aufgabenerfüllung

8.1. Unabhängigkeit erfordert:

8.1.1 Der Sachverständige darf bei der Erbringung seiner Leistung keiner Einflussnahme von außen unterliegen, die geeignet ist, seine Feststellungen, Bewertungen und Schlussfolgerungen so zu beeinflussen, dass die gebotene Objektivität der Leistung und die Glaubwürdigkeit seiner Aussagen nicht mehr gewährleistet sind.

8.1.2 Der Sachverständige darf bei der Übernahme, Vorbereitung und Durchführung eines Auftrags keiner Einflussnahme persönlicher, wirtschaftlicher oder beruflicher Natur unterliegen. Mithin darf ein Sachverständiger

8.1.2.1 keine Gefälligkeitsgutachten erstatten, zum Beispiel keine fachlichen Weisungen seiner Auftraggeber befolgen oder deren Wünschen hinsichtlich eines bestimmten Ergebnisses entsprechen, wenn diese das Ergebnis verfälschen.

8.1.2.2 keine Gutachten für sich selbst, Verwandte, Freunde oder sonstige Personen erstatten, zu denen er in einem engen persönlichen Verhältnis steht.

8.1.2.3 keine Gutachten über einen längeren Zeitraum ganz überwiegend für nur einen einzigen Auftraggeber (z. B. eine bestimmte Versicherung) erbringen.

8.1.2.4 keine sonstigen Bindungen vertraglicher oder persönlicher Art eingehen, die seine Unabhängigkeit bei der Gutachtenerstattung in Frage stellen können.

8.1.3 Das Einkommen eines angestellten Sachverständigen oder eines Sachverständigen in einer Sozietät darf nicht an die Zahl und die Ergebnisse seiner Gutachten gekoppelt werden.

8.2 Weisungsfreiheit bedeutet:

8.2.1 Der Sachverständige darf bei der Erbringung seiner Leistungen nicht vertraglich verpflichtet werden, Vorgaben einzuhalten, die die tatsächlichen Ermittlungen, die Bewertungen und die Schlussfolgerungen derart beeinflussen, dass unvollständige oder fehlerhafte Gutachtenergebnisse verursacht werden.

8.2.2 Es muss sorgfältig zwischen Anweisungen zum Gutachtengegenstand, Beweisthema und Umfang des Gutachtens auf der einen und der sach- und ergebnisbezogenen Weisung auf der anderen Seite unterschieden werden. Der erste Teil der Alternative ist rechtlich nicht zu beanstanden, weil nur der Auftraggeber bestimmen kann, was

Gegenstand einer gutachterlichen Untersuchung sein soll. Der zweite Teil der Alternative kann nur unter den Voraussetzungen von 8.2.1 akzeptiert werden.

8.2.3 Die Ausführungen zu 8.2.1 und 8.2.2 gelten uneingeschränkt für Sachverständige im Angestelltenverhältnis. In diesem Fall sind jedoch organisatorische Weisungen des Arbeitgebers an den angestellten Sachverständigen zulässig. Mithin kann der Arbeitgeber beispielsweise die Arbeitsbedingungen, die Urlaubszeit und die Verteilung der Aufträge regeln.

8.3. Gewissenhaftigkeit erfordert:

8.3.1 Sorgfältige Prüfung, ob das Beweisthema (bei Gerichtsauftrag) oder der Auftrag (bei Privatauftrag) in seinem wesentlichen Inhalt innerhalb des Sachgebiets liegt, für das der Sachverständige öffentlich bestellt ist. Bei negativem Ergebnis hat der Sachverständige den Auftraggeber darauf hinzuweisen, dass er für das in Frage kommende Sachgebiet nicht öffentlich bestellt ist. Zweifelsfälle sind vor Auftragsübernahme mit dem Auftraggeber oder notfalls mit der IHK zu klären. Betrifft der Auftrag nur zum Teil das eigene Sachgebiet, so ist der Auftraggeber auch auf diesen Umstand hinzuweisen. Nur auf dessen ausdrücklichen Wunsch darf ein weiterer, fachlich zuständiger Sachverständiger hinzugezogen werden.

8.3.2 Unverzügliche Prüfung, ob der Auftrag innerhalb der gesetzten oder vereinbarten Frist oder in angemessener Zeit durchgeführt werden kann. Ist das nicht der Fall, muss der Sachverständige den Auftraggeber vor Übernahme des Auftrags entsprechend unterrichten und dessen Antwort abwarten.

8.3.3 Unverzügliche Prüfung, ob der Sachverständige die Annahme des Auftrages wegen Besorgnis der Befangenheit (vgl. unter 8.4) oder gesetzlichen Verweigerungsgründen (vgl. unter 10.2) ablehnen sollte oder sich vom Gericht vom Auftrag entbinden lassen sollte (vgl. 10.3).

Ablehnen sollte der Sachverständige die Übernahme des Gutachtenauftrages bei einem Privatauftrag auch dann, wenn er Grund zur Annahme hat, dass das Gutachten missbräuchlich verwendet oder das Ergebnis verfälscht werden soll. Vorsicht ist geboten, wenn bei der Besprechung des Gutachtenauftrags vom Sachverständigen bestimmte Zusicherungen hinsichtlich des Ergebnisses des Gutachtens verlangt werden oder gewünscht wird, dass bestimmte Tatsachen oder Unterlagen unberücksichtigt bleiben sollen.

8.3.4 Unverzügliche Bestätigung der Auftragsannahme sowie des Einganges wichtiger Unterlagen (z. B. Gerichtsakten, Beweisstücke und dergl.).

8.3.5 Bei gerichtlichem Auftrag Hinweis an das Gericht, wenn der angeforderte Kostenvorschuss in auffälligem Missverhältnis zu den voraussichtlichen erwachsenen Kosten des Gutachtens steht. Vor Arbeitsbeginn ist die Entscheidung des Gerichts abzuwarten.

Sinngemäß besteht eine entsprechende Aufklärungspflicht auch gegenüber einem privaten Auftraggeber; bei Privatauftrag wird darüber hinaus eine vorherige Honorarvereinbarung empfohlen, falls keine staatliche Gebührenordnung gilt.

8.3.6 Unterrichtung des Auftraggebers über Verzögerungen während der Bearbeitung des Auftrags. Eine entsprechende Unterrichtungspflicht besteht auch dann, wenn sich während der Bearbeitung herausstellt, dass die Durchführung des Auftrages teurer wird als ursprünglich angenommen.

8.3.7 Jeder Auftrag ist mit der Sorgfalt eines öffentlich bestellten Sachverständigen zu erledigen und dabei der aktuelle Stand von Wissenschaft, Technik und Praxiserfahrung zu berücksichtigen. Gutachten sind systematisch aufzubauen, übersichtlich zu gliedern, nachvollziehbar zu begründen und auf das Wesentliche zu beschränken (vgl. 11.6).

Es sind alle im Auftrag gestellten Fragen zu beantworten, wobei sich der Sachverständige genau an das Beweisthema bzw. an den Inhalt des Auftrages zu halten hat. Die tatsächlichen Grundlagen für eine Sachverständigenaussage sind sorgfältig zu ermitteln und die erforderlichen Besichtigungen sind persönlich durchzuführen. Kommen für die Beantwortung der gestellten Fragen mehrere Lösungen ernsthaft in Betracht, so hat der Sachverständige diese darzulegen und den Grad der Wahrscheinlichkeit der Richtigkeit der einzelnen Lösungen gegeneinander abzuwägen. Die Schlussfolgerungen im Gutachten müssen so klar und verständlich dargelegt sein, dass sie für einen Nichtfachmann lückenlos nachvollziehbar und plausibel sind. Ist eine Schlussfolgerung nicht zwingend, sondern nur naheliegend, und ist das Gefolgerte deshalb nicht erkenntnissicher, sondern nur mehr oder weniger wahrscheinlich, so muss der Sachverständige dies im Gutachten deutlich zum Ausdruck bringen (siehe auch 11.6).

8.3.8 Der Sachverständige hat in der Regel das IHK-Merkblatt „Der gerichtliche Gutachtenauftrag" aus dem Selbstverlag des Deutschen Industrie- und Handelskammertages und die von den IHKs herausgegebenen Mindestanforderungen an Gutachten für die einzelnen Sachgebiete zu beachten (siehe auch 11.7).

8.4. Unparteiisches Verhalten erfordert:

8.4.1 Der Sachverständige hat seine Leistungen so zu erbringen, dass er sich weder in Gerichtsverfahren noch bei Privatauftrag dem Einwand der Befangenheit aussetzt. Er hat bei der Vorbereitung des Gutachtens strikte Neutralität zu wahren, muss die gestellten Fragen objektiv und unvoreingenommen beantworten und darf zu den Auftraggebern und – in Gerichtsverfahren – zu den Prozessparteien nicht in einem Verhältnis stehen, dass zu Misstrauen Anlass gibt. Auf Gründe, die geeignet sind, Misstrauen gegen seine Unparteilichkeit zu rechtfertigen, hat er seinen jeweiligen Auftraggeber unverzüglich hinzuweisen.

8.4.2 Der Sachverständige darf nicht zu Personen, Unternehmen, Organisationen oder Behörden in Abhängigkeit stehen, die mit den einzelnen Gutachtenaufträgen in Verbindung gebracht werden können. Unabhängigkeit von Personen bedeutet, dass der Sachverständige grundsätzlich keinen Auftrag übernehmen kann, wenn er mit dem Auftraggeber – in Gerichtsverfahren mit einer Prozesspartei – verheiratet, verwandt, verschwägert oder befreundet ist (vgl. 8.1.2.2 und 10.2).

8.4.3 Der Sachverständige muss bei der Auftragsdurchführung neutral sein und muss bei der Behandlung von Sachfragen den Grundsatz der Objektivität beachten. Bei den notwendigen Handlungen, Maßnahmen und Arbeiten zur zweckmäßigen Erledigung eines Auftrages hat er bereits den Anschein der Parteilichkeit und der Voreingenommenheit zu vermeiden.

8.4.4. Neutralität während der Gutachtenerstattung bedeutet, dass der Sachverständige bei Gerichtsauftrag zur Orts- und Objektbesichtigung stets beide Parteien lädt und auch beide Parteien teilnehmen lässt und dass er die jeweils andere Partei unterrichtet, wenn er bei einer Partei Unterlagen anfordert oder Auskünfte einholt. Im übrigen sollten während der Erarbeitung des Gerichtsgutachtens keine einseitigen Kontakte zu den Parteien stattfinden.

8.4.5 Objektivität in Sachfragen bedeutet, dass der Sachverständige keine Vorurteile gegen ein bestimmtes Produkt, eine bestimmte Untersuchungsmethode oder eine bestimmte Lehrmeinung haben darf. In gleicher Weise sind ungerechtfertigte Bevorzugungen unzulässig. Falls erforderlich, hat er sich mit abweichenden Methoden und Lehrmeinungen im Gutachten in der gebotenen Sachlichkeit auseinander zusetzen.

8.4.6 Der Sachverständige darf keine Gutachten in derselben Sache – auch nicht zeitlich versetzt – für beide sich streitenden Parteien erstatten, es sei denn, beide Parteien erklären sich ausdrücklich damit einverstanden.

8.4.7 Der Sachverständige darf keine Sachverständigenleistungen in eigener Sache erbringen, der zugleich Inhaber eines Handelsgeschäfts dieser Warengattung ist (z. B. Sachverständiger für Orientteppiche oder Briefmarken fügt den von ihm verkauften Waren von ihm selbst gefertigte Echtheitszertifikate bei).

8.4.8 Der Sachverständige, der ein eigenes Geschäft hat oder Makler ist, darf nicht ein Objekt bewerten, von dem er von vornherein, also bei Gutachtenübernahme weiß, dass er es danach selbst ankaufen will oder zum Verkauf vermitteln soll. Ein solches Verhalten erweckt in der Regel den Anschein der Parteilichkeit. Ein solches Geschäft ist dem Sachverständigen nur dann erlaubt, wenn er erst nach Abgabe des Gutachtens den Verkaufs- oder Vermittlungsauftrag erhält.

§ 9 Persönliche Aufgabenstellung und Beschäftigung von Hilfskräften

9.1 Der Sachverständige ist grundsätzlich verpflichtet, seine Gutachten und andere Sachverständigenleistungen (§ 2 Abs. 2 MSVO) in eigener Person zu erarbeiten bzw. zu erbringen. Für den gerichtlichen Bereich ergibt sich diese Pflicht aus § 407 a Abs. 2 ZPO, für den privaten Bereich aus dem Inhalt des Eides nach § 36 GewO.

9.2 Dies bedeutet, dass der Sachverständige auf der Grundlage der Aufgabenstellung die wesentlichen Teile der Tatsachenermittlung und -feststellung, die Orts- und Objektsbesichtigung, die Schlussfolgerungen, die Beurteilungen und die Bewertungen grundsätzlich in eigener Person durchzuführen hat.

Die Verpflichtung, die Leistung durch den Sachverständigen persönlich zu erbringen, kann im Einzelfall

- bei gerichtlicher Heranziehung durch Weisung oder Zustimmung des Gerichts,
- bei privatem Auftrag mit vorheriger Zustimmung des Auftraggebers (§ 9 Abs. 3)

entfallen oder modifiziert werden.

In jedem Fall der Beteiligung von fachlichen Hilfskräften (Def. vgl. 9.4) müssen Art und Umfang der Beteiligung im Gutachten selbst offengelegt werden, um Transparenz für dritte Personen herzustellen, die von dem Gutachten Kenntnis nehmen.

Anhang

Unterschreibt der Sachverständige das Gutachten persönlich, hat er es insgesamt mindestens auf Plausibilität in Bezug auf Vollständigkeit, Inhalt, Ergebnis und Darstellung zu prüfen und sicherzustellen, dass eine ausreichende Rechtsgrundlage gegeben ist, um eine Abweichung von dem Grundsatz der Verpflichtung zur persönlichen Gutachtenserstellung zu rechtfertigen.

Aus dieser Verpflichtung kann sich der Sachverständige nicht befreien.

Ist die wesentliche Grundlage eines Gutachtens eine Orts- oder Objektsbesichtigung, hat der Sachverständige besonders sorgfältig zu prüfen, ob eine Übertragung dieser Tätigkeit auf eine Hilfskraft mit den Pflichten aus der öffentlichen Bestellung zu vereinbaren ist, selbst wenn der private Auftraggeber zugestimmt hat oder bereit wäre, zuzustimmen.

9.3 Nicht zulässig ist, dass der Sachverständige nur formal und nach außen hin die Verantwortung für die unter seinem Namen abgegebenen gutachterlichen Äußerungen übernimmt.

9.4 Hilfskraft ist eine Person, die auf demselben Sachgebiet tätig ist wie der beauftragte Sachverständige, dessen fachlichen Weisungen und fachlicher Kontrolle unterliegt und dem Sachverständigen entsprechend seinen Fähigkeiten zuarbeitet. Einer Hilfskraft können und dürfen nur solche Aufgaben übertragen werden, die der Sachverständige aufgrund seiner Sachkunde auch persönlich hätte erledigen können. Andernfalls könnte der Sachverständige für die Tätigkeit der Hilfskraft die Verantwortung nicht übernehmen.

9.5 Beim Sachverständigen angestellte öffentlich bestellte Sachverständige oder die mit ihm in einer Sozietät arbeitenden Sachverständigen sind keine Hilfskräfte im vorgenannten Sinne, weil sie eigenverantwortlich tätig sind. Auch vom beauftragten Sachverständigen hinzugezogene Sachverständige anderer Sachgebiete sind keine Hilfskräfte im Sinne von § 9 MSVO. Werden solche Sachverständige beteiligt, handelt es sich bei dem Gesamtwerk um ein Gemeinschaftsgutachten; dabei muss deutlich gemacht werden, wer für welchen Teil des Gutachtens verantwortlich ist.

9.6 Unterschreibt der Sachverständige ungeprüft oder nur formal ein Gutachten, das von einer Hilfskraft vorbereitet, entworfen oder formuliert wurde, verstößt er in grober Weise gegen seine Pflicht zur persönlichen Aufgabenerfüllung.

9.7 Der Sachverständige muss Hilfskräfte im Hinblick auf deren fachliche Eignung und persönliche Zuverlässigkeit im Einzelfall sorgfältig auswählen, einweisen, anleiten, überwachen und für deren Fortbildung sorgen. Art und Umfang der Verpflichtung zur Überwachung und Anweisung im Einzelfall bestimmen sich nach dem Maß ihrer Sachkunde, Erfahrung und Zuverlässigkeit sowie den Gegebenheiten des konkreten Auftrags, vor allem der Schwierigkeit der einzelnen gutachterlichen Leistung.

9.8 Der Sachverständige hat sicherzustellen, dass durch beteiligte Hilfskräfte nicht gegen den Pflichtenkatalog der MSVO verstoßen wird. Insbesondere muss die Hilfskraft ggf. im Arbeitsvertrag oder bei selbstständiger Beschäftigung in geeigneter Weise (z. B. durch Vertrag) verpflichtet werden, die Schweigepflicht einzuhalten.

9.9 Eine Hilfskraft darf ein Gutachten nicht allein oder zusammen mit dem beauftragten Sachverständigen unterschreiben (vgl. 11.8 und 12.4).

9.10 Die Hilfskraft darf den Sachverständigen nicht vertreten, auch nicht vorübergehend.

9.11 Der Sachverständige soll beim Abschluss einer Haftpflichtversicherung auch die Beteiligung von Hilfskräften in erforderlichem Umfang berücksichtigen.

§ 10 Verpflichtung zur Gutachtenerstattung

10.1 Inhalt und Umfang der Pflicht zur Gutachtenerstattung sind unterschiedlich geregelt und hängen davon ab, ob der Sachverständige vom Gericht oder von privater Seite beauftragt wird.

10.1.1 Der vom Gericht ernannte Sachverständige hat der Ernennung Folge zu leisten, wenn er für das betreffende Gebiet öffentlich bestellt ist oder wenn er die Wissenschaft, die Kunst oder das Gewerbe, deren Kenntnis die Voraussetzung für die Begutachtung ist, öffentlich zum Erwerb ausübt (§ 407 Abs. 1 ZPO; § 75 Abs. 1 StPO).

10.1.2 Beim Privatauftrag gibt es für den Sachverständigen zwar keine Pflicht, jeden Auftrag anzunehmen. Sinn und Zweck der öffentlichen Bestellung verlangen jedoch vom Sachverständigen, dass er seine Arbeitskraft zu einem angemessenen Teil auch für Gutachten im außergerichtlichen Bereich zur Erledigung von Gutachtenaufträge zur Verfügung stellt. Verweigert er nachhaltig und ohne berechtigten Grund solche privaten Gutachtenaufträge, kann seine Bestellung widerrufen werden.

10.2 Ein vom Gericht beauftragter Sachverständiger kann die Erstattung eines Gutachtens aus denselben Gründen verweigern, die einen Zeugen zur Zeugnisverweigerung berechtigen (§§ 408 Abs. 1 S. 1, 383, 384 ZPO; §§ 76 Abs. 1 Satz 1, 52,53 StPO). Beispielsweise können folgende Verweigerungsgründe in Betracht kommen:

- Der Sachverständige ist mit einer Partei oder dem Beschuldigten verlobt, verheiratet, verwandt, verschwägert oder es besteht eine Lebenspartnerschaft.
- Der Sachverständige gehört einer Berufsgruppe an, die bestimmte Tatsachen nicht weitergeben darf, weil sie ihm als Vertrauensperson anvertraut oder bekannt geworden sind (Geistliche, Rechtsanwälte, Notare, Wirtschaftsprüfer, Berater usw.).

Liegen solche Verweigerungsgründe vor, ist der Sachverständige berechtigt, den Auftrag abzulehnen.

10.3 Der Sachverständige kann bei Gerichtsauftrag auch aus anderen Gründen vom Gericht von der Pflicht zur Gutachtenerstattung entbunden werden (§ 408 Abs. 1 Satz 2 ZPO, § 76 Abs. 1 Satz 2 StPO). Solche Gründe sind insbesondere dann gegeben, wenn Umstände vorliegen, die geeignet sind, berechtigte Zweifel an seiner Unparteilichkeit aufkommen zu lassen (Besorgnis der Befangenheit). Es kommen aber auch Gründe wie Urlaub, Überlastung, Krankheit, fehlende Sachkunde u.ä. in Betracht. In all diesen Fällen kann der Sachverständige die Übernahme des Auftrags nicht von sich aus verweigern, sondern muss bei Gericht einen Antrag auf Entbindung von seiner Gutachtenpflicht stellen.

10.4 Bei Privatauftrag sollte der Sachverständige von sich aus den Auftrag ablehnen, wenn Verweigerungsgründe oder Gründe für eine Entpflichtung im Sinne von 10.2 oder 10.3 vorliegen. Allerdings gibt es keine dem Gericht vergleichbare Stelle, die die Verweigerungsgründe überprüfen oder ihn vom Auftrag entbinden kann. Auch die IHK ist hierzu nicht befugt, kann aber in Zweifelsfällen um Rat gebeten werden. Eine Ablehnung des Privatauftrags ist auch dann gerechtfertigt, wenn der Auftraggeber die vertraglichen Konditionen, insbesondere das Honorar nicht akzeptiert.

§ 11 Form der Gutachtenerstattung; gemeinschaftliche Leistungen

11.1 Das schriftliche Gutachten und andere schriftliche Sachverständigenleistungen müssen in gedruckter Schrift gefertigt sein. Die erste Seite muss den Vorschriften des § 12 MSVO entsprechen. Das Gutachten und andere schriftliche Sachverständigenleistungen müssen mit der eigenhändigen Unterschrift des Sachverständigen und seinem Rundstempel versehen sein.

11.2 Nutzt der Sachverständige die elektronische Form, kann er Unterschrift und Rundstempel einscannen. Um die Fälschungssicherheit zur gewährleisten, hat er die qualifizierte Signatur zu benutzen.

11.3 Wird das Gutachten von zwei oder mehreren Sachverständigen desselben Sachgebiets oder unterschiedlicher Sachbereiche erarbeitet, muss zunächst im Gutachtentext kenntlich gemacht werden, welcher Sachverständige für welche Teile verantwortlich ist. Sodann müssen alle beteiligten Sachverständigen das Gutachten nach den Regeln von 11.1 oder 11.2 unterzeichnen und mit ihren Rundstempeln versehen. Eine Hilfskraft nach § 9 Abs. 4 MSVO ist kein Sachverständiger im Sinne dieser Regelung.

11.4 Übernimmt ein Sachverständiger beispielsweise die Ergebnisse eines Materialprüfungsamtes oder eines anderen Gutachtens, hat er im Gutachten darauf hinzuweisen.

11.5 Möchte der Sachverständige Gutachtenformulare benutzen, so ist dies nur dann gestattet, wenn er durch die darin enthaltenen Vorgaben oder Beschränkungen nicht in seiner Unabhängigkeit, Unparteilichkeit und Anwendung seiner Sachkunde beeinträchtigt wird. Inhalt und Umfang seiner gutachtlichen Äußerungen, insbesondere die Vollständigkeit, der systematische Aufbau, die übersichtliche Gliederung, die Nachvollziehbarkeit und Nachprüfbarkeit der Gedankengänge und der Ergebnisse dürfen durch Vorgaben des Formulars nicht beeinträchtigt werden.

11.6 Im Übrigen muss das Gutachten

- systematisch aufgebaut und übersichtlich gegliedert sein;
- in den Gedankengängen für den Laien nachvollziehbar und für den Fachmann nachprüfbar sein; (Nachprüfbarkeit bedeutet, dass die das Gutachten tragenden Feststellungen und Schlussfolgerungen so dargestellt sind, dass sie von einem Fachmann ohne Schwierigkeiten als richtig oder als falsch erkannt werden können.)
- auf das Wesentliche beschränkt bleiben;
- unter Berücksichtigung des jeweiligen Adressaten verständlich formuliert sein und hat unvermeidbare Fachausdrücke nach Möglichkeit zu erläutern.

11.7 Für einige Sachgebiete haben die IHKs Mindestanforderungen an Gutachten herausgegeben, die den fachlichen Standard festschreiben und die Sorgfaltspflichten des Sachverständigen in fachlicher Hinsicht konkretisieren. Diese Mindestanforderungen sind grundsätzlich einzuhalten. Weicht der Sachverständigen in Ausnahmefällen von diesen Anforderungen ab, so hat er dies im Auftrag zu vermerken und die Gründe hierfür im Gutachten anzugeben.

11.8 Diese Richtlinien gelten ohne Einschränkungen auch für Sachverständige im Angestelltenverhältnis (vgl. auch 12.7). Der Sachverständige darf das Gutachten zwar auf dem

Briefbogen seines Arbeitgebers oder Dienstherrn erstellen; er muss aber auch die in § 12 MSVO vorgegebenen Angaben machen. Und schließlich muss auch der angestellte Sachverständige durch eigenhändige Unterschrift und Beifügung des Rundstempels nach außen hin die Verantwortung für den Inhalt des von ihm gefertigten Gutachtens übernehmen. Der Arbeitgeber oder Dienstherr darf das Gutachten nicht mitunterschreiben (gegenzeichnen).

§ 12 Bezeichnung als „öffentlich bestellter und vereidigter Sachverständiger"

12.1 Der Sachverständige muss in allen Fällen seiner gutachterlichen Tätigkeit und der ihm sonst obliegenden Aufgaben auf seinem Bestellungsgebiet seine Bezeichnung (jeweils mit dem vollständigen Bestellungstenor einschließlich der zuständigen Bestellungskörperschaft) und seinen Rundstempel verwenden. Dabei muss er das vollständige Sachgebiet so angeben, wie es in der Bestellungsurkunde verzeichnet ist. Auf Visitenkarten, in Anzeigen und in der Werbung kann er diese Hinweise in verkürzter Form verwenden; dabei ist jedoch das Irreführungsverbot des § 3 UWG zu beachten.

12.2 Andere Bezeichnungen, Anerkennungen, Zulassungen, Zertifizierungen, Mitgliedschaften und vergleichbare Hinweise im Briefkopf von Gutachten und Geschäftsbriefen sind zulässig, wenn sie nicht irreführend, also geeignet sind, über die fachliche und persönliche Qualifikation des Sachverständigen zu täuschen.

12.3 Unter das Gutachten oder andere schriftliche Leistungen darf der Sachverständige nur seine Unterschrift und seinen Rundstempel setzen.

Im Falle der elektronischen Übermittlung unter Verwendung der qualifizierten elektronischen Signatur kann er Unterschrift und Rundstempel einscannen.

12.4 Eine weitere Unterschrift, beispielsweise des Arbeitgebers oder der Hilfskraft ist nicht zulässig (vgl. 9.11 und 11.8). Ein weiterer Rundstempel, beispielsweise eines Verbandes oder einer Zertifizierungsstelle, ist ebenfalls nicht erlaubt. Nur wenn die Benutzung des Rundstempels gesetzlich vorgeschrieben ist, ist ein weiterer Rundstempel zugelassen. Schließlich kann eine weitere Unterschrift mit entsprechendem Rundstempel angebracht werden, wenn es sich um ein Gemeinschaftsgutachten von zwei selbständigen Sachverständigen im Sinne von 11.3 handelt.

12.5 Ist der Sachverständige auf weiteren Sachgebieten als Sachverständiger tätig, darf er dies im Briefkopf vermerken. Dabei hat er aber darauf zu achten, dass auch für den flüchtigen Durchschnittsleser klar erkennbar wird, für welches Sachgebiet er öffentlich bestellt ist und für welches nicht. Gleiches gilt für den Hinweis auf eine sonstige berufliche Tätigkeit (z. B. Architekt, Ingenieurbüro). In allen Fälle ist das Irreführungsverbot des § 3 UWG zu beachten.

12.6 In den Fällen einer Sozietät (§ 21 MSVO) – in welcher Rechtsform auch immer – gelten die vorstehenden Richtlinien in gleicher Weise. Es müssen alle Sachverständigen mit ihren jeweiligen Sachgebieten aufgeführt werden, und es muss dabei jeweils erkennbar werden, wer öffentlich bestellt ist und wer nicht.

12.7 Die vorstehenden Richtlinien gelten ohne Einschränkungen auch für Sachverständige im Angestelltenverhältnis (vgl. dazu 11.8).

§ 13 Aufzeichnungs- und Aufbewahrungspflichten

13.1 Die Regelung bezieht sich auf alle Sachverständigenleistungen, wie sie sich aus § 2 Abs. 2 MSVO ergeben.

13.2 Die Aufzeichnungen dienen der Kontrolle über die Einhaltung der Pflichten des Sachverständigen. Deshalb müssen sie vollständig, übersichtlich und chronologisch geordnet sein. Eine bestimmte technische Form (z.B. Tagebuch) ist nicht vorgesehen. Neben der herkömmlichen Schriftform ist es beispielsweise zulässig, die erforderlichen Aufzeichnungen und Daten in elektronischer Form (z.B. auf Festplatte, CD-Rom oder Diskette) vorzuhalten. Sollte diese Aufbewahrungsform gewählt werden, hat der Sachverständige sicher zu stellen, dass die gespeicherten aufzuzeichnenden und aufzubewahrenden Daten ohne einen unverhältnismäßigen Aufwand zur Einsicht durch Berechtigte (vgl. § 20 MSVO) in allgemein lesbarer Form zur Verfügung stehen.

13.3 Der Sachverständige hat seine Leistung oder den begutachteten Gegenstand in den Aufzeichnungen so zu beschreiben, dass eine spätere Identifizierung zweifelsfrei ohne weitere Ermittlungen und Einsichtnahme in die Akten möglich ist.

13.4 Bei mündlich erbrachten Leistungen sind Auftraggeber, Gegenstand der Leistung, Datum und Ergebnis der Leistungserbringung schriftlich (s.o.) festzuhalten. Bei mündlich erstatteten Gerichtsgutachten genügt eine Aufzeichnung über den Tag der Vernehmung, das Gericht, die Prozessparteien und das Aktenzeichen des Verfahrens, weil das Ergebnis des Gutachtens durch Protokollierung aktenkundig wird.

13.5 Wird das Gutachten nicht erstattet, so sind die Gründe dafür festzuhalten (z.B. Ablehnung wegen der Besorgnis der Befangenheit oder Abbruch wegen Abschluss eines Vergleichs).

13.6 Der Sachverständige muss nachträgliche Änderungen der Aufzeichnungen kenntlich machen. Dies gilt insbesondere auch für Aufzeichnungen in elektronischer Form.

13.7 Der Sachverständige muss von sich aus prüfen, ob zum besseren Verständnis der Art und des Umfangs seiner Tätigkeit als Sachverständiger sowie zum Nachweis über Einzelheiten von ihm getroffener Feststellungen (beispielsweise zum Zwecke der Abwehr von Haftungsansprüchen) weitere Unterlagen aufzubewahren sind.

§ 14 Haftungsausschluss; Haftpflichtversicherung

14.1 Der Sachverständige ist seinem Auftraggeber zum Ersatz vorsätzlich oder fahrlässig verursachter Schäden verpflichtet.

14.2 Die Haftung für Vorsatz und grobe Fahrlässigkeit kann vom Sachverständigen weder ausgeschlossen noch der Höhe nach beschränkt werden. Weitere gesetzliche Verbote für Haftungsausschlüsse und Haftungsbeschränkungen sind zu beachten.

14.3 Der Sachverständige soll für sich und seine Mitarbeiter eine Berufshaftpflichtversicherung in angemessener Höhe abschließen und diese während des Zeitraums seiner öffentlichen Bestellung aufrecht erhalten. Die Höhe der Versicherung muss sich nach dem Umfang seiner möglichen Inanspruchnahme richten. Der Sachverständige soll seine Haftpflichtversicherung – auch im eigenen Interesse – in regelmäßigen Abständen auf ihre Angemessenheit hin überprüfen.

14.4 Wird der Sachverständige in einem Zusammenschluss mit anderen Sachverständigen tätig, bei dem die Haftung des Einzelnen ausgeschlossen oder beschränkt ist (siehe § 21 MSVO), soll dieser sich Haftpflicht versichern. Die Deckungssumme der Haftpflichtversicherung soll dem Haftungsrisiko des Zusammenschlusses entsprechen.

Wählt der Sachverständige für einen Zusammenschluss im Sinne des § 21 MSVO eine Rechtsform, die die Haftung auf das Vermögen des Zusammenschlusses beschränkt (z.B. GmbH, § 13 Abs. 2 GmbHG), soll er dafür Sorge tragen, dass die Gesellschaft über eine angemessene Haftpflichtversicherung verfügt. Für eine Gesellschaft, deren Haftung auf das Gesellschaftsvermögen beschränkt ist, gilt eine Haftpflichtversicherung nur dann als angemessen, wenn die Haftungshöchstsummen deutlich über denen für die einzelnen Sachverständigen des Zusammenschlusses liegen.

§ 15 Schweigepflicht

15.1 Die Schweigepflicht ist ein maßgeblicher Grund für die Vertrauenswürdigkeit des öffentlich bestellten Sachverständigen. Der Sachverständige darf weder das Gutachten noch Tatsachen oder Unterlagen, die ihm im Rahmen seiner gutachtlichen Tätigkeit anvertraut worden oder bekannt geworden sind, unbefugt offenbaren, weitergeben oder ausnutzen. Die Pflicht zur Verschwiegenheit umfasst alle Tatsachen, die er durch seine Tätigkeit als öffentlich bestellter Sachverständiger erfahren hat, sofern diese nicht offenkundig sind. Auch die Tatsache seiner Beauftragung ist gegebenenfalls geheim zu halten. So dürfen Dritten nicht ohne weiteres auf Anfrage Auskünfte über den Inhalt oder Umstände der Gutachtenerstattung erteilt werden. Wenn z.B. Versicherungsgesellschaften, denen das Gutachten eines Kraftfahrzeugsachverständigen vorgelegt worden ist, Rückfragen haben, ist das Einverständnis des Auftraggebers zur Auskunftserteilung einzuholen, wenn es nicht aus den Umständen oder der Interessenlage unterstellt werden kann.

15.2 Diese Schweigepflicht gilt auch für alle im Betrieb des Sachverständigen mitarbeitenden Personen. Der Sachverständige hat dafür zu sorgen, dass die Schweigepflicht von den genannten Personen eingehalten wird.

15.3 Eine befugte Offenbarung liegt dann vor, wenn der Auftraggeber den Sachverständigen ausdrücklich von der Schweigepflicht entbindet. Es empfiehlt sich, sich die Zustimmung des Auftraggebers schriftlich geben zu lassen. Der Sachverständige darf allerdings Dritten, denen der Auftraggeber das Gutachten zugänglich gemacht hat, unter Schonung der berechtigten Belange des Auftraggebers das Gutachten z.B. erläutern.

15.4 Der Sachverständige darf die bei seiner Gutachtertätigkeit erlangten Kenntnisse in anonymisierter Form für sich oder Dritte verwerten (beispielsweise zum Zweck des Vergleichs, der Statistik oder des Erfahrungsaustausches). In diesen Fällen muss der Sachverständige jedoch sicherstellen, dass – auch nicht mittelbar – Rückschlüsse auf den Auftraggeber, den konkreten Gutachtenfall oder das begutachtete Objekt möglich sind.

15.5 Eine befugte Offenbarung liegt auch dann vor, wenn der Sachverständige aufgrund von Vorschriften dazu verpflichtet ist (z.B. nach § 20 MSVO oder nach der ZPO). Der Sachverständige ist auch verpflichtet, als Zeuge im Strafprozess auszusagen. Die Zeugnispflicht geht hier der Schweigepflicht vor. Er hat auch kein Auskunftsverweigerungsrecht nach der Abgabenordnung.

15.6 Die Schweigepflicht gilt auch, wenn die öffentliche Bestellung des Sachverständigen erloschen (§ 22 Abs. 1 MSVO) oder sein Auftraggeber verstorben ist.

15.7 Da der öffentlich bestellte Sachverständige auf die gewissenhafte Erfüllung seiner Obliegenheiten förmlich verpflichtet worden ist, stellt die Verletzung der Schweigepflicht eine strafbare Handlung nach § 203 Abs. 2 Nr. 5 StGB dar; die oben genannten Ausnahmen von der Schweigepflicht gelten auch hier.

§ 16 Fortbildungspflicht und Erfahrungsaustausch

16.1 Es reicht nicht aus, dass der Sachverständige nur im Zeitpunkt seiner Bestellung über das notwendige Fachwissen verfügt und fähig ist, Gutachten zu erstatten. Beide Bestellungsvoraussetzungen müssen während der gesamten Dauer der öffentlichen Bestellung vorhanden sein. Der Sachverständige hat sich daher ständig über den jeweiligen Stand der Wissenschaft, der Technik und die neueren Erkenntnisse auf seinem Sachgebiet zu unterrichten. Zur Fortbildung gehört aber nicht nur die Ergänzung des unmittelbaren Fachwissens, sondern auch Weiterbildung im allgemeinen Sachverständigenwissen (z. B. Vertrags-, Prozess-, Haftungs-, Gebühren- und Schiedsgutachterrecht sowie im öffentlichen Recht hinsichtlich des ihn betreffenden Pflichtenkatalogs).

16.2 Zu diesem Zweck hat sich der Sachverständige nachweisbar in der erforderlichen Weise, insbesondere durch regelmäßige Teilnahme an Kursen, Seminaren und Fortbildungslehrgängen, die von kompetenten Stellen angeboten werden, sowie durch laufendes Studium der Fachliteratur und von Fachzeitschriften fortzubilden. Zur Fortbildung gehört auch die Teilnahme am fachlichen Erfahrungsaustausch (z. B. Teilnahme an Fachkongressen) in erforderlichem Umfang, soweit es diesen auf dem Sachgebiet gibt, für das er öffentlich bestellt ist.

Entsprechende Nachweise sind fortlaufend, spätestens bei einem Antrag auf Verlängerung nach Ablauf der Befristung vorzulegen (vgl. 4.4).

§ 17 Haupt- und Zweigniederlassung

17.1 Berufliche (Haupt-)Niederlassung des Sachverständigen ist der Ort, von dem aus der Sachverständige seine Sachverständigentätigkeit ausübt. Die berufliche (Haupt-)Niederlassung des Sachverständigen ist ausschließlich im Hinblick auf die Tätigkeit als Sachverständiger, nicht nach der sonstigen beruflichen Tätigkeit zu bestimmen. Dort, wo der Sachverständige für seine Sachverständigentätigkeit über einen zum dauernden Gebrauch eingerichteten, ständig oder regelmäßig von ihm benutzten Raum verfügt, befindet sich regelmäßig seine (Haupt-) Niederlassung.

17.2 Eine Zweigniederlassung kann nur errichtet werden, wenn die in § 17 Abs. 2 MSVO genannten drei Kriterien erfüllt sind:

17.2.1 Der Sachverständige muss – wie für die (Haupt-)Niederlassung – über einen zum dauernden Gebrauch eingerichteten, ständig oder regelmäßig von ihm benutzten Raum verfügen.

17.2.2 In der Zweigniederlassung muss der Sachverständige entweder persönlich erreichbar sein oder sich vertreten lassen. Aufgrund der modernen Verkehrs- und Telekommunikationsmittel kann die Erreichbarkeit des Sachverständigen auch dann gesichert sein, wenn mehrere Niederlassungen bestehen. Sobald dies nicht mehr möglich ist, muss die Niederlassung mit einem Sachverständigen besetzt sein, der in der Lage ist, den Sachverständigen fachlich zu vertreten.

17.2.3 Durch eine oder mehrere Zweigniederlassungen darf die Erfüllung der Sachverständigenpflichten nicht beeinträchtigt werden. Es sind daher nur so viele Zweigstellen zulässig, dass die Hauptniederlassung und die Zweigstellen noch ordnungsgemäß betrieben und von der zuständigen (bestellenden) IHK überwacht werden können. Die IHK, in deren Bezirk die Zweigniederlassung liegt, unterstützt die zuständige IHK.

17.3 Zweigniederlassungen sind genehmigungspflichtig, damit die beteiligten IHKs überprüfen können, ob die Tätigkeiten des Sachverständigen ordnungsgemäß ausgeübt werden können und werden. Der Sachverständige hat einen Anspruch auf Genehmigung, wenn die oben genannten Voraussetzungen erfüllt sind. Die Genehmigung kann unter Bedingungen und Auflagen erteilt sowie befristet werden.

17.4 Die aufsichtsführende IHK holt eine Stellungnahme derjenigen IHK ein, in deren Bezirk die Zweigniederlassung errichtet werden soll. Die tatsächliche Inbetriebnahme der Zweigniederlassung muss angezeigt werden (siehe § 19 Buchst. b MSVO).

17.5 Sämtliche Vorschriften über die Haupt- und Zweigniederlassung finden auf Niederlassungen von Zusammenschlüssen nach § 21 MSVO entsprechende Anwendung.

§ 18 Kundmachung; Werbung

18.1 Der Sachverständige unterliegt bei seiner Werbung den Bestimmungen der §§ 1 und 3 UWG.

18.2 Der Sachverständige hat sich bei der Kundmachung seiner Tätigkeit und bei seiner Werbung Zurückhaltung aufzuerlegen. Aufmachung und Inhalt seiner Selbstdarstellung müssen dem Ansehen, der Funktion und der hohen Verantwortung eines öffentlich bestellten Sachverständigen gerecht werden. Zulässig ist danach eine Werbung, die lediglich hinweisenden und informierenden Charakter hat und das Leistungsangebot des Sachverständigen in der äußeren Aufmachung und der inhaltlichen Aussage objektiv darstellt. Zu unterlassen sind dagegen aufdringliche und anreißerische Werbeaussagen.

18.3 Der Sachverständige darf seine öffentliche Bestellung sowie seine Sachverständigentätigkeit in Tageszeitungen, Fachzeitschriften, Branchenfernsprechbüchern, Adressbüchern und im Internet bekannt geben. Solche Anzeigen dürfen nach Form und Inhalt nicht reklameartig aufgemacht sein und müssen sich auf die Bekanntgabe des Namens, der Adresse, der Sachgebietsbezeichnung, der öffentlichen Bestellung und der bestellenden Kammer beschränken.

18.4 Der Sachverständige darf in Anzeigen und auf seinen Briefbögen außer auf seine Sachverständigentätigkeit nicht auf seine sonstige berufliche oder gewerbliche Tätigkeit hinweisen, wenn dies gegen §§ 1 und 3 UWG verstößt. Dies ist jedenfalls dann der Fall, wenn der Hinweis auf die öffentliche Bestellung so in den Mittelpunkt gerückt wird, dass dem angesprochenen Dritten der Eindruck nahe liegt, der Sachverständige sei auch bei seiner sonstigen beruflichen oder gewerblichen Tätigkeit besonders qualifiziert oder vertrauenswürdig (Image-Transfer). Umgekehrt darf der Sachverständige bei Tätigkeiten auf anderen Sachgebieten als denjenigen, für die er bestellt ist, oder bei Leistungen im Rahmen seiner sonstigen beruflichen oder gewerblichen Tätigkeit auf seine öffentliche Bestellung nur dann Bezug nehmen, wenn dadurch die §§ 1 und 3 UWG nicht verletzt werden (vgl. § 12 Abs. 3 MSVO).

18.5 Der Auftraggeber darf nach Absprache mit dem Sachverständigen auf seinen Produkten oder in der Produktbeschreibung darauf hinweisen, dass sein Produkt von dem betreffenden öffentlich bestellten Sachverständigen überprüft worden ist. Ansonsten darf der Sachverständige nicht im Zusammenhang mit den beruflichen oder gewerblichen Leistungen Dritter werben oder für sich werben lassen.

18.6 Soweit der Sachverständige standesrechtlichen Regeln zur Werbung unterliegt (z. B. als Architekt, Ingenieur, Wirtschaftsprüfer oder Steuerberater), bleiben diese unberührt.

§ 19   Anzeigepflichten

19.1 Der Sachverständige ist verpflichtet, der IHK alle Veränderungen in seinem persönlichen Bereich mitzuteilen, die Auswirkungen auf seine Tätigkeit haben können. So muss die IHK, da sie auf Anfrage Gerichten oder privaten Interessenten Sachverständige benennt, wissen, wo und wie der Sachverständige erreichbar ist, und darüber unterrichtet sein, wenn er z. B. durch Krankheit oder Auslandsaufenthalt drei Monate und länger gehindert ist, seine Tätigkeit auszuüben. Der Sachverständige ist daher verpflichtet, die IHK zu unterrichten, wenn er seine (Haupt-) Niederlassung oder seine Wohnung ändert, eine Zweigniederlassung errichten oder ändern will. Im übrigen hat der Sachverständige auch Änderungen seiner Telefon- oder Telefaxnummer und sonstigen Kommunikationsmitteln, die er als Sachverständiger benutzt, mitzuteilen.

19.2 Die Tätigkeit als öffentlich bestellter Sachverständiger muss mit seiner sonstigen beruflichen oder gewerblichen Tätigkeit vereinbar sein. Insbesondere dürfen Unparteilichkeit und Unabhängigkeit wegen Interessenkollision nicht beeinträchtigt und seine zeitliche Verfügbarkeit nicht in unzumutbarem Umfang eingeschränkt werden. Deshalb hat der Sachverständige die Änderung der ausgeübten oder die Aufnahme einer weiteren beruflichen oder gewerblichen Tätigkeit, insbesondere den Eintritt in ein Arbeits- oder Dienstverhältnis oder die Gründung von Zusammenschlüssen (§ 21 MSVO), ebenso den Widerruf einer vom Arbeitgeber bzw. vom Dienstherrn erteilten Freistellung (vgl. 3.6.) anzuzeigen.

19.3 Die Pflicht zur Unterrichtung der IHK erstreckt sich auch auf solche Umstände, die seine wirtschaftliche Leistungsfähigkeit oder seine persönliche Eignung für die Tätigkeit als Sachverständiger in Frage stellen können. Die IHK ist daher bei eidesstattlichen Versicherungen und Insolvenzverfahren zu informieren. Auch bei Strafverfahren ist die IHK zu unterrichten und über den Stand des Verfahrens auf dem laufenden zu halten.

… A2 Die Richtlinien zur Mustersachverständigenordnung

§ 20 Auskunftspflichten und Überlassung von Unterlagen

20.1 Auf Verlangen der IHK hat der Sachverständige unverzüglich und auf seine Kosten alle Auskünfte zu erteilen, die erforderlich sind, um Art und Umfang seiner Tätigkeit überwachen zu können. Hierunter fallen auch Tatsachen, die nicht unmittelbar mit Gutachten oder anderen Sachverständigentätigkeiten zusammenhängen. Voraussetzung ist, dass ihre Kenntnis zur Würdigung der besonderen Sachkunde, der Unparteilichkeit, Unabhängigkeit, Zuverlässigkeit und anderer Grundlagen der persönlichen Eignung sowie der Einhaltung der Sachverständigenpflichten erforderlich ist. Dazu gehören z. B. Rahmenverträge über Sachverständigenleistungen über einen längeren Zeitraum, Korrespondenz über Beschwerden, Werbe- und Informationsmaterial, Bestätigungen über Fortbildungsmaßnahmen und Erfahrungsaustausch, Nachweise einer nach Art der versicherten Risiken und Höhe angemessenen Haftpflichtversicherung.

20.2 Der Sachverständige kann diese Auskünfte gemäß § 15 Abs. 3 MSVO nicht mit dem Hinweis auf seine Schweigepflicht verweigern, da die IHK als zuständige Bestellungskörperschaft im Rahmen ihrer Überwachungspflicht über die Sachverständigen zur Einholung dieser Auskünfte berechtigt ist.

§ 21 Zusammenschlüsse mit Sachverständigen

21.1 Der Sachverständige ist in seiner Wahl frei, in welcher Rechtsform er tätig werden will. Er kann allein, auch in der Rechtsform der GmbH, arbeiten; er kann sich mit anderen Sachverständigen seines oder anderer Sachgebiete in der Rechtsform z. B. der Gesellschaft bürgerlichen Rechts, der GmbH, der Partnerschaftsgesellschaft zusammentun. Soweit solche Gesellschaften rechtlich verselbständigt sind, werden sie selbst Partner der Verträge über Sachverständigenleistungen. Anderes gilt nur bei gerichtlichen Aufträgen, die sich direkt an einzelne Sachverständige richten. Auch wenn die Sachverständigen-Gesellschaft Vertragspartner für Sachverständigenleistungen wird, ändert sich nichts daran, dass der Sachverständige aufgrund seiner öffentlichen Bestellung verpflichtet ist, für die Einhaltung des Pflichtenkatalogs Sorge zu tragen. Ist das nicht möglich, bleibt ihm nur die Alternative, entweder aus der Gesellschaft auszuscheiden oder auf die öffentliche Bestellung zu verzichten.

Gesellschaftsvertrag und sonstige interne Organisationsregeln dürfen die Unabhängigkeit und Unparteilichkeit des Sachverständigen nicht gefährden. Eine Gefährdung ist regelmäßig anzunehmen bei fachlichen Weisungsbefugnissen anderer Gesellschafter, kaufmännischer Geschäftsführer, der Gesellschafterversammlung; wenn die Zuweisung eingegangener Aufträge nicht nach einer weitgehend objektivierten Geschäftsverteilung erfolgt.

21.2 Schließt sich ein öffentlich bestellter Sachverständiger mit nicht öffentlich bestellten Sachverständigen zusammen, hängt seine uneingeschränkte fachliche und persönliche Vertrauenswürdigkeit nicht mehr allein von ihm, sondern auch von der Gesellschaft ab. Den öffentlich bestellten und vereidigten Sachverständigen trifft daher die Verpflichtung, seine Partner auf die Einhaltung solcher Pflichten aus der Sachverständigenordnung zu verpflichten, deren Nichtbeachtung Wirkungen auf seine öffentliche Bestellung haben können. Das sind im Kern z. B. eine jedenfalls vergleichbare Qualifikation, Unabhängigkeit und Unparteilichkeit, die Wahrung der Grundsätze der Höchstpersönlichkeit, eine uneingeschränkte persönliche Eignung und die Schweigepflicht. Nicht einschlägig sind dagegen solche Pflichten, die nur zwischen der IHK und dem öffentlich bestellten und vereidigten Sachverständigen zu Überwachungszwecken bestehen.

21.2.1 Die IHK kann unmittelbar weder auf die Gesellschaft noch auf deren nicht öffentlich bestellte Mitglieder Einfluss nehmen. Dazu fehlt es an rechtlichen Beziehungen. Der öffentlich bestellte Sachverständige muss selbst dafür Sorge tragen, dass die Tätigkeit der anderen Partner seine uneingeschränkte Vertrauenswürdigkeit nicht gefährdet. Gelingt das nicht oder ist aufgrund bestimmter Umstände dieses Vertrauen der Öffentlichkeit zerstört, auch ohne dass der öffentlich bestellte Sachverständige selbst dafür die Verantwortung trägt, kann ein Widerruf der öffentlichen Bestellung in Betracht kommen.

21.2.2 Der Zusammenschluss der Sachverständigen und deren einzelne Mitglieder unterliegen dem gesetzlichen Verbot nach § 3 UWG, über geschäftliche Verhältnisse zu täuschen. Eine Täuschung kann auch in der Verschleierung liegen. Die Sachverständigen müssen deshalb klarstellen, welcher einzelne von ihnen welche Art Qualifikation in Anspruch nimmt. Pauschale Bezeichnungen auf gemeinsamen Drucksachen, Briefbögen, Praxisschildern wie z. B. „.. freie, zertifizierte und öffentlich bestellte Sachverständige … ." sind unzulässig. Solche Handhabung betrifft nicht nur das Rechtsverhältnis zwischen dem öffentlich bestellten Sachverständigen und der IHK. Bei Verstößen gegen das Wettbewerbsrecht kann die IHK unmittelbar gegen die Gesellschaft und die nicht öffentlich bestellten Sachverständigen vorgehen.

§ 22 Erlöschen der öffentlichen Bestellung

22.1 Die Erklärung des Sachverständigen nach § 22 Abs. 1 Buchst. a) MSVO muss klar und unmissverständlich geäußert werden.

22.2 § 22 Abs. 1 Buchst. b) MSVO korrespondiert mit § 3 Abs. 2 a) MSVO. Daher erlischt die öffentliche Bestellung bei einer Sitzverlegung; der Sitz ist dort, von wo aus der Sachverständige seiner Sachverständigentätigkeit nachgeht (vgl. 17.1). Das muss nicht das Büro seiner sonstigen beruflichen oder gewerblichen Tätigkeit sein. Kommt es zu einer Sitzverlegung aus dem Zuständigkeitsbereich der bestellenden IHK, muss der Sachverständige bei der für den neuen Sitz zuständigen IHK erneut einen Antrag auf öffentlich Bestellung stellen, falls er wiederum öffentlich bestellt werden möchte, die ihn im Regelfall erneut öffentlich bestellen und vereidigen wird. Die jetzt zuständige IHK wird von der früher zuständigen die vollständigen Sachverständigenakten anfordern.

Wegen des Verfahrens im Einzelnen siehe die Ausführung zu 3.9.

22.3 Auch nach Ablauf einer zeitlich befristeten Bestellung nach § 22 Abs. 1 Buchst. c) MSVO erlischt die Bestellung. Die IHK sollte regelmäßig von sich aus rechtzeitig vor Ablauf der Befristung den Sachverständigen fragen, ob der Sachverständige die Erneuerung der öffentlichen Bestellung wünscht. Er kann dann rechtzeitig einen Verlängerungsantrag stellen. Die IHK ist gegenüber der Öffentlichkeit verpflichtet sicherzustellen, dass ein Sachverständiger während der Dauer der öffentlichen Bestellung z. B. seiner Pflicht zur Weiterbildung nachkommt und über eine ausreichende gerätetechnische Ausrüstung verfügt. Außerdem muss sie wissen, ob auf einem bestimmten Sachgebiet in ausreichender Zahl Sachverständige zur Verfügung stehen. Sie sollte den Sachverständigen an die Notwendigkeit einer ausreichenden Haftpflichtversicherung erinnern. Sie wird deshalb aus

Anlass der Verlängerung den Sachverständigen anhand eines vorbereiteten Fragebogens um nähere Angaben zu seiner bisherigen Tätigkeit bitten. Im Einzelnen sollten dies mind. Fragen sein:

- zu Umfang und Angemessenheit der Haftpflichtversicherung,
- zur Anzahl der in den vergangenen 5 Jahren erstellen Gutachten (getrennt nach Gerichts- und Privatgutachten),
- zur technischen Ausrüstung,
- zur Bearbeitungsdauer, einschl. der Frage, ob Gutachtenaufträge wegen Überlastung zurückgewiesen werden mussten, evtl. Wartezeiten,
- zu Spezialkenntnissen
- zur Fortbildung.

22.4 Voraussetzungen der Verlängerung einer aus Altersgründen erlöschenden Bestellung sind die unveränderte physische und psychische Fähigkeit des Sachverständigen, die von ihm verlangten Sachverständigenleistungen innerhalb angemessener Zeit zu erbringen, sowie die unbeeinträchtigte besondere Sachkunde. Sind diese Voraussetzungen zu bejahen, bleibt der Ausnahmefall zu prüfen. Die einmalige Verlängerung kann die in § 2 Abs. 4 MSVO normierte Frist von 5 Jahren deutlich unterschreiten.

22.5 Das Erlöschen der öffentlichen Bestellung wird im Mitteilungsorgan der IHK bekannt gemacht. Auf die Ausführungen zu 7.1 und 7.2 wird verwiesen.

22.6 Mit Erlöschen der öffentlichen Bestellung wird die Vereidigung gegenstandslos. Der Sachverständige darf sich nunmehr z. B. nicht mehr als „vereidigter Sachverständiger" oder als „vormals vereidigter Sachverständiger" u. ä. bezeichnen (vgl. auch 5.3). Auch eine Bezugnahme auf die frühere öffentliche Bestellung ist unter wettbewerbsrechtlichen Gesichtspunkten unzulässig.

§ 23 Rücknahme, Widerruf

23.1 Die Rücknahme oder der Widerruf einer öffentlichen Bestellung ist eine Ermessensentscheidung. Die IHK muss dieses Ermessen erkennbar ausüben.

23.2 Eine rechtswidrige öffentliche Bestellung kann z. B. zurückgenommen werden, wenn der Sachverständige sie durch Angaben erwirkt hat, die in wesentlicher Beziehung unrichtig oder unvollständig waren.

Beispiele:
- Der Sachverständige hat die im Antragsverfahren vorgelegten Gutachten nicht persönlich erstattet; er hat gefälschte Zeugnisse oder Nachweise seiner Berufsausbildung vorgelegt; er verschweigt trotz Erklärungsaufforderung Vorstrafen oder Ordnungswidrigkeitenverfahren; er erbringt den Nachweis der besonderen Sachkunde vor Fachgremien nicht durch selbst erarbeitete Gutachten.
- Der Sachverständige kann sich nicht darauf berufen, er habe die Unrichtigkeit oder Unvollständigkeit der Angaben nicht erkannt, wenn ihm insoweit grobe Fahrlässigkeit anzulasten ist. Der Vertrauensschutz des Sachverständigen in den Fortbestand

seiner öffentlichen Bestellung als begünstigendem Verwaltungsakt wird in den §§ 43 ff Verwaltungsverfahrensgesetz des jeweiligen Landes im einzelnen geregelt.

23.3 Die öffentliche Bestellung kann widerrufen werden, wenn die IHK aufgrund nachträglich eingetretener Tatsachen berechtigt wäre, die öffentliche Bestellung abzulehnen, und wenn ohne den Widerruf das öffentliche Interesse gefährdet würde. Sie darf die öffentliche Bestellung auch widerrufen, wenn eine mit ihr verbundene Auflage nicht erfüllt worden ist. Die IHK wird also einen Widerruf prüfen, wenn sich nach der Bestellung ergibt, dass der Sachverständige nicht mehr über die erforderliche fachliche und persönliche Eignung verfügt oder seine Einrichtungen nicht mehr den Anforderungen genügen, von denen die Bestellung abhängig war (§ 3 MSVO).

23.3.1 Ein Widerruf kann beispielsweise in Betracht kommen, wenn

- der Sachverständige Blanko-Gutachtenformulare mit seiner Unterschrift und Stempel Mitarbeitern oder Dritten zur Verfügung stellt,
- der Sachverständige Straftaten im Zusammenhang oder angelegentlich seiner Sachverständigentätigkeit begeht (Diebstahl während eines Ortstermins). Das können auch Straftaten sein, die nicht in zumindest mittelbarem Zusammenhang mit der Sachverständigentätigkeit stehen. Von Bedeutung ist, ob sie geeignet sind, begründete Zweifel an der persönlichen Eignung, Zuverlässigkeit oder Befähigung hervorzurufen, z. B. Trunkenheitsdelikte. Bereits bei Einleitung eines Ermittlungsverfahrens kann der Widerruf einer öffentlichen Bestellung geboten sein; die Entscheidung darüber hängt von der Schwere des Strafvorwurfs und der Dringlichkeit des Tatverdachtes ab,
- der Sachverständige eine eidesstattliche Versicherung nach § 807 ZPO für sich oder einen Dritten abgeben musste und entweder persönlich oder für einen Dritten in das Schuldnerverzeichnis nach § 915 ZPO eingetragen ist,
- über das Vermögen des Sachverständigen ein Insolvenzverfahren beantragt, eröffnet oder die Eröffnung eines Insolvenzverfahrens mangels Masse abgelehnt wurde; dasselbe gilt bei einer Gesellschaft, deren Vorstand, Geschäftsführer oder Gesellschafter der Sachverständige ist. Die IHK wird in diesem Fall prüfen, inwieweit der Sachverständige noch über die notwendige Glaubwürdigkeit, Zuverlässigkeit und Unabhängigkeit verfügt, d. h. die persönliche Eignung noch gegeben ist,
- der Sachverständige dergestalt unbegründete und nicht nachvollziehbare Gutachten erstattet, dass diese für Auftraggeber oder Dritte nicht verwertbar oder verwendbar sind.

23.3.2 Das Verfahren der IHK zur Prüfung eines Widerrufs wird durch strafrechtliche Ermittlungen weder hinsichtlich des Verfahrensganges noch des Ergebnisses präjudiziert. Strafverfahren und Wiederrufsverfahren orientieren sich an unterschiedlichen Maßstäben. Trotz Einstellung eines Strafverfahrens oder Freispruchs aus Rechtsgründen ist deshalb ein Widerruf der öffentlichen Bestellung nicht ausgeschlossen, wenn begründete Zweifel an der persönlichen Eignung des Sachverständigen nicht ausgeräumt werden können.

23.3.3 Vor einer Rücknahme oder einem Widerruf muss geprüft werden, ob nicht geringere Eingriffe wie z. B. die Erteilung von Auflagen das erforderliche Ergebnis erzielen oder gewährleisten. Die IHK muss prüfen, ob der Widerruf die geeignete, notwendige und nicht außer Verhältnis zum erstrebten Ziel stehende Maßnahme ist. Erklärt sich z. B. der betroffene Sachverständige bereit, für die Zeit eines strafrechtlichen Ermittlungsverfahrens bis zur Entscheidung über eine Anklageerhebung die öffentliche Bestellung ruhen zu lassen, bedarf es in diesem Sinne vorerst keines Widerrufs. Es kann auch ausreichend sein, den Sachverständigen auf den Pflichtverstoß hinzuweisen und ihm mitzuteilen, dass im Wiederholungsfall der Widerruf ausgesprochen werden kann.

23.3.4 Die IHK wird In aller Regel prüfen, ob die sofortige Vollziehung des Widerrufs oder der Rücknahme anzuordnen ist.

23.4 Jede Rücknahme bzw. jeder Widerruf ist schriftlich zu begründen. In der Begründung sind die wesentlichen tatsächlichen und rechtlichen Entscheidungsgründe mitzuteilen. Da es sich in beiden Fällen um Ermessensentscheidungen handelt, muss die IHK auch die Gesichtspunkte erkennen lassen, von denen sie bei der Ausübung ihres Ermessens ausgegangen ist. Ihren Bescheid versieht sie mit einer Rechtsbehelfsbelehrung.

§ 24 Rückgabepflicht von Bestallungsurkunde, Ausweis und Stempel

24.1 Da gemäß § 6 Abs. 1 MSVO Ausweis und Rundstempel im Eigentum der IHK verbleiben, kann sie nach Erlöschen der Bestellung deren Herausgabe verlangen. Die Rückgabepflicht auch für die Bestallungsurkunde folgt im übrigen aus der Bestimmung des Verwaltungsverfahrensgesetzes des jeweiligen Landes, die die Rückgabe von Urkunden und Sachen nach unanfechtbarem Widerruf Rücknahme oder Wirksamkeitsende eines Verwaltungsaktes (Ablauf der öffentlichen Bestellung) regelt.

24.2 Die IHK kann den Anspruch nach den Vorschriften des Verwaltungsverfahrens- oder Vollstreckungsgesetzes des jeweiligen Landes durchsetzen.

§ 25 Entsprechende Anwendung

25.1 Mit dieser Bestimmung werden die Eichaufnehmer, Messer, Schauer, Stauer, Güterbesichtiger und ähnliche Vertrauenspersonen erfasst (§ 36 Abs. 2 GewO), die auf den Gebieten der Wirtschaft zur Feststellung bestimmter Tatsachen in Bezug auf Sachen und zur Überprüfung der ordnungsgemäßen Vornahme bestimmter Tätigkeiten öffentlich bestellt werden können.

25.2 Die IHK kann für diesen Personenkreis auch besondere Satzungen erlassen, falls dazu eine Notwendigkeit besteht (z. B. für die Änderung der Altersgrenzen und Ergänzung des Pflichtenkataloges).

§ 26 Inkrafttreten

26.1 Die Sachverständigenordnung und jede spätere Änderung müssen von der Vollversammlung der IHK als Satzung beschlossen und von Präsident und Hauptgeschäftsführer ausgefertigt werden. Das Inkrafttreten richtet sich nach den für die jeweilige IHK geltenden Vorschriften.

26.2 Neue Bestimmungen gelten grundsätzlich auch für bereits bestellte Sachverständige. Es gibt insoweit keinen Vertrauensschutz. Eine Ausnahme wurde aus Gründen der Rechtssicherheit mit der Einführung der fünfjährigen Regelbefristung (2.4) für bisher unbefristet bestellte Sachverständige gemacht. Insoweit wird für diesen Personenkreis eine Bestandschutzregelung eingeführt.

A3 Gewerbeordnung (GewO)

– Auszug –

§ 36 Öffentliche Bestellung von Sachverständigen

(1) Personen, die als Sachverständige auf den Gebieten der Wirtschaft einschließlich des Bergwesens, der Hochsee- und Küstenfischerei sowie der Land- und Forstwirtschaft einschließlich des Garten- und Weinbaues tätig sind oder tätig werden wollen, sind auf Antrag durch die von den Landesregierungen bestimmten oder nach Landesrecht zuständigen Stellen für bestimmte Sachgebiete öffentlich zu bestellen, sofern für diese Sachgebiete ein Bedarf an Sachverständigenleistungen besteht, sie hierfür besondere Sachkunde nachweisen und keine Bedenken gegen ihre Eignung bestehen. Sie sind darauf zu vereidigen, dass sie ihre Sachverständigenaufgaben unabhängig, weisungsfrei, persönlich, gewissenhaft und unparteiisch erfüllen und ihre Gutachten entsprechend erstatten werden. Die öffentliche Bestellung kann inhaltlich beschränkt, mit einer Befristung erteilt und mit Auflagen verbunden werden.

(2) Absatz 1 gilt entsprechend für die öffentliche Bestellung und Vereidigung von besonders geeigneten Personen, die auf den Gebieten der Wirtschaft

1. bestimmte Tatsachen in Bezug auf Sachen, insbesondere die Beschaffenheit, Menge, Gewicht oder richtige Verpackung von Waren feststellen oder

2. die ordnungsmäßige Vornahme bestimmter Tätigkeiten überprüfen.

(3) Die Landesregierungen können durch Rechtsverordnung die zur Durchführung der Absätze 1 und 2 erforderlichen Vorschriften über die Voraussetzungen für die Bestellung sowie über die Befugnisse und Verpflichtungen der öffentlich bestellten und vereidigten Sachverständigen bei der Ausübung ihrer Tätigkeit erlassen, insbesondere über

1. die persönlichen Voraussetzungen einschließlich altersmäßiger Anforderungen, den Beginn und das Ende der Bestellung,

2. die in Betracht kommenden Sachgebiete einschließlich der Bestellungsvoraussetzungen,

3. den Umfang der Verpflichtungen des Sachverständigen bei der Ausübung seiner Tätigkeit, insbesondere über die Verpflichtungen

   a) zur unabhängigen, weisungsfreien, persönlichen, gewissenhaften und unparteiischen Leistungserbringung,

   b) zum Abschluss einer Berufshaftpflichtversicherung und zum Umfang der Haftung,

   c) zur Fortbildung und zum Erfahrungsaustausch,

   d) zur Einhaltung von Mindestanforderungen bei der Erstellung von Gutachten,

   e) zur Anzeige bei der zuständigen Behörde hinsichtlich aller Niederlassungen, die zur Ausübung der in Absatz 1 genannten Sachverständigentätigkeiten genutzt werden.

   f) zur Aufzeichnung von Daten über einzelne Geschäftsvorgänge sowie über die Auftraggeber,

   und hierbei auch die Stellung des hauptberuflich tätigen Sachverständigen regeln.

(4) Soweit die Landesregierung weder von ihrer Ermächtigung nach Absatz 3 noch nach § 155 Abs. 3 Gebrauch gemacht hat, können Körperschaften des öffentlichen Rechts, die für die öffentliche Bestellung und Vereidigung von Sachverständigen zuständig sind, durch Satzung die in Absatz 3 genannten Vorschriften erlassen.

(5) Die Absätze 1 bis 4 finden keine Anwendung, soweit sonstige Vorschriften des Bundes über die öffentliche Bestellung oder Vereidigung von Personen bestehen oder soweit Vorschriften der Länder über die öffentliche Bestellung oder Vereidigung von Personen auf den Gebieten der Hochsee- und Küstenfischerei, der Land- und Forstwirtschaft einschließlich des Garten- und Weinbaues sowie der Landesvermessung bestehen oder erlassen werden.

A4 IfS: Empfehlungen zum Aufbau eines Sachverständigengutachtens

Institut für Sachverständigenwesen e. V.

Hohenzollernring 85-87

50672 Köln

Telefon 02 21/91 27 71 12

Fax 02 21/91 27 71 99

www.ifsforum.de

Anhang

Eine der grundlegenden sachverständigen Leistungen ist die Gutachtenerstellung durch den Sachverständigen. Gerichte, Behörden, Unternehmen und der sogenannte „Endverbraucher" kommen in unserem technisierten und arbeitsteiligen Geschäftsalltag ohne Sachverständigengutachten meist nicht mehr aus. Sei es bei Verkehrsunfällen, Bauschäden, Mietstreitigkeiten, fehlerhafter handwerklicher Leistungen, bei Vermögensauseinandersetzungen, Ehescheidungen oder einfach, wenn eine gekaufte Sache Mängel aufweist, oft hilft nur ein Sachverständigengutachten weiter. Wie ein Gutachten im Einzelnen auszusehen hat, ist nicht festgeschrieben. Zwar gibt es in den Sachverständigenordnungen der Bestellungskörperschaften in bestimmten Gebieten Aussagen zu den Anforderungen an Gutachten. Auch die Rechtsprechung und die Fachliteratur haben Anforderungen an Inhalt und Aufbau von Gutachten entwickelt, die von den Sachverständigen beachtet werden sollten – nicht zuletzt wegen der Gefahr der Haftung oder des Verlustes der Vergütung.

Auf Initiative der Industrie- und Handelskammer München hat das Institut für Sachverständigenwesen daher hilfreiche Praxishinweise für den Aufbau eines schriftlichen Sachverständigengutachtens erarbeitet, die vom Arbeitskreis Sachverständigenwesen des DIHK befürwortet worden sind. Diese Empfehlung ist kein abschließendes, verpflichtendes oder allgemeingültiges Schema, das den Anspruch auf Vollständigkeit oder Ausschließlichkeit erhebt. Dies ist vor dem Hintergrund der Vielseitigkeit und individuellen Ausgestaltung der zu begutachtenden Sachverhalte und der persönlichen Verantwortlichkeit des Sachverständigen für sein Gutachten gar nicht möglich. Vielmehr soll ein Leitfaden als Orientierungshilfe für Sachverständige angeboten werden. Er richtet sich in erster Linie an öffentlich bestellte und vereidigte Sachverständige, kann und sollte aber auch von anderen Sachverständigen bei ihrer Gutachtenerstattung verwendet werden.

Überblick:

I. Allgemeine Grundlagen für den Aufbau eines Gutachtens
II. Deckblatt, Allgemeine Angaben und Aufgabenstellung
    1. Deckblatt und Seitenzahlen
    2. Beweisbeschluss, Inhalt und Umfang des privaten Auftrags
    3. Mitarbeit von Hilfskräften
III. Dokumentation der Daten und des Sachverhalts
    1. Skizzen und Fotografien
    2. Einheiten, Dimensionen
    3. Versuche, Messungen
IV. Nachvollziehbare sachverständige Beantwortung der Fragestellung
    1. Rechtliche Würdigungen
    2. Tenorüberschreitung bei öffentlich bestellten Sachverständigen
V. Abgrenzung zu anderen sachverständigen Leistungen
VI. Zusammenfassung, Unterschrift und Rundstempel
VII. Literatur
    Nachschlagewerke
    Broschüren

I. Allgemeine Grundlagen für den Aufbau eines Gutachtens

Aus den Sachverständigenordnungen der IHKn (SVO) lassen sich Anforderungen für Gutachten ableiten. Diese Anforderungen sind wie folgt formuliert:

„Der Sachverständige hat seine Aufträge unter Berücksichtigung des aktuellen Standes von Wissenschaft, Technik und Erfahrung mit der Sorgfalt eines ordentlichen Sachverständigen zu erledigen. Die tatsächlichen Grundlagen seiner fachlichen Beurteilungen sind sorgfältig zu ermitteln und die Ergebnisse nachvollziehbar zu begründen. Er hat die in der Regel von den Industrie- und Handelskammern herausgegebenen Richtlinien zu beachten" (§ 8 Abs. 3 SVO).

Nr. 8.3.7 der Richtlinien zur SVO führt dazu ergänzend aus:

„Gutachten sind systematisch aufzubauen, übersichtlich zu gliedern, nachvollziehbar zu begründen und auf das Wesentliche zu beschränken. Es sind alle im Auftrag gestellten Fragen zu beantworten, wobei sich der Sachverständige genau an das Beweisthema bzw. an den Inhalt seines Auftrags zu halten hat. Die tatsächlichen Grundlagen für eine Sachverständigenaussage sind sorgfältig zu ermitteln und die erforderlichen Besichtigungen sind persönlich durchzuführen. Kommen für die Beantwortung der gestellten Fragen mehrere Lösungen ernsthaft in Betracht, so hat der Sachverständige diese darzulegen und den Grad der Wahrscheinlichkeit der Richtigkeit einzelner Lösungen gegeneinander abzuwägen. Die Schlussfolgerungen im Gutachten müssen so klar und verständlich dargelegt sein, dass sie für einen Nichtfachmann lückenlos nachvollziehbar und plausibel sind. Ist eine Schlussfolgerung nicht zwingend, sondern nur naheliegend, und ist das Gefolgerte deshalb nicht erkenntnissicher, sondern nur mehr oder weniger wahrscheinlich, so muss der Sachverständige dies im Gutachten deutlich zum Ausdruck bringen."

Aus diesen Vorgaben ergibt sich ein grundsätzlicher, logischer Aufbau für Gutachten, der deshalb als Maßstab berücksichtigt werden sollte. Darüber hinaus sind für einige Sachgebiete spezifische Anforderungen an Gutachten formuliert worden, die in den Bestellungsvoraussetzungen dieser Sachgebiete enthalten sind wie z.B. für die Bewertung von bebauten und unbebauten Grundstücken oder Kfz-Schäden und -bewertung (die Bestellungsvoraussetzungen finden Sie auch unter www.ifsforum.de).

Gutachten werden in der Regel in vier Teile gegliedert

- Deckblatt, Allgemeine Angaben und Aufgabenstellung
- Dokumentation der Daten und des Sachverhalts
- Nachvollziehbare sachverständige Beantwortung der Fragestellung
- Zusammenfassung, Unterschrift und Rundstempel

In der Regel ist es sinnvoll, sich an diesen Aufbau zu halten und darauf zu achten, die Dokumentation der Daten und des Sachverhalts (das, was als Basis der Begutachtung dient – sogenannte Befundstatsachen) von der sachverständigen Beurteilung (Schlussfolgerungen) zu trennen. Besonderheiten des Auftrags können im Sinne der leichteren Aufnehmbarkeit und Verständlichkeit für den Leser des Gutachtens Abweichungen von diesem Aufbau nahe legen oder erfordern. So kann es sich beispielsweise bei umfangreichen Beweisfragen in Bausachen anbieten, für jede Teilfrage die Abfolge zuerst Beweisfrage, dann Dokumentation und danach Beantwortung der Beweisfrage, einzuhalten.

Anhang

II. Deckblatt, Allgemeine Angaben und Aufgabenstellung

Auf dem Deckblatt:

- Vor- und Zuname des Sachverständigen, Berufsbezeichnung, evtl. Firmenbezeichnung, Hinweis auf öffentliche Bestellung mit Angabe von Bestellungskörperschaft und Bestellungstenor, Anschrift mit vollständiger Adresse sowie Telefon- und Faxnummer, Email.
- Auftraggeber mit voller Anschrift, Datum der Auftragserteilung; Datum der Erstellung des Gutachtens.
- bei Gerichtsaufträgen: Angabe des Aktenzeichens, der Parteien (und anderer Beteiligter), evtl. Angabe der Parteivertreter (dies wird in der Regel keinen Platz mehr auf dem Deckblatt haben).
- Angabe der Gutachtennummer; Anzahl der Textseiten, Anlagen und Fotografien; Anzahl der Ausfertigungen.

Auf der/n nächsten Seite/n:

- Inhaltsverzeichnis bei umfangreichen Gutachten.
- Inhalt des Auftrags und Zweck des Gutachtens.
- Bei Gerichtsaufträgen: Wiedergabe der Beweisfrage(n). Etwaige Unklarheiten sind vor der Erstellung mit dem Auftraggeber/Richter zu klären, Ergänzungen und Anweisungen sind zu vermerken.
- Verwendete Arbeitsunterlagen wie z.B. Akten, Pläne, extern vergebene Untersuchungen oder fremde Fotografien sind anzugeben und soweit erforderlich beizufügen.
- Verwendete Literatur unter genauer Titelangabe. Es ist darauf zu achten, nur die tatsächlich im Gutachten verwendete Literatur anzugeben. Bei Normen, Regelwerken etc. müssen Nummer, Titel und das Datum der verwendeten Ausgabe genannt werden.
- Angaben zur Ortsbesichtigung: Datum und Dauer des Ortstermins, von wem durchgeführt, alle anwesenden Personen (wenn nicht eindeutig, mit Erklärung der Funktion, z.B. Hausverwalter, Mieter der Wohnung). Hinweise zur Art der Bekanntgabe des Termins und des Datums bei Nichterscheinen einer Partei.
- Angaben zu beteiligten Mitarbeitern und deren Tätigkeitsumfang bei der Gutachtenerstattung. Angaben zu weiteren Sachverständigen, die mit Zustimmung des Gerichts bzw. des privaten Auftraggebers zugezogen wurden.

1. Deckblatt und Seitenzahlen

Auf dem Deckblatt muss angegeben sein, welcher Sachverständige das Gutachten erstattet hat, z.B. bei Bürogemeinschaften. Sachverständige, die neben ihrer öffentlichen Bestellung auf einem weiteren Sachgebiet tätig sind, müssen diese Unterscheidung klar deutlich machen. Das Gutachten muss Seitenzahlen tragen. Sie sollten als solche leicht zu erkennen sein, etwa durch den Zusatz „Seite" oder „Blatt". Es kann geboten sein, in der

Kopf- oder Fußzeile eine Bezeichnung des Gutachtens einzufügen, die es erschwert, einzelne Seiten des Gutachtens auszutauschen, z. B: Name des Sachverständigen, evtl. Logo, Gutachten-Nummer, Kurzbezeichnung des Gutachtens.

2. Beweisbeschluss, Inhalt und Umfang des privaten Auftrags

Die Prozessordnungen enthalten keine Regelung, ob im Gutachten die Beweisfrage zitiert werden muss. Die Fachliteratur und die IHKn empfehlen jedoch, die Beweisfragen zu zitieren, da sonst die Verständlichkeit und Nachvollziehbarkeit des Gutachtens verloren geht, weil Zusammenhang zwischen Frage und Antwort fehlt. Sehr lange Beweisbeschlüsse können auch als Kopie in den Anhang des Gutachtens aufgenommen werden. Sollte das Gericht eine Weisung geben, den Beweisbeschluss nicht zu zitieren, sollte diese Anordnung im Gutachten genannt werden. In diesem Fall sollte auf den Beweisbeschluss unter Angabe der Blattzahlen der Gerichtsakte hingewiesen werden. Mit der regel- und formularmäßigen Bitte des Gerichts um Verzicht auf eine Wiederholung des Akteninhalts im Gutachten ist nicht der Verzicht auf das Zitieren des Beweisbeschlusses gemeint.

Beim Privatgutachten sollte der Auftragsinhalt und der Auftragsumfang unbedingt angegeben werden. Dies ist nicht nur für die Nachvollziehbarkeit des Gutachtens, sondern auch und insbesondere für die Haftung gegenüber Dritten von Bedeutung.

3. Mitarbeit von Hilfskräften

Inhalt und Umfang der Mitarbeit von Hilfskräften sind im Gutachten kenntlich zu machen, soweit es sich nicht nur um Hilfsdienste untergeordneter Bedeutung handelt (§ 407 a Abs. 2, S. 2 ZPO). Ausführliche Hinweise zur Mitarbeit von Hilfskräften sowie zur Zusammenarbeit mit Sachverständigen und Dritten finden sich in der Sachverständigenordnung unter § 9 bzw. § 11 sowie in der IfS- Broschüre „Der Sachverständige und seine Mitarbeiter".

III. Dokumentation der Daten und des Sachverhalts

- Kurze nachvollziehbare Bezeichnung des zu begutachtenden Objekts und Beschreibung seines Zustands. Je nach Art und Verwendungszweck des Gutachtens ist die Identität des begutachteten Gegenstandes zu sichern.

- Evtl. Angaben zur Vorgeschichte und Anknüpfungstatsachen, soweit zum Verständnis und zur Nachvollziehbarkeit relevant.

- Genaue, erschöpfende Beschreibung des Schadensbildes, der zu begutachtenden Leistungen oder der Gegebenheiten (z.B. bei einem Bewertungsgutachten). Bei mehreren Beweisfragen sollte die Beschreibung den einzelnen Beweisfragen zugeordnet werden können.

- Letztlich bestimmt die Fragestellung die Ausführlichkeit der Beschreibung. Sie ist so zu wählen, dass der Leser das Objekt erkennen und die Beantwortung der gestellten Frage (Beurteilung/Bewertung) plausibel nachvollziehen kann. Diese Feststellungen als Grundlage der sachverständigen Beurteilungen sind wesentlicher Bestandteil des Gutachtens, die Darstellung in einem in der Anlage angefügten „Ortsbegehungsprotokoll" genügt nicht.

Anhang

- Beschreibungen, die auf eigenen Feststellungen beruhen, sind eindeutig von solchen abzugrenzen, die auf Angaben anderer Personen beruhen. Solche Personen sind grundsätzlich im Gutachten zu nennen.
- Fundstellen und Quellen von Anknüpfungstatsachen etc. sind anzugeben, z.B. Blattziffer der Gerichtsakten mit Angabe des Schriftsatzverfassers mit Seite, Ziffer etc. (dies ist neben der Blattziffer aus der Akte erforderlich, da die Parteien über die Aktennummerierung nicht informiert sind), Angabe des Fotografen, wenn Fotografien nicht selber gemacht sind, Labor-Ergebnisse etc.

1. Skizzen und Fotografien

Skizzen und Fotografien sind zur Veranschaulichung und Verständlichkeit sinnvoll. Sie sollten mit Bildunterschriften versehen werden, die eine Zuordnung zum Gutachtentext ermöglichen, genauso wie im Gutachtentext auf zugehörige Skizzen und Fotografien verwiesen werden sollte. Wenn Fotografien von Dritten verwendet werden, muss dies offen gelegt werden (Möglichkeit der Manipulation). Es können analoge wie digitale Fotografien verwendet werden. Skizzen und Fotografien in einem Gutachten unterstützen die Nachvollziehbarkeit, ersetzen aber nicht die Feststellungen und verbale Beschreibung durch den Sachverständigen.

2. Einheiten, Dimensionen

In technischen Gutachten werden häufig Zahlenwerte mitgeteilt. Diese können nur dann zweifelsfrei interpretiert werden, wenn der Zahlenangabe eine Dimensionsangabe folgt. Bei physikalischen Größen wird das international verabredete MKSA-System (Grundeinheiten: Meter, Kilogramm, Sekunde, Ampere) verwendet. Zusätzliche Angaben in umgangssprachlicher Bezeichnung können die Verständlichkeit für Laien herstellen, bzw. verbessern.

Bei der Angabe von Preisen/ Werten sind diese zu definieren und anzugeben, ob sie die Umsatzsteuer enthalten.

3. Versuche, Messungen

Sind Versuche für die Begutachtung erforderlich, sollten diese in einem eigenen Kapitel beschrieben werden. Dieses beinhaltet die Beschreibung des Versuchsaufbaus, die Diskussion der Aussagekraft des Versuchs und die Angabe, warum mit dem Aufbau und dem durchgeführten Versuch zuverlässige, ausreichend genaue Aussagen möglich sind bzw. wo Erkenntnisgrenzen sind. Es kann sinnvoll sein, den Parteien die Möglichkeit einzuräumen, beim Versuch anwesend zu sein, auch wenn der Versuch im Labor des Sachverständigen durchgeführt wird. Eine entsprechende Angabe im Gutachten ist dann erforderlich. Werden Messgeräte verwendet, so müssen Typ und Hersteller benannt werden, evtl. ist eine Angabe über die letzte Kalibrierung des Geräts erforderlich. Die möglichen Messgenauigkeiten bzw. –ungenauigkeiten sind anzugeben, evtl. ist zu begründen, warum sie ausreichend sind. Wird „nur" an ausgewählten Orten oder Geräten gemessen, ist zu begründen, warum die Messungen selektiv erfolgen und ausreichend sind.

Messwerte sollen mit einer durch die Genauigkeit der Messkette gedeckten Anzahl von Nachkommastellen angegeben werden. Sind Zahlenwerte nicht entsprechend genau, ist es besser statt „2,0 m" nur „2 m" zu schreiben, da „Komma Null" gerade beim Laien eine Genauigkeit vortäuscht, die möglicherweise gar nicht vorhanden und häufig auch nicht notwendig ist.

IV. Nachvollziehbare sachverständige Beantwortung der Fragestellung

- Auswertung aller relevanten Daten mit Schlussfolgerungen, Bewertungen, Berechnungen und Beurteilungen. Dazu gehört die Darstellung der Beurteilungsgrundlagen, z. B. vertragliche Festlegungen, Gesetze, Normen, Regelwerke, Erfahrungssätze des Fachgebiets, eigene Erfahrungen des Sachverständigen.

- Je nach Fragestellung folgt eine Gegenüberstellung von „Ist" und „Soll" mit Herausstellung der Differenz, technischer Bewertung der Differenz, Angaben zu Verantwortlichkeiten, Möglichkeiten der Beseitigung technischer Defizite und (genaue oder überschlägige) Angabe der Kosten hierfür. Zwischen Feststellung/Beschreibung einerseits und Beurteilung/Bewertung andererseits muss klar getrennt werden. Bei Bewertungsgutachten müssen etwaige Zu- und Abschläge etc. nachvollziehbar begründet werden.

- Für Umfang und Intensität der Bearbeitung ist der Auftrag maßgebend. Über die Beweisfragen hinausgehende Erkenntnisse gehören nicht in ein Gutachten in einem Zivilprozess! Wenn die Fragestellung aus vielen einzelnen Punkten besteht, kann es wegen der Lesbarkeit zweckmäßig sein, die Tatsachengrundlage und die Beurteilung jeweils unmittelbar nacheinander Punkt für Punkt zu behandeln. Wichtig ist, dass alle gestellten Fragen beantwortet werden. Das Gutachten muss für Laien nachvollziehbar und für Fachleute nachprüfbar sein.

- Die Quellen der Erfahrungssätze sind offen zu legen. Die Wertigkeit der fachlichen Aussagen (Gewissheit, Möglichkeit, Grad der Wahrscheinlichkeit, Unmöglichkeit) ist mit verständlicher, genauer, nachvollziehbarer Begründung darzustellen. Schlagwortartige Pauschalbeurteilungen ohne Begründung reichen keinesfalls aus. Eventuelle Fehlerquellen und Unsicherheiten sind im Gutachten darzustellen und zu würdigen. Gegebenenfalls ist auch deutlich auf die Grenze wissenschaftlicher Erkenntnismöglichkeiten und der eigenen Sachkunde hinzuweisen.

- Fotografien, Grafiken, Schaubilder oder Skizzen sind zur Veranschaulichung nützlich; sie ersetzen aber nicht die verbale Darstellung. Fotografien, Berechnungen und Tabellen sind entweder in den Text oder unter Hinweis auf die Fundstelle im Anhang vollständig einzufügen.

1. Rechtliche Würdigungen

Sachverständige stellen Tatsachen fest und bewerten sie aus fachlicher Sicht. Rechtliche Würdigungen sind dem Gericht oder dem privaten Auftraggeber vorbehalten. Es ist nicht Aufgabe des Sachverständigen, zu „Schuld" oder „Unschuld" eines Beteiligten Stellung zu nehmen, oder darzulegen wer „Recht hat", wer „einbehalten darf" oder „bezahlen muss" und wer „haftet" oder „Gewähr zu leisten" hat.

2. Tenorüberschreitung bei öffentlich bestellten Sachverständigen

Wenn sich nach Auftragsübernahme herausstellt, dass der Gutachtenauftrag (in Teilen) nicht von der öffentlichen Bestellung (Tenor) abgedeckt wird, muss dies dem Auftraggeber unverzüglich mitgeteilt werden. Bei Gerichtsgutachten muss das Gericht darauf hingewiesen werden, dass Teile des Beweisbeschlusses nicht von der öffentlichen Bestellung abgedeckt sind.

Beinhaltet das Gutachten ausschließlich Thematiken außerhalb des Sachgebietes, für das der Sachverständige bestellt ist, darf das Gutachten nicht mit dem Rundstempel versehen werden.

Wenn nur ein Teil der Beweisfragen vom Bestellungstenor abgedeckt ist, ein Teil der Fragen jedoch außerhalb der öffentlichen Bestellung beantwortet wird, ist eine klare Trennung erforderlich zwischen den Fragen, die in das jeweilige Bestellungsgebiet des öffentlich bestellten Sachverständigen fallen und denen, die außerhalb liegen. Fragen außerhalb des Bestellungsgebietes dürfen nur beantwortet werden, wenn der Sachverständige auch hierfür das erforderliche Fachwissen hat.

V. Abgrenzung zu anderen sachverständigen Leistungen

Beinhaltet der Auftrag ausdrücklich nicht die Erstellung eines Gutachtens im formalen Sinne, besteht auch die Möglichkeit, eine andere Dienstleistung zu erbringen, die dem Inhalt und dem Zweck der beauftragten sachverständigen Leistung entspricht (z. B. Schadensbericht, Schadenskalkulation, Kurzbericht, fachliche Stellungnahme o.ä.). Auch diese sachverständigen Leistungen sind, soweit sie in dem Bestellungsgebiet erbracht werden, von dem Bestellungstenor gedeckt und in den Sachverständigenordnungen ausdrücklich erwähnt. Die formellen und inhaltlichen Anforderungen an diese sachverständige Leistung ergeben sich aus dem konkreten Inhalt und dem vereinbarten Zweck des Auftrages, die bei einem schriftlichen Ergebnis auch immer enthalten sein sollten. Nicht möglich ist es, ein vom Auftraggeber gefordertes Gutachten lediglich mit einer anderen Bezeichnung zu versehen, um die Anforderungen an ein Gutachten eines öffentlich bestellten und vereidigten Sachverständigen zu umgehen.

VI. Zusammenfassung, Unterschrift und Rundstempel

Die Zusammenfassung soll dem Verwender/Leser einen Überblick über die wesentlichen Ergebnisse des Gutachtens und knappe Antworten auf die gestellten Fragen geben. Bei Gerichtsgutachten werden die Fragen des Beweisbeschlusses mit eindeutigen Formulierungen ohne eingehende Begründung beantwortet.

Der Sachverständige muss das Gutachten eigenhändig unterschreiben. Ist der Sachverständige öffentlich bestellt, muss er den Rundstempel neben die Unterschrift setzen (siehe § 12 Abs. 1 der Sachverständigenordnungen), sofern und nur wenn er das Gutachten auf seinem Bestellungsgebiet erstattet hat (vgl. Tenorüberschreitung). Weitere zusätzliche Stempel sind nicht zulässig! Nicht gestempelt werden dürfen Briefe, die nicht unmittelbar mit der Sachverständigentätigkeit zusammenhängen (z. B. Bestellung von

Büromaterial). Gutachten außerhalb des Sachgebietes dürfen nicht mit dem Rundstempel versehen werden.

Im Fall der elektronischen Übermittlung ist die qualifizierte elektronische Signatur zu verwenden.

Es empfiehlt sich, unter der Unterschrift den Namen des Sachverständigen und evtl. die Bürobezeichnung in Maschinenschrift zu setzen.

Auf den als öffentlich bestellter Sachverständiger geleisteten Eid sollte nicht Bezug genommen werden, es sei denn, das wurde ausdrücklich (nicht per gerichtlichem Formularschreiben) verlangt oder vertraglich vereinbart. Eine Versicherung, wie etwa das Gutachten wurde „unparteiisch und nach bestem Wissen und Gewissen" erstattet, ist entbehrlich, wenn der Sachverständige öffentlich bestellt und vereidigt, weil der öffentlich bestellte Sachverständige durch seinen bei der Bestellung geleisteten Eid hierzu ohnehin verpflichtet ist.

VII. Literatur

Nachschlagewerke

Bayerlein, Praxishandbuch Sachverständigenrecht
Verlag C. H. Beck München 2008, 4. Aufl., 974 Seiten, € 118,-, ISBN 3-406-46795-4

Jessnitzer/Frieling/Ulrich
Der gerichtliche Sachverständige, Carl Heymanns Verlag, Köln, 12. Aufl. 2006, 460 Seiten, € 94,-, ISBN 3-452-22899-1

Neimke/Klocke
Der Sachverständige und seine Auftraggeber, IRB-Verlag, Ausgabe 2003, 240 Seiten, € 49,80, ISBN 978-3-8167-62255-6

Wellmann/Weidhaas
Der Sachverständige in der Praxis, Werner-Verlag, Düsseldorf, 7. Auflage 2004, ca. € 49, ISBN 3-8041-4989-8

Broschüren

- Broschüre des DIHK (www.dihk.de): Bleutge, Peter
  Der gerichtliche Gutachtenauftrag, Tipps und Empfehlungen zur richtigen Abwicklung eines gerichtlichen Gutachtenauftrags im Zivilprozess, DIHK, 8. Aufl. 2007, 94 Seiten, € 9,80

- Broschüren des Instituts für Sachverständigenwesen e.V. (www.ifsforum.de):
  Bleutge/Bock/Fischer/Roeßner
  Mit Sachverstand werben, Leitfaden für öffentlich bestellte und vereidigte Sachverständige, IfS, 2. Aufl. 2005, 100 Seiten, € 18,50

Anhang

Bleutge, Peter
Der Sachverständige und seine Mitarbeiter
Die Zusammenarbeit mehrerer Sachverständiger und die Einschaltung von Hilfskräften im Zivilprozess und bei Privatauftrag, IfS, 2. Aufl. 2003, 73 Seiten, € 15,-

Bleutge/Bleutge
Guter Vertrag-Weniger Haftung, Rechtsgrundlagen-Muster-Checklisten, IfS, 2. Aufl. 2009, 68 Seiten, ISBN 978-3-928-528-17-7, € 26,00

Bleutge, Peter
Die Ortsbesichtigung durch Sachverständige-Grundsätze, Empfehlungen, Musterschreiben, IfS, 6. Aufl. 2006, 58 Seiten, ISBN 3-928-528-00-9, € 13,50

Bleutge, Peter
Die Haftung des Sachverständigen für fehlerhafte Gutachten, IfS, 1. Aufl. 2002, 148 Seiten, € 35,00

Bayerlein, Dr. Walter
„Todsünden" des Sachverständigen, IfS, 4. Aufl. 2006, 28 Seiten, ISBN 3.928-528-06-8, € 8,50

Bleutge, Peter
Das Schiedsgutachten, IfS, 4. Auflage 2002, 68 Seiten, 15,- €

A5 Inhaltliche Anforderungen an Gutachten auf dem Sachgebiet „Bewertung von bebauten und unbebauten Grundstücken"[35]

Gutachten eines öffentlich bestellten und vereidigten Sachverständigen müssen nachvollziehbar und vollständig sein. Deshalb sind folgende Angaben rechtlicher und tatsächlicher Art erforderlich:

1. **Allgemeine Angaben**
   - Objektart, Adresse
   - Auftraggeber
   - Auftragsinhalt (Art des Wertes und Bewertungsstichtag)
   - Verwendungszweck, bzw. Beweisbeschluss
   - Grundbuchdaten: Bestand, Abt. I und II, ggf. auch Abt. III falls wertbeeinflussend
   - objektbezogene Arbeitsunterlagen
   - Erhebungen
   - Datum und Teilnehmer der Ortsbesichtigung

2. **Lagebeschreibung**
   - Ortsangaben
   - Wohn- bzw. Geschäftslage, Verkehrslage

3. **Grundstücksbeschreibung**
   - Zuschnitt, Nivellement
   - Bodenbeschaffenheit
   - Oberflächenbeschaffenheit
   - Erschließung

4. **Art und Maß der baulichen Nutzung**
   - Planungs- und baurechtliche Situation
   - Flächennutzungsplan, Bebauungsplan, sonstiges Planungsrecht
   - Denkmalschutz
   - ggf. Baulastenverzeichnis
   - Entwicklungsstufe des Baulandes
   - Zeitprognose bis zur Baureife
   - vorhandene Bebauung (Art und Maß)

---
[35] Stand: Februar 1992; Quelle: www.aknw.de

- erforderlicher Abbruch, Erweiterungsmöglichkeit
- KFZ-Stellplatzpflicht

5. Gebäudebeschreibung

- Baujahr
- Bauweise, Baukonzeption
- Bauzustand
- Baubeschreibung
- Baumängel, Bauschäden
- Nebengebäude
- Außenanlagen

6. Flächen- und Massenangaben

- angewandte Berechnungsgrundlagen
- verwendete Unterlagen oder örtliches Aufmaß
- bebaute Fläche, umbauter Raum, Wohn/Nutzfläche bzw. Prüfung der vorhandenen Unterlagen
- Verhältniszahlen: Grundflächenzahl (GRZ), Geschossflächenzahl (GFZ), umbauter Raum; Verhältniszahl Kubatur: Wohn- und Nutzfläche. Prüfung der vorhandenen Unterlagen.

7. Wahl der Wertermittlungsverfahren

- angewandte Wertermittlungsverfahren mit Begründung

8. Bodenbewertung

- Bodenrichtwerte und/oder Vergleichspreise mit ziffernmäßiger Darstellung, Analyse und statistischer Auswertung
- Angaben der GRZ/GFZ, erschließungsbeitragspflichtig oder – frei
- Umrechnungsmethode
- Lagebeurteilung
- Berücksichtigung bodenwertbeeinflussender Umstände z. B. Rechte und Lasten am Grundstück, Kontamination, Immissionen etc.
- ggf. Zu- und Abschläge

9. Sachwertverfahren

- Beurteilung der Gebäude, der Grundrisse, der Ausstattung und der Baustoffe
- Ermittlung der Normalherstellungskosten zum Stichtag
- Angaben der Baunebenkosten
- Berücksichtigung des Bauzustandes und ggf. von Baumängeln
- Feststellung der technischen und wirtschaftlichen Wertminderung
- Bewertung der Außenanlagen
- Berechnung des Sachwertes

10. Ertragswertverfahren

- Tatsächliche Mieterträge mit Darstellung des Mietbegriffes und Beurteilung ihrer nachhaltigen Erzielbarkeit
- Angaben über mietvertragliche Bindungen
- Berücksichtigung nicht vermieteter oder eigengenutzter Räume
- Bewirtschaftungskosten durch Angabe der Betriebskosten (effektiv anfallende Kosten), Instandhaltung, Verwaltung, Mietausfallwagnis
- Berechnung des Reinertrages
- Angabe des Liegenschaftszinses mit Begründung
- Bodenwertverzinsung
- Darstellung des Gebäudeertragsanteils
- Angabe der anzusetzenden Restnutzungsdauer mit Begründung
- Darstellung des Vervielfältigers
- Berechnung des Ertragswertes

11. Sonstige Verfahren

- Vergleichswertverfahren (für bebaute Grundstücke, z. B. Eigentumswohnungen)
- Verfahren des rentierlichen Bodenwerts
- sonstige Verfahren

12. Berechnung evtl. Sonderwerte

13. Verkehrswert

- Baugründung evtl. erforderlicher Zu- und Abschläge vom Ertragswert, Sachwert oder Vergleichswert
- Berücksichtigung der Marktlage zum Bewertungsstichtag
- evtl. Beantwortung des Beweisbeschlusses

14. Datum Stempel, Unterschrift

15. Ergänzende Anlagen

(ggf. Pläne, Berechnungen, Fotoaufnahmen und dergleichen)

A6 Mindestanforderungen an Gutachten über „Schäden an Gebäuden"[36]

Bei den mit * gekennzeichneten Punkten hat der öffentlich bestellte Sachverständige pflichtgemäß zu prüfen, ob und in welchem Umfang Angaben, insbesondere aufgrund des Auftrags, des Zwecks des Gutachtens oder sonstiger besonderer Umstände erforderlich bzw. (unter vertretbarem Aufwand) möglich sind.

1. Allgemeine Angaben

1.1 Auftraggeber, Datum der Auftragserteilung; bei Gerichtsaufträgen: Angabe der Parteien und des Aktenzeichens.

1.2 Inhalt des Auftrags und Zweck des Gutachtens; bei Gerichtsaufträgen: Wiedergabe des Beweisbeschlusses

1.3 Verwendete Arbeitsunterlagen, wie z. B. Akten, Pläne, Ortsbesichtigung, Untersuchungen, Fotografien usw.

1.4 Datum und Teilnehmer der Ortsbesichtigung; *Datum, von wem durchgeführt; beteiligte Personen.

2. Schadensfeststellung

2.1 Kurze, zusammenfassende Darstellung des Bauwerkes und seines Zustandes*, Bauzeit*, Planung*, ausführende Firma* und dgl.

2.2 Genaue, erschöpfende Beschreibung des Schadensbildes mit der Angabe, ob die Beschreibung auf eigenen Feststellungen beruht oder nach Angabe der Beteiligten erfolgt ist.

2.3* Berücksichtigung der allgemeinen und der besonderen Versicherungsbedingungen, wenn und soweit diese für die Feststellungen des Sachverständigen von Bedeutung sind.

3. Untersuchungen und Ursachenermittlung

3.1 Untersuchungen und Ermittlungen, ggf. eigene Laboruntersuchungen, Auswertung von Laboruntersuchungen Dritter, Messungen und dgl.

3.2 Ursachen des Schadens, Auswertung der getroffenen Feststellungen.

4. Behebung des Schadens und deren Kosten

Vorbehaltlich des Auftrags bzw. des Beweisbeschlusses sind Ausführungen zu den Möglichkeiten der Schadensbehebung und der dadurch entstehenden Kosten sowie zu einer ggf. verbleibenden Wertminderung zu machen.

5. Zusammenfassung

Ergebnis des Gutachtens und Beantwortung der gestellten Fragen. Bei Gerichtsgutachten:

Kurze Beantwortung der Fragen des Beweisbeschlusses mit eindeutigen Formulierungen.

---

36 Quelle: www.aknw.de

Stichwortverzeichnis

A
Ablichtungen 161
Aktivitätenliste 142
Altlastenverdacht 71
Angewandte Methoden 56
Archivierung 148
Auffassungen
    gegenteilige 60
Aufgabenerfüllung
    persönliche 54
Auftraggeber
    vom ... überlassen 58
Auftragsbeschränkungen 51
Auftragseingang 137
Ausführungen 55, 73
Ausstattung 73, 76

B
Baurecht 73
Bausachverständige 21
Bauschäden 73
Befangenheit 141
Begründung
    ausreichende 56
Beleihungswert 42
Beleihungswertermittlung 42
Bestellungstenor 50
Beweisbeschluss 49
Beweisfragen
    Beantwortung 57
Bewertung
    sachverständige 59
Bodenwert 70

D
Deckblatt 48
DIN-Normen 56

E
Eingangsbestätigung 138
Ersatz von Aufwendungen 161
Ertragswert 69

F
Fahrlässigkeit
    einfache 53
Fahrtkosten 106, 161
Farbausdrucke 162
Feststellungen 55
Formulargutachten 101
Fotos 58
Frist 138
Fristüberschreitung 139

G
Gerichtsgutachten 33
Gesetze 56
Grundbuchdaten 65
Grundbücher 58
Grundlagen 55
Gutachten
    Besonderheiten 51
    Lesbarkeit 56
    stichtagsbezoges 56
    Verwendung 67
Gutachtenlisten 148
Gutachtererstattung
    persönliche 146

H
Haftpflichtversicherung 52
Haftungsausschluss 52
    individualvertraglicher 53
Haftungsbeschränkung 53
Haftungsprobleme 163
Hilfskräfte 54, 146
Höhe des Stundensatzes 160
Honorargruppen 160
Honorarordnung für Architekten und Ingenieure (HOAI) 102
Honorierung 104
    baubegleitende Qualitätsüberwachung 158
    des Bauschadensgutachtens als Privatgutachten 155
    Gerichtgutachten 159
    Honorargutachten 159
    Wertermittlung 149

Stichwortverzeichnis

I
Ingenieurleistungen 26
Inhaltsverzeichnis 48

K
Kopie der Handakte
   Vergütung für die 61
Kostenvorschuss 139
Kurzgutachten 101

L
Lagebeschreibung 71
Lichtbilder 162
Literaturrecherche 160
Lösungsmöglichkeiten
   alternative 60

M
Marktanpassung 82
Messergebnisse 57
Mikrolage 72
Mindermeinungen 60
Mindestanforderungen 31
Musterverträge 53

N
Nachprüfbarkeit 31
Nachweise für Schall-, Wärme- und Brandschutz 26
Nebenkosten 105
Neutralität
   Grundsatz 58
Nichtzugänglichkeit des Gebäudes 52

O
Objektbeschreibung 73
Öffentlich bestellte und vereidigte Sachverständige 17
Originalunterlagen 148
Ortsbesichtigung 144
   Erkenntnisse 58
Ortstermin 57, 146
   Durchführung 145

P
Parteien
   Aussagen 58
Pläne 58
Porto 106
Privatauftrag 144
Privatgutachten 31
Prozessparteien 144
Prüfung der Unbefangenheit 138

Q
Qualitätsüberwachung
   baubegleitende 26

R
Rechtsfragen 50
Restnutzungsdauer 77
Rundstempel 61

S
Sachgebiet 164
   anderes 163
Sachkunde
   besondere 163
   eigene 164
   Grenzen der eigenen 163
Sachverständige
   freie 19
   staatlich anerkannte 19
   zertifizierte 18
Sachverständigenverfahren 41
   Obmann 41
Sachverständig-technische Sicht 60
Sachwert 70
Schadensgutachten 39
Schlussfolgerungen 60, 146
Sorgfalt 168
Sprache
   verständliche 60
Stelle
   heranziehende 137

T
Telefon 106

Stichwortverzeichnis

U
Übernachtungskosten 161
Übersichtlichkeit 47
Überwachen der Beseitigung von Schäden 156
Unparteilichkeit 32
Unrichtiges Gutachten 168
Unterlagen 58
  verfügbare 67
Untersachverständige 163
Untersuchungsergebnisse von Fremdlaboren 58
Urkunden 58

V
Vergleichswert 70
Verkehrsgutachten 64, 85
Verkehrslage 72
Verkehrswert
  unbelasteter 83
Verordnungen 56
Verpackung 106
Verpflegungskosten 161
Versicherungsgutachten 39

Verwertbarkeit 31
Vorgehensweisen
  alternative 60
Vorschuss 160

W
Wartezeiten 160
Weiterer Sachverständiger 163
Wertermittlung
  Versicherungswertermittlung 39
  Zweck 67
Wertfindung
  Methode zur 70

Z
Zeit
  zu vergütende 159
Zeitaufwand 143
  durchschnittlicher 159
  erforderlicher 159
Zeiterfassung 142, 143
Zuständigkeit
  Prüfung 138